UTOMATION
TECHOA
教育部自动化类
教学指导委员会

教育部高职高专自动化技术类专业教学指导委员会规划教材

Installation & Testing of Automatic Production Line

自动化生产线安装与调试

吕景泉 主编 李 文 副主编

附赠 CD-ROM

中国铁道出版社有限公司
CHINA RAILWAY PUBLISHING HOUSE CO., LTD.

内 容 简 介

本教材是教育部高职高专自动化技术类教学指导委员会规划并指导编写的第一本基于工作过程导向、面向全国职业院校技能大赛、服务于高职机电类职业能力培养的立体化综合实训教材。

本教材主要内容包括典型自动化生产线介绍、自动线核心技术应用、自动线各单元安装与调试、自动线安装与调试和生产线技术拓展知识。其主要特点是将YL-335A自动线安装与调试的工作工程，分解为若干个任务进行循序渐进的讲述。编写紧扣"准确性、实用性、先进性、可读性"原则，将学习、工作融于轻松愉悦的环境中，力求达到提高学生学习兴趣和效率以及易学、易懂、易上手的目的。

本书适合作为高职高专、中职中专院校相关课程的教材，并可作为相关工程技术人员研究自动线的参考书。

图书在版编目（CIP）数据

自动化生产线安装与调试/吕景泉主编. —北京：中国铁道出版社，2008.12（2021.1重印）

ISBN 978-7-113-09558-1

Ⅰ.自… Ⅱ.吕… Ⅲ.①自动生产线-安装-高等学校：技术学校-教材②自动生产线-调试-高等学校：技术学校-教材 Ⅳ.TP278

中国版本图书馆CIP数据核字（2008）第204002号

书　　名：自动化生产线安装与调试
作　　者：吕景泉

策划编辑：秦绪好
责任编辑：秦绪好　　**编辑部电话**：（010）63549458
封面设计：付　巍　　**责任印制**：樊启鹏

出版发行：中国铁道出版社有限公司（北京市西城区右安门西街8号　　邮政编码：100054）
印　　刷：三河市兴达印务有限公司
版　　次：2008年12月第1版　　2021年1月第13次印刷
开　　本：787mm×1092mm　1/16　**印张**：14.5　**插页**：8　**字数**：350千
印　　数：22 001～23 000册
书　　号：ISBN 978-7-113-09558-1
定　　价：38.00元（附赠光盘）

作者简介

吕景泉简介

吕景泉，男，汉族，天津市人，教授。天津中德职业技术学院副院长，天津大学职业技术教育在读博士。

1986—1987，1995—1996年，在德国留学和进修，主攻机电一体化、电气自动化技术、职业教育理论及教学方法，获得20余种职业资格和技术教育证书。1999年以来，分别在新加坡、德国、西班牙、加拿大、澳大利亚20余个职业教育机构、企业培训中心和行业协会学习、调研和培训，对现代职业教育理论研究和教育教学实践有一定基础。1998年以来公开发表制造业机电方面技术论文30余篇，在国内重要期刊和国际、国内会议上公开发表职业教育研究论文30余篇，主编并出版机电类精品教材和教育部“十五”、“十一五”规划教材4种。主持并完成国家级教育科研项目4项，天津市教育科研项目8项；参与主持并完成两项国家级教学成果；组织并主持完成12门国家级精品课建设工作，20门省级精品课建设工作。主持教育部、财政部“天津市区域性综合实训基地建设项目（大模式）”建设工作；主持教育部重点课题“制造业技能型紧缺人才专业建设与实践的研究”和教育部与联合国教科文组织项目“制造业教师培训标准研究”。

主要兼职和荣誉有：

- 教育部高职高专教育自动化技术类专业教学指导委员会主任委员
- 第三届国家级高等学校教学名师
- 国家级机电类专业组群教学团队负责人
- 教育部高职高专人才培养工作水平评估专家库专家成员
- 中国职业技术教育学会职业教育装备专业委员会常务理事
- 教育部高职高专师资培训基地工作专家组成员
- 中国高等职业技术教育研究会学术委员会机电类专业建设负责人
- 中国高等职业技术教育研究会机电类专业协作委员会副主任委员
- 德国西门子VDMA/ZVEI国际认证标准“自动化技术工程师”
- 德国西门子VDMA/ZVEI国际认证标准“PLC技术设计师”
- “天津职业院校联合学报”副主编

李文简介

李文，女，汉族，上海市人，教授。威海职业学院机电工程系系主任，威海职业学院威海天诺数控机械有限公司副总经理（兼）。

毕业于华东纺织工学院机械设计专业，从事高校机电类教学22年，企业经历5年，积极开展产学合作，在合作企业有着良好的声誉和较高的威望。曾多次执裁全国数控技能大赛并担任实操裁判长。曾赴新加坡理工大学、香港理工大学进修。迄今，发表论文18篇，主持技改项目8项，获国家专利1项，组织策划教材32种。

主要兼职和荣誉有：

- 教育部高职高专教育自动化技术类专业教学指导委员会专家
- 第四届山东省高等学校教学名师
- 山东省机械设计与制造教学团队负责人
- 山东省机械设计与制造品牌专业负责人
- 国家级精品课程“机械制图与测绘”课程负责人
- 威海市政协常委
- 致公党威海市市委副主委

作者简介

李军简介

李军，女，辽宁省辽阳市人，教授。哈尔滨职业技术学院电气工程系主任。

毕业于哈尔滨理工大学电气工程专业，硕士研究生学历，工学硕士学位，哈尔滨理工大学电气工程专业在读博士。从事电气自动化专业一线教学工作20余年，讲授“工厂电气控制设备”等10多门专业课程，从事高校教学20年。

近年来积极从事教学科研工作，共主编“工厂供电技术”、“电气控制技术”等5本教材及相关著作；在EI检索期刊及其他相关期刊发表“基于斩波控制的新型励磁系统”、“一种新型全自动电锅炉控制器的研制”等12篇论文；主持并参与了“高校毕业生用人单位评价及问题研究”等5项教学课题的研究工作。

主要兼职和荣誉有：

- 黑龙江省教学名师
- 黑龙江省省级精品课程“工厂电气控制设备”课程负责人
- 哈尔滨市模范工作者
- 哈尔滨市优秀教师

汤晓华简介

汤晓华，男，汉族，湖北省枝江市人，硕士，副教授，工程师。武汉电力职业技术学院教务处副处长。

毕业于华中科技大学自动控制专业，主要从事水电站自动化及机电一体化技术教学、产品开发及教学管理。

获中电联教学成果一等奖、二等奖各1项，省级科技进步三等奖1项。在科技核心期刊和中文核心期刊上发表了10余篇论文，参与编写3部教材，完成企业技改科研项目20多项。

主要兼职和荣誉有：

- 湖北省青年岗位能手
- 湖北省电力公司第四届技术专家
- 湖北省省级精品课程“可编程控制器应用技术”课程负责人

张文明简介

张文明，男，汉族，江苏常州人，副教授，高级工程师。常州纺织服装职业技术学院机电工程系主任。

1989年毕业于南京师范大学应用电子专业。主编“组态软件控制技术”江苏省精品教材，主持“可编程控制器技术”和“工控组态与触摸屏技术”江苏省精品课程建设，获得江苏省教学成果二等奖，获得江苏省教育厅自制教具三等奖，获得国家专利多项。

1999年以来，分别在新加坡、德国职业教育机构学习、调研和培训。主要从事自动化类专业核心课程教学与科研工作，为企业从事自动化技术开发设计工作，为企业开发产品，有丰富的现场工作经验。主持建立实验实训室10多个，开发实训课题10多个，自主创新实验室3个，为常州武进高新技术开发区纺织机械制订五年发展规划，完成课题5项，独立发表论文8篇，主编主审教材3种，获得教学成果2项，获得江苏省纺织总会先进教育工作者、常州劳动竞赛者、校先进工作者标兵、校最佳优秀教师奖励近30次。

主要兼职和荣誉有：

- 江苏省特色专业建设点机电一体化技术专业带头人
- 教育部自动化技术类专业教学指导委员会专业建设工作组成员
- 江苏省精品课程《可编程控制器技术》负责人，江苏省精品课程《工控组态与触摸屏技术》负责人
- 常州市红旗班组、常州市师德模范
- 常州汤姆包装机械有限公司总工程师

PREFACE 序1

中国国家教育部与天津市人民政府联合国家有关部委，已经成功举办了4届全国职业院校技能大赛，技能大赛既是学生展示风采技艺比武的舞台，也是集中展示职业教育改革建设成果的平台；既是学校与企业合作沟通的渠道，也是社会各界及国（境）外同行了解中国职业教育的窗口。举办技能大赛的重要目的之一就是引领和促进职业教育教学改革和创新，赛项的开发与设计始终遵循教育与产业深度合作的原则，按照企业岗位要求和职业标准设计赛项、研制赛题，组织裁判工作和提供技术保障，因此，统筹安排赛项成果向教学资源的转化是各赛项执委会的责任之一。

"自动化生产线安装与调试"是教育部高职高专自动化技术类专业教学指导委员会牵头设计、2008年首批入选的全国高职组比赛项目，比赛内容源于相关职业岗位具体要求，既考核了岗位通用技术和选手能力，又考察了选手团队合作精神、职业道德等综合素质。继2008年之后，高职高专自动化技术类专业教学指导委员会连续四年在全国举办该项赛事，使赛项设计日臻完善，影响日益扩大，2012年又一次入选全国职业院校技能大赛高职组比赛项目。

《自动化生产线安装与调试》立体化教材，以赛项为依托，采取任务驱动形式，完整地体现了赛项对学生技术技能、职业素质、团队合作等方面的要求，实为学生日常实训、教师指导学生的重要参考。

该书发行3年来，再版2次，发行量逾5万册，还被译为英文版发行到东盟国家，对东盟技能大赛的赛项设计，产生了重要影响，同时，也是东盟国家学生2012年来华参与中国全国职业院校技能大赛的基础。

此次再版，作者进行了认真的修订，内容更加详实，进一步丰富了职业教育教学资源。

希望各赛项都能以技能大赛为平台，通过多种手段将大赛成果转化为教学资源，也希望作者再接再厉，通过组织、承办比赛，推出更多精品实训教材，更好地发挥技能大赛对教育教学改革的引领和指导作用，促进我国职业教育教学水平不断提高。

中国（全国）职业院校技能大赛执行委员会常务副主任
天津市教育委员会主任
靳润成
2012年6月6日

PREFACE 序2

2008 年全国职业院校技能大赛整体活动作为新时期职业教育改革与发展的重要推进器，其辐射作用已初步显现。2008 年 6 月 18 日，教育部高教司高职高专处范唯处长在深圳召开的教育部高职高专专业类教学指导委员会主任委员会会议上，将当前和今后一段时期高等职业教育的主要工作归纳为六项，即院校建设、专业建设、课程建设、团队建设、实训条件建设、技能大赛。其中，对高职技能大赛提出了“三结合”的要求，这就是“高职技能大赛赛项与专业教学改革相结合”、“高职技能大赛赛项组织与行业企业相结合”、“高职技能大赛赛项注重个人能力与团队协作能力培养相结合”，强调要充分发挥技能大赛对专业建设、课程改革的引领作用。

此次技能大赛在高职组竞赛项目的设计上，有许多创新点，主要体现在以下四个方面：

1. 高职组竞赛的四个赛项都充分指明了专业建设方向，引领作用明显；

2. 高职组竞赛的四个赛项都充分强调了综合职业能力，对学生专业技术和技能综合应用能力加以考察，综合特性明显；

3. 高职组竞赛的四个赛项都充分彰显了团队协作精神，在考核时对学生的职业素养，特别是团队合作意识、协作能力的考察进行了探索；

4. 高职组竞赛的四个赛项都充分体现了行业、企业的参与，满足了产业、行业、企业发展对高技能人才培养的需求，按照开放性原则，面向社会吸引和组织企业合作进行竞赛项目的系统化设计。为竞赛提供平台，突显赛题（任务书）的真实性和综合性。因此，本次大赛扩大了行业企业的影响力，提高了企业的社会认可度，校企合作效果明显。

当前，高等职业教育的专业建设、课程改革，除应具备先进的职教理念、高水平的教学团队和带头人、紧密的校企合作基础等因素，更需要注重校企合作、工学结合的真实“载体”。“载体”是专业建设和课程改革的依托。如何探索工学结合的课程开发，如何探索专业综合实训课程的开发，关键是找到体现工学结合和综合实践能力培养的课程开发载体。

依托全国职业院校技能大赛高职组竞赛项目，以其为载体，由多家院校和行业企业人员组成“双师”结构的教学团队，共同开发符合学生职业能力培养、体现专业综合技能应用、促进团队协作精神形成、注重工程实践能力提高的高职机电类专业综合实训项目和课程，这必将会为提高高等职业教育的教学质量做出巨大的贡献。

姜大源　吕景泉

2008 年 12 月

FOREWORD 前言

本书是教育部高职高专自动化技术类教学指导委员会规划并指导编写的第一本基于工作过程导向、面向全国职业院校技能大赛、服务于高职机电类职业能力培养的立体化综合实训教材。

按照《国务院关于大力发展职业教育的决定》关于要“定期开展全国性的职业技能竞赛活动”的要求，2008 年教育部、天津市人民政府、劳动和社会保障部、人事部、建设部、交通部、工业与信息化部、农业部、国务院扶贫办、中华全国总工会、共青团中央和中华职业教育社等 12 个部门于 6 月 27 日～30 日在天津市举办了 2008 年全国职业院校技能大赛。中共中央政治局委员、国务委员刘延东，中共中央政治局委员、天津市委书记张高丽等领导出席开幕式；全国人大常委会副委员长陈至立、教育部部长周济、天津市市长黄兴国出席闭幕式。来自全国 37 个省、自治区、直辖市、计划单列市和新疆建设兵团的 2 000 余名选手参加了竞赛项目的角逐。本次大赛活动是迄今全国职业教育规模最大、规格最高、专业覆盖面最广、类别最齐全的大赛，形成了“普通教育有高考，职业教育有技能大赛”的局面。它是我国教育工作的一项重大制度设计和创新，也是新时期职业教育改革与发展的重要推进器。

2008 年全国职业院校技能大赛高职组分为“产品部件的数控编程、加工与装配”、“注塑模具 CAD 设计与主要零件加工”、“自动线安装与调试”、“机器人”等 4 个项目。其中，“自动线安装与调试”是一个重要的赛项。通过此项目竞赛，检验了高职学生的团队协作能力、计划组织能力、自动线安装与调试能力、工程实施能力、职业素养、交流沟通能力、效率、成本和安全意识，指引了高职院校机电类专业教学改革发展方向，促进工学结合人才培养模式改革与创新，培养可持续发展的满足企业需求的自动化控制高技能人才。

竞赛内容涉及的技术应用范围符合《中国普通高等学校高职高专教育专业概览》自动化类（5802）中的机电一体化、电气自动化技术和生产过程自动化等专业的核心能力要求，它将机电类专业中的各种专业核心技术和技能应用于一条高仿真度的柔性化自动生产线，突出强调技术的综合应用。

设计原则：依据 2008 年全国职业院校技能大赛高职组的“三结合”定位，即“高职技能大赛赛项要与专业教学改革相结合，高职技能大赛赛项组织要与行业企业相结合，高职技能大赛赛项注重个人能力与团队协作相结合"，项目设计团队针对机电类专业的专业技术、技能综合应用环节"自动化生产线的安装与调试"进行了大胆的构思，旨在将大赛"引导高职教育教学改革方向"的目标进一步深化，将技能大赛成果进一步推广，将技能大赛引领课程建设的成效向内涵建设进一步延伸。因此，该项目设计突显以下原则：

1. 高职技能大赛赛项要与专业教学改革相结合，引领专业建设和课程改革方向

该综合实训项目和教材开发的选择基于工业现场真实生产线的典型提炼设备为载体，符合教育部专业指导目录中的高职机电类专业培养目标，并将该类专业的核心技术技能进行了综合，为高职院校校内生产性实训基地建设提供了新选择，为教学团队培养学生专业技术综合应用能力提供了新平台；为基于工作过程的课程开发、行动导向教学的实施找到了新载体。

2. 高职技能大赛赛项组织要与行业企业相结合

该综合实训项目和教材开发选择基于2008全国职业院校技能大赛高职组教育部指定的"自动线安装与调试"竞赛专用设备YL-335A自动线训练设备为平台，设计团队同行业企业技术人员共同开发实训项目与教材，项目和教材针对工程实施能力、职业素养的培养针对性强、体现广泛。

3. 高职技能大赛赛项要注重个人能力与团队协作相结合

该综合实训项目和教材开发选择以技能大赛要检验高职学生的团队协作能力、计划组织能力、自动线安装与调试能力、交流沟通能力、效率、成本和安全意识为依据，并将团队学习、团队训练、团队精神融入其中。

教材特点：将YL-335A自动线安装与调试的工作过程，分解为若干个任务进行了循序渐进的阐述。教材编写紧扣"准确性、实用性、先进性、可读性"原则。诙谐的语言、精美的图片、卡通人物、实况录像及过程仿真等的综合运用，将学习、工作融于轻松愉悦的氛围中，力求达到提高学生学习兴趣和效率，以及易学、易懂、易上手的目的。

基本内容：由纸质教材及多媒体光盘两部分组成。纸质教材共由五部分组成：第一部分为"项目开篇"，主要针对大赛情况及典型自动线进行了介绍；第二部分为"项目备战"，主要针对典型自动线应具备的"知识点、技术点、技能点"进行了综合讲解；第三部分为"项目迎战"，主要内容是以典型自动线为载体，针对其五个工作站的安装与调试工作过程进行讲述；第四部分为"项目决战"，主要针对典型自动线总体调试中的设备安装、气路连接、电路设计和电路连接、技能考核评分标准、注意事项等问题进行讲述；第五部分为"项目挑战"，主要针对典型自动线讲述自动线发展趋势及先进技术的运用，对伺服技术、触摸屏技术、工控网络技术、柔性系统、光机电技术等进行简要介绍。多媒体光盘含大赛实况、自动线安装调试步骤、元器件实物图片及设备运行过程仿真等。

成书过程：本书是在大赛硝烟未尽的背景下应运而生的。大赛结束了，但大赛如何引导高职教育教学改革方向、发挥示范辐射作用是我们所关注的。为此，在教育部高职高专自动化类教学指导委员会的大力支持下，由吕景泉教授牵头，通过大量调研，结合目前现状，提出了以技能大赛选用设备 YL—335A 自动线为载体，针对其安装、调试、运行等过程中应知应会的核心技术进行了基于工作过程的教材体系开发；团队成员经过近 3 个月的日夜奋战，校企人员共同协作，较好地完成了教材的编写任务。

应用价值：为使基于工作过程的教学理念能在高职院校得以有效推广，教材在教学中的作用不容忽视，本教材就如何编写基于工作工程的立体化教材进行了有益的尝试，将对今后教材的编写体例、内容等方面起到一定引领示范的作用。同时，为拥有典型自动线实训设备的院校提供了直观、便捷、立体的教学资源包，为读者提供了极大方便。

本书共分 5 个专题，具体分工如下：吕景泉教授、汤晓华副教授共同编写项目开篇；汤晓华副教授编写项目备战；张文明副教授编写项目迎战；李军教授编写项目决战；李文教授编写项目挑战；张同苏高级工程师对于全书的编写提供了各种资料和指导。全书由吕景泉教授策划、系统指导并与李文教授共同统稿。

衷心感谢被引用的参考文献的作者，是他们的研究成果奠定了本教材的编写基础。在编写过程中，得到了中国亚龙科技集团、天津中德职业技术学院、威海职业学院、哈尔滨职业技术学院、武汉电力职业技术学院、常州纺织服装职业技术学院等单位领导和同仁的大力支持，在此表示衷心的感谢！同时感谢姚吉副教授、杜东副教授、李波高级工程师，以及陈钰生、徐鑫奇、冯显俊等工程技术人员对本书的编写提供的帮助。

限于编者的经验、水平以及时间限制，书中难免存在不足和缺漏，敬请专家、广大读者批评指正。

编　者

2008 年 12 月

CONTENTS 目 录

第一篇 项目开篇——典型自动化生产线介绍

第二篇 项目备战——自动线核心技术应用

第三篇　项目迎战——自动线各单元安装与调试

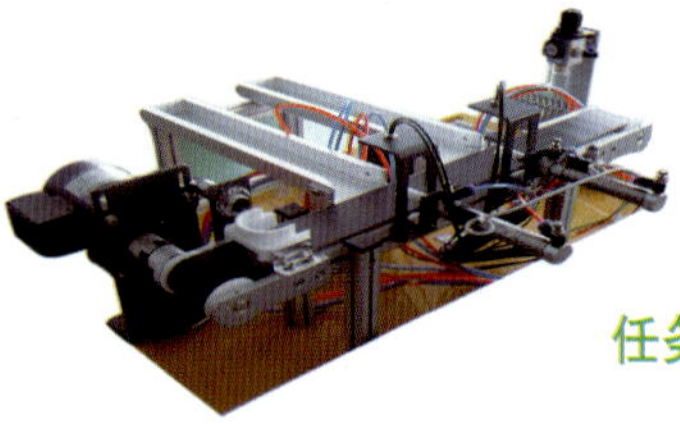

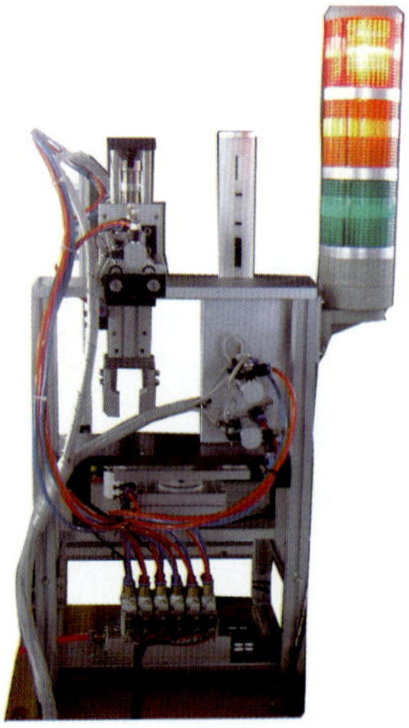

第四篇 项目决战——自动线安装与调试

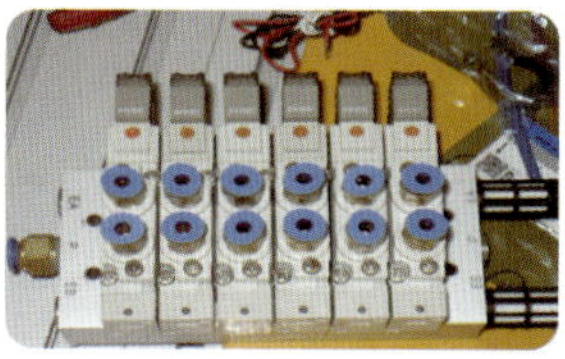

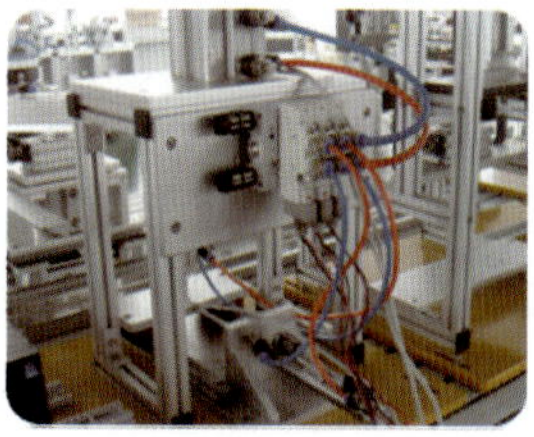

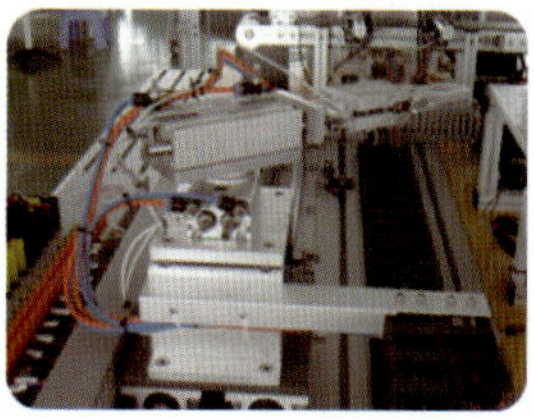

第五篇 项目挑战——生产线技术拓展知识

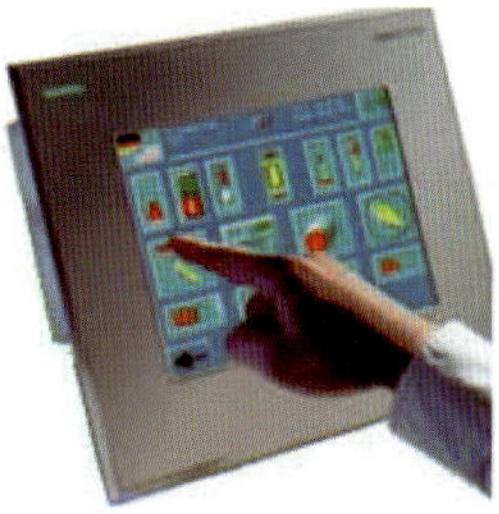

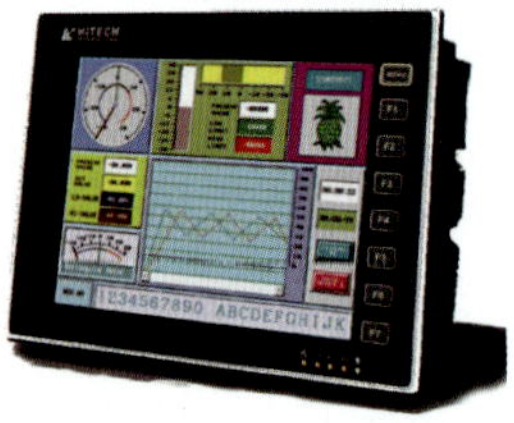

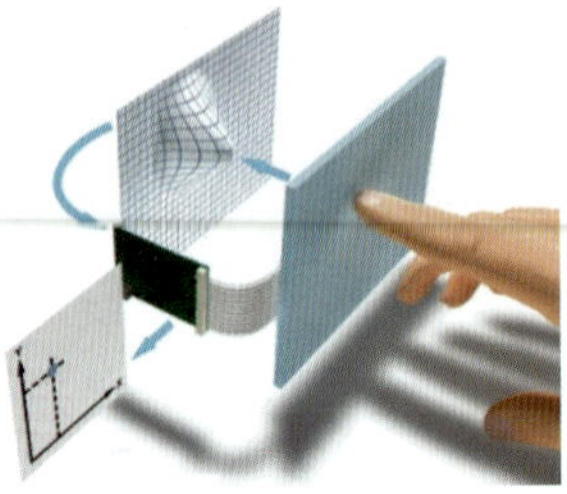

第一篇

项目开篇
——典型自动化生产线介绍

2008 年教育部联合 11 个部委举办了全国职业院校技能大赛，其中自动化生产线（简称自动线）安装与调试是一个重要的赛项，竞赛内容主要包括两部分：自动线的装配和自动线的运行与调试，图 1–1 和图 1–2 所示为开赛式和大赛现场。本次自动线安装与调试大赛融合了机械工程与电子工程的核心技术，主要包括：机械机构及气动部件安装；控制线路布线、气动电磁阀及气管安装；PLC 应用与编程；变频器控制技术应用；运动控制技术应用；机电安装、连接、故障诊断与调试等。该次比赛是对高职学生综合技能的测试。全国选拔了 36 组共 72 名选手参加了本项大赛。

图 1–1　开赛式

图 1–2　大赛现场

进入20世纪80年代，许多工厂和企业开始采用计算机管理，从而进入工厂自动化（即FA）时代，自动线作为核心组件将机械工程与电子工程融为一体，兼顾了制造业高速、高性能与经济性的要求，其迅速普及翻开了现代工业自动化新的一页。

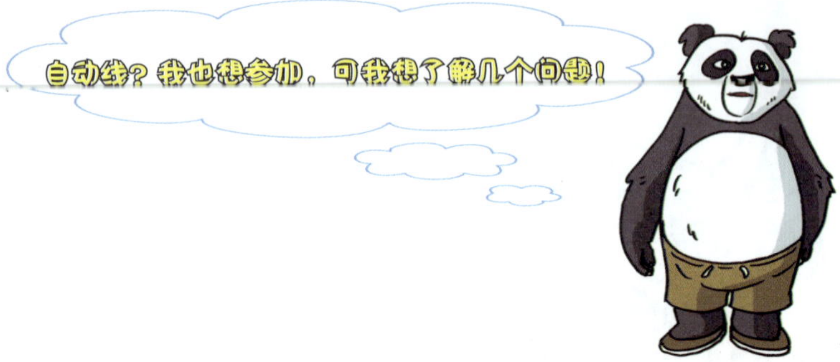

任务一　了解自动线及应用

图 1–3 所示是应用于正泰电器股份有限公司的塑壳式断路器自动生产线，包括自动上料、自动铆接、5 次通电检查、瞬时特性检查、延时特性检查、自动打标等工序，采用可编程控制器控制，每个单元都有独立的控制、声光报警等功能，采用网络技术将生产线构成一个完善的网络系统。大大提高了劳动生产率和产品质量。

图 1–3　塑壳式断路器自动生产线

图 1–4 所示是某汽车配件厂的制动器自动化装配线，该生产线考虑到设备性能、生产节拍、总体布局、物流传输等因素，采用标准化、模块化设计，选用各种机械手及可编程自动化装置，实现零件的自动供料、自动装配、自动检测、自动打标、自动包装等装配过程自动化，采用网络通信监控、数据管理实现控制与管理。

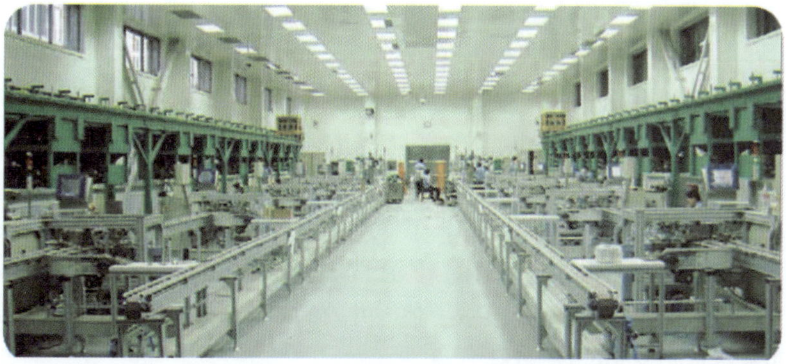

图 1–4　某汽车制动器自动化装配线

图 1–5 所示是某饮料厂的自动灌装线，主要完成上料、灌装、封口、检测、打标、包装、码垛等几个生产过程，实现集约化大规模生产的要求。

图 1–5　某饮料厂的自动灌装线

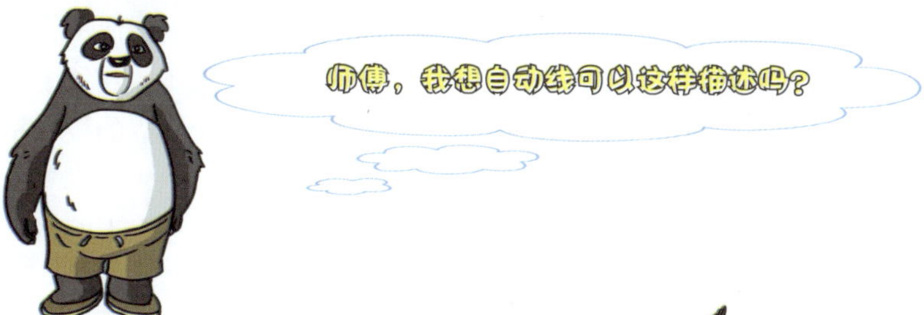

1. 什么是自动线

自动线是在流水线的基础上逐渐发展起来的。它不仅要求线体上各种机械加工装置能自动地完成预定的各道工序及工艺过程，使产品成为合格的制品，而且要求在装卸工件、定位夹紧、工件在工序间的输送、工件的分拣甚至包装等都能自动地进行。使其按照规定的程序自动地进行工作。人们把这种自动工作的机械电气一体化装置系统称为自动生产线（简称自动线）。

自动线的任务就是为了实现自动生产，怎样才能达到这一要求呢？

自动线综合应用机械技术、控制技术、传感技术、驱动技术、网络技术等，通过一些辅助装置按工艺顺序将各种机械加工装置连成一体，并控制液、气压系统和电气控制系统将各个部分动作联系起来，完成预定的生产加工任务。

2. 自动线的发展

自动线所涉及的技术领域是很广泛的，所以它的发展、完善与各种相关技术的进步及互相渗透是紧密相连的。因而介绍自动线的发展概况就必须与整个支持自动线有关技术的发展联系起来。

首先，是可编程控制器的出现。它是一种以顺序控制为主，回路调节为辅的工业控制机。不仅能完成逻辑判断、定时、计数、记忆和算术运算等功能，而且能大规模地控制开关量和模拟量，克服了工业控制计算机用于开关控制系统所存在的编程复杂、非标准外部接口的配套复杂、机器资源未能充分利用而导致功能过剩、造价高昂、对工程现场环境适应性差等缺点。由于可编程控制器具有一系列优点，因而替代了许多传统的顺序控制器，如继电器控制逻辑等，并广泛应用于自动线的控制。

其二，是机器手、机器人技术的飞速发展。机器手在自动线中的装卸工件、定位夹紧、工件在工序间的输送、加工余料的排除、加工操作和包装等部分得到广泛使用。现在正在研制的智能机器人不但具有运动操作技能，而且还有视觉、听觉、触觉等感觉的辨别能力。具有判断、决策能力，能掌握自然语言的自动装置也正在逐渐应用到自动线中。

其三，是传感技术的形成。传感技术随着材料科学的发展和固体物理效应的不断出现，形成并建立了一个完整的独立科学体系——传感器技术。在应用上出现了带微处理器的“智能传感器”，它在使用自动线的生产过程中监视着各种复杂的自动控制程序，起着极重要的作用。

第四，就是液压和气压传动技术。特别是气动技术，由于使用的是取之不尽的空气作为介质，具有传动反应快、动作迅速、气动元件制作容易、成本小和便于集中供应和长距离输送等优点，而引起人们的普遍重视。气动技术已经发展到一个独立的技术领域。在各行业，特别是在自动线中得到迅速发展和广泛地应用。

第五，就是网络技术的飞跃，无论是现场总线还是工业以太网络，使得自动线中的各个控制单元构成一个谐调运转的整体。

总之，所有这些支持自动线的机电一体化技术的进一步发展，使得自动线功能更加齐全、完善、先进，从而能完成技术性更加复杂的操作和生产线装配工艺要求更高的产品。现在信息时代已经到来，从技术发展前沿来看，CIMS（computer integrated manufacturing system）将是自动线发展的一个理想状态。

任务二 认知YL-335A型自动线

说明： 亚龙科技集团生产的YL-335A型仿真自动线是自动线安装与调试大赛采用的竞赛设备。YL-335A综合应用了多种技术知识，如气动控制技术、机械技术（机械传动、机械连接等）、传感器应用技术、PLC控制和组网、步进电动机位置控制和变频器技术等，模拟一个与实际生产情况十分接近的控制过程，学习者可以在一个非常接近于实际的教学环境中提高机电一体化综合技能。

1．YL-335A的基本结构认知

亚龙 YL-335A 型自动线实训考核装备由安装在铝合金导轨式实训台上的供料单元、加工单元、装配单元、输送单元和分拣单元这 5 个单元组成。各工作站均设置一台 PLC 承担其控制任务，各 PLC 之间通过 RS-485 串行通信实现互连，构成分布式的控制系统。

YL-335A 自动线的工作目标是：将供料单元料仓内的工件送往加工单元的物料台，完成加工操作后，把加工好的工件送往装配单元的物料台，然后把装配单元料仓内的白色和黑色两种不同颜色的小圆柱工件嵌入到物料台上的工件中，完成装配后的成品送往分拣单元分拣输出。其外观如图 1-6 所示。

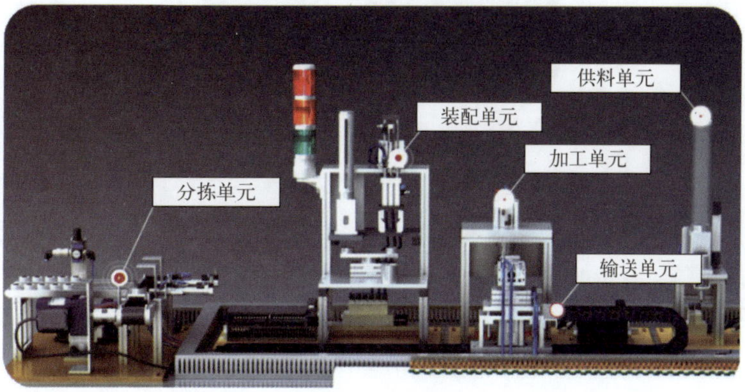

图 1-6　外观图

其中，每一工作单元都可自成一个独立的系统，同时也都是一个机电一体化的系统。各个单元的执行机构基本上以气动执行机构为主，但输送单元的机械手装置整体运动则采取步进电机驱动、精密定位的位置控制，该驱动系统具有长行程、多定位点的特点，是一个典型的一维位置控制系统。分拣单元的传送带驱动则采用了通用变频器驱动三相异步电动机的传动装置。位置控制和变频器技术是现代工业企业应用最为广泛的电气控制技术。

在 YL–335A 设备上应用了多种类型的传感器，分别用于判断物体的运动位置、物体通过的状态、物体的颜色及材质等。传感器技术是机电一体化技术中的关键技术之一，是现代工业实现高度自动化的前提之一。

在控制方面，YL–335A 采用了基于 RS–485 串行通信的 PLC 网络控制方案，即每一工作单元由一台 PLC 承担其控制任务，各 PLC 之间通过 RS–485 串行通信实现互连的分布式控制方式。用户可根据需要选择不同厂家的 PLC 及其所支持的 RS–485 通信模式，组建成一个小型的 PLC 网络。掌握基于 RS–485 串行通信的 PLC 网络技术，将为进一步学习现场总线技术、工业以太网技术等知识打下了良好的基础。

2. 供料单元的基本结构功能认知

供料单元主要由工件库、工件锁紧装置和工件推出装置组成。主要配置有：井式工件库、直线气缸、光电传感器、工作定位装置等。供料单元的基本功能是按照需要将放置在料仓中待加工的工件自动送出到物料台上，以便输送单元的抓取机械手装置将工件抓取送往其他工作单元。其外观如图 1–7 所示。

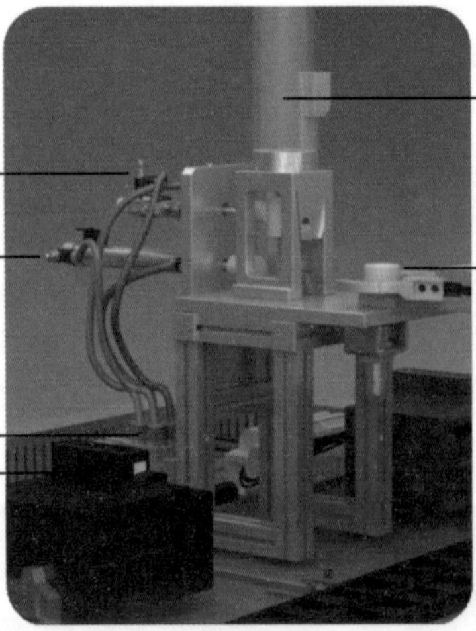

图 1–7　供料单元外观图

3. 输送单元的基本结构功能认知

输送单元主要包括：直线移动装置和工件取送装置。主要配置有：步进电动机、薄型气缸、气动摆台、双导杆气缸、气动手指、行程开关和磁性开关等。

输送单元的基本功能：该单元能实现到指定单元的物料台精确定位，并在该物料台上抓取工件，把抓取到的工件输送到指定地点然后放下的功能。输送单元的装配外观图如图 1–8 所示。

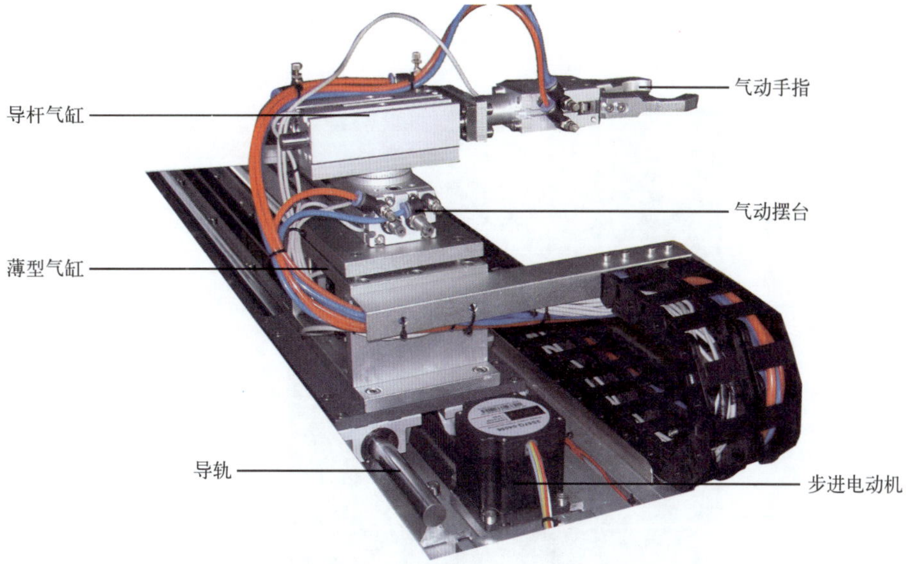

图 1–8　输送单元机械手外观图

4. 加工单元的基本结构功能认知

加工单元主要包括：工件搬运装置和工件加工装置。主要配置有：导轨、直线气缸、薄型气缸、工作夹紧装置等。

加工单元的基本功能：把该单元物料台上的工件（工件由输送单元的抓取机械手装置送来）送到冲压机构下面，完成一次冲压加工动作，然后再送回到物料台上，待输送单元的抓取机械手装置取出。其外观如图 1–9 所示。

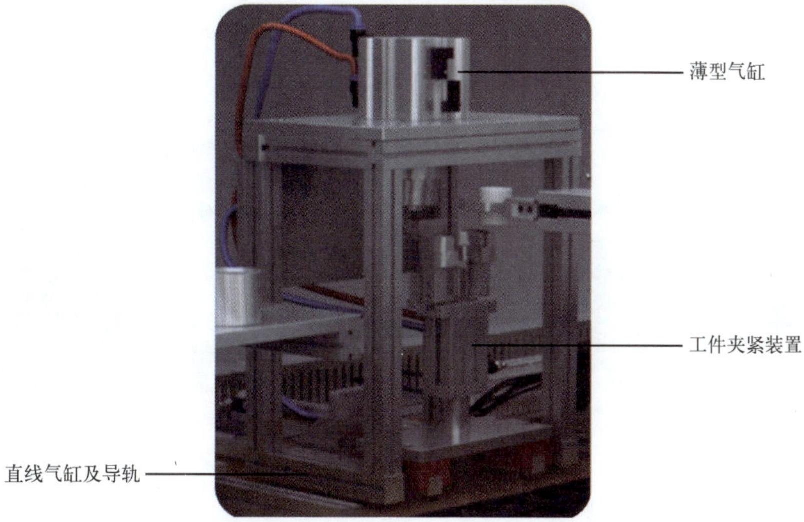

图 1–9　加工单元的装配外观图

5. 装配单元的基本结构功能认知

装配单元主要包括：装配工件库和装配工件搬运装置。装配装置主要配置有：工件库、摆台、导杆气缸、气动手指、直线气缸、光电传感器等。

装配单元的基本功能：完成将该单元料仓内的黑色或白色小圆柱工件嵌入到已加工的工件中的装配过程。其外观如图 1-10 所示。

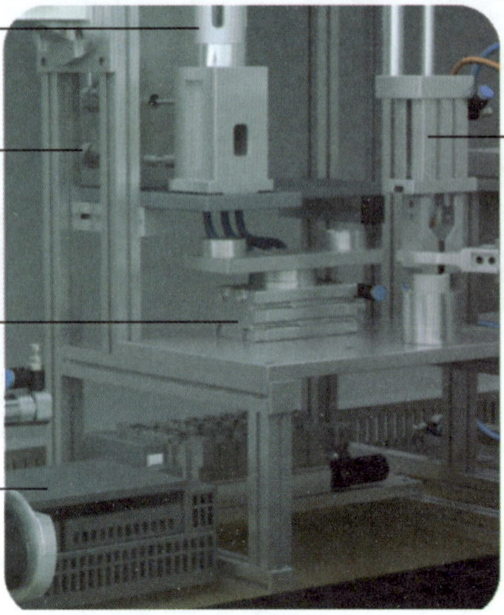

图 1-10　装配单元装配外观图

6．分拣单元的基本结构功能认知

成品分拣单元主要包括：皮带输送线和成品分拣装置。主要配置有：直线传送带输送线、直线气缸、三相异步电动机、变频器、光电传感器、光纤传感器等。

分拣单元的基本功能：将上一单元送来的已加工、装配的工件进行分拣，使不同颜色的工件从不同的料槽分流。其外观如图 1-11 所示。

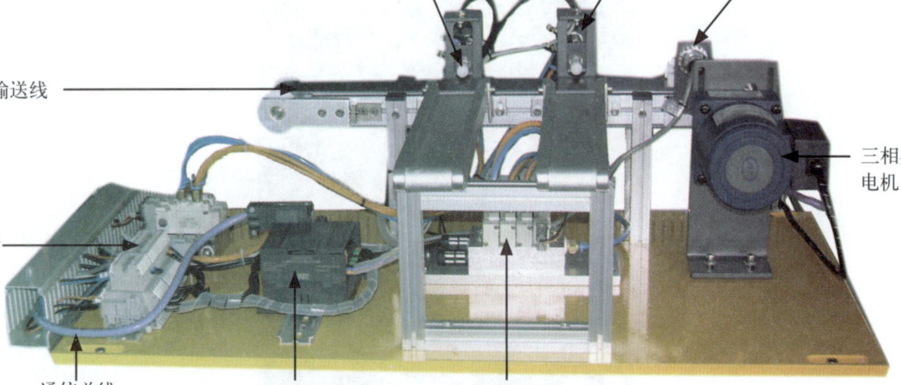

图 1-11　分拣单元装配外观图

7．YL-335A的特点、参数及实训项目认知

YL-335A 设备是一套半开放式的设备，学习时在一定程度上可根据自己的需要选择设备组成单元的数量、类型，最多可由 5 个单元组成，最少时 1 个单元即可自成 1 个独立的控制系统。对由多个单元组成的系统而言，采用 PLC 网络的控制方案可以体现出自动生产线的控制特点。

YL−335A 主要技术参数如下：

① 交流电源：三相五线制，AC 380×(1±10%)V/220×(1±10%)V 50 Hz；

② 温度：−10 ～ +40℃；环境湿度：≤ 90%（25℃）；

③ 实训桌外形尺寸：长 × 宽 × 高 =1 920mm×960mm×840mm；

④ 整机功耗：≤ 1.5kVA；

⑤ 气源工作压力：最小 0.6Mbar，最大 1Mbar。($1bar=10^5Pa$)

⑥ 安全保护措施：具有接地保护、漏电保护功能，安全性符合相关的国家标准。采用高绝缘的安全型插座及带绝缘护套的高强度安全型实验导线。

设备中的各工作单元均安放在实训台上，便于各个机械机构及气动部件的拆卸和安装，控制线路的布线、气动电磁阀及气管安装。其中，输送单元采用了最为灵活的拆装式模块结构：组成该单元的按钮／指示灯模块、电源模块、PLC 模块、步进电动机驱动器模块等均放置在抽屉式模块放置架上；模块之间、模块与实训台上接线端子排之间的连接方式采用安全导线连接，最大限度地满足了综合性实训的要求。

利用 YL−335A 可以完成以下实训任务：

① 自动检测技术使用实训；

② 气动技术应用实训；

③ 可编程控制器编程实训；

④ PLC 网络组建实训；

⑤ 电气控制电路实训；

⑥ 变频器应用实训；

⑦ 步进电动机驱动和位置控制实训；

⑧ 自动控制技术教学与实训；

⑨ 机械系统安装和调试实训；

⑩ 系统维护与故障检测实训。

8. **大赛主要完成的工作任务**

(1) 设备安装

完成 YL−335A 自动线供料、加工、装配、分拣单元和输送单元的部分器件装配工作，并把这些工作单元安装在 YL−335A 的工作桌面上。

(2) 气路连接

根据生产线工作任务对气动元件的动作要求和控制要求连接气路。

(3) 电路设计和电路连接

- 根据控制要求，设计输送单元的电气控制电路，并根据所设计的电路图连接电路。

- 按照给定的 I/O 分配表，连接供料、加工和装配单元控制电路。对于分拣单元，按照给定 I/O 分配表预留给变频器的 I/O 端子，设计和连接变频器主电路和控制电路，并连接分拣单元的控制电路。
- 根据该生产线的网络控制要求，连接通信网络。

(4) 程序编制和程序调试

- 根据该生产线正常生产的动作要求和特殊情况下的动作要求，编写 PLC 的控制程序和设置步进电动机驱动器参数及变频器参数。
- 调试机械部件、气动元件、检测元件的位置和编写的 PLC 控制程序，满足设备的生产和控制要求。

小　　结

现代化的自动生产设备（自动生产线，简称自动线）的最大特点是它的综合性和系统性，在这里，机械技术、电工电子技术、传感测试技术、PLC 控制技术、接口技术、驱动技术、网络通信技术等多种技术有机地结合，并综合应用到生产设备中；而系统性指的是生产线的传感检测、传输与处理、控制、执行与驱动等机构在微处理单元的控制下协调有序地工作，有机地融合在一起，如图 1-12 所示。

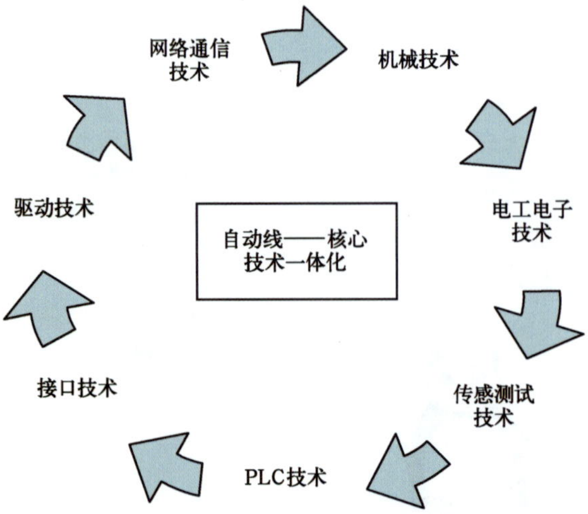

图 1-12　自动线的核心技术体现

亚龙 YL-335A 型自动线实训考核装备是一个典型的自动线的机械平台，系统各机构采用了气动驱动、变频器驱动和步进电动机位置控制等技术。体现了“核心技术一体化”教学模式，在教学内容上对核心技术进行了扩充、深化和丰富，可以激发学生的学习兴趣和钻研精神，让学生在实例的导向下，综合各种不同课程、不同实验实训以及各个不同学习阶段的学习内容，全面了解和掌握核心技术及其应用，并提高核心技术的综合应用能力，开拓学生的专业思路，对其技术创新能力的培养起到了潜移默化的作用。

第二篇

项目备战——自动线核心技术应用

图 2-1 分拣站

PLC 就像人的大脑；软件就像大脑的中枢神经；
光电传感器就像人的眼睛；磁性开关就像人的触觉；
电动机与皮带输送带就像人的腿；直线气缸就像人的手和胳膊；
电磁阀组就像人的肌肉；通信总线就像人的神经系统；
下面一起来学习！

自动线中通常用到传感器技术、电机技术、气动技术、控制技术、伺服驱动技术、通信技术，就像人的感官系统、运动系统、大脑及神经系统。下面以 YL–335A 自动线为载体对以上关键技术进行阐述，分拣站如图 2–1 所示。正所谓“工欲善其事，必先利其器”。

任务一　自动线中传感器的使用

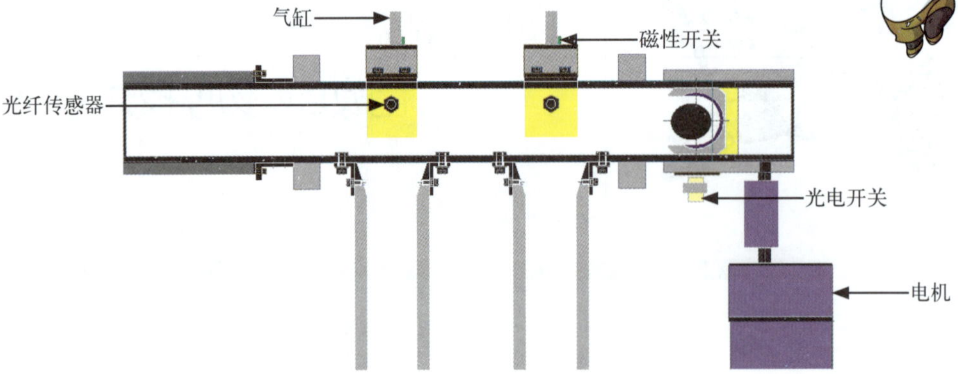

图 2–2　传感器在分拣站上的应用

如图 2–2 所示，当工件进入自动线中的分拣站，人的眼睛可以清楚地观察到，但自动线是如何来判别的呢？如何使自动线具有人眼睛的功能呢？

传感器像人的眼睛、耳朵、鼻子等感官器件，是自动线中的检测元件，能感受规定的被测量并按照一定的规律转换成电信号输出。在 YL–335A 自动线中主要用到了磁性开关、光电开关、光纤传感器 3 种传感器。

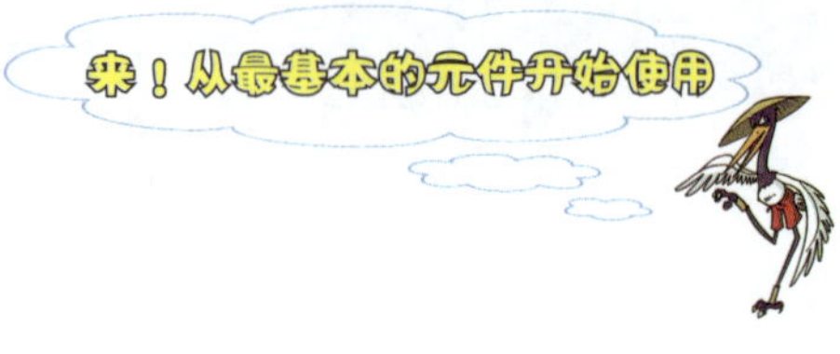

子任务一　磁性开关及应用

1．磁性开关介绍

在 YL–335A 自动线中，磁性开关用于各类气缸的位置检测。图 2–3 所示是用两个磁性开

关来检测机械手上气缸伸出和缩回到位的位置。

(a) 气缸伸出到位

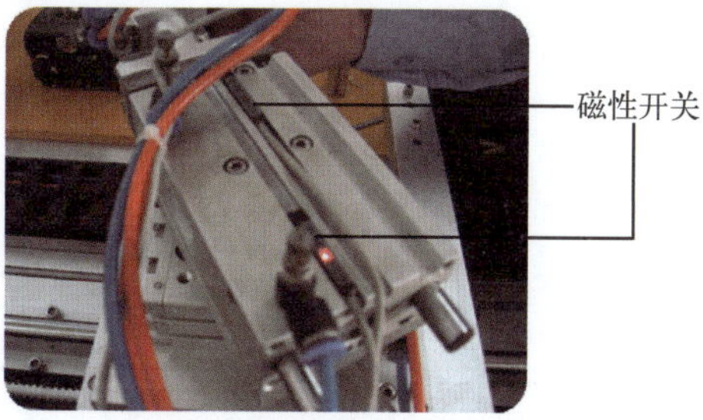

(b) 气缸缩回到位

图 2-3　磁性开关的应用实例

磁力式接近开关（简称磁性开关）是一种非接触式位置检测开关，这种非接触位置检测不会磨损和损伤检测对象物，响应速度高。生产线上常用的接近开关还有感应型、静电容量型、光电型等接近开关。感应型接近开关用于检测金属物体的存在，静电容型接近开关用于检测金属及非金属物体的存在，磁性开关用于检测磁石的存在；安装方式上有导线引出型、接插件式、接插件中继型；根据安装场所环境的要求接近开关可选择屏蔽式和非屏蔽式。其实物图及电气图形符号如图 2-4 所示。

(a) 实物图

(b) 电气图形符号

图 2-4　磁性开关

当有磁性物质接近图 2-5 所示的磁性开关传感器时，传感器动作，并输出开关信号。在实际应用中，可在被测物体（如在气缸的活塞或活塞杆）上安装磁性物质，在气缸缸筒外面的两端各安装一个磁感应式接近开关，就可以用这两个传感器分别标识气缸运动的两个极限位置。

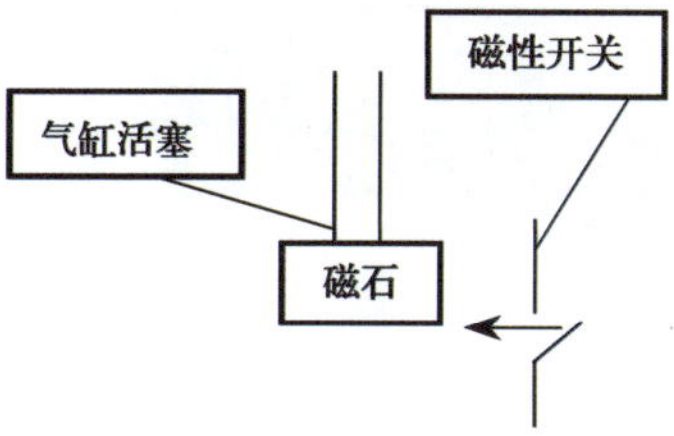

(a) 示意图

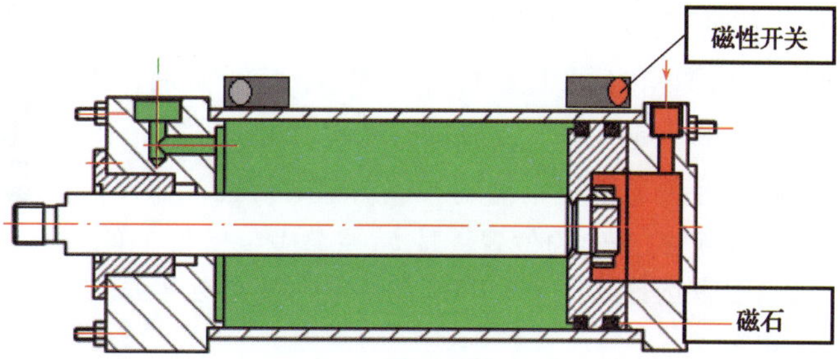

(b) 气缸与磁性开关

图 2-5　磁力式接近开关传感器的动作原理

磁性开关的内部电路如图 2-6 中点画线框内所示，为了防止因错误接线损坏磁性开关，通常在使用磁性开关时都串联了限流电阻和保护二极管。这样，即使引出线极性接反，磁性开关也不会烧毁，只是该磁性开关不能正常工作。

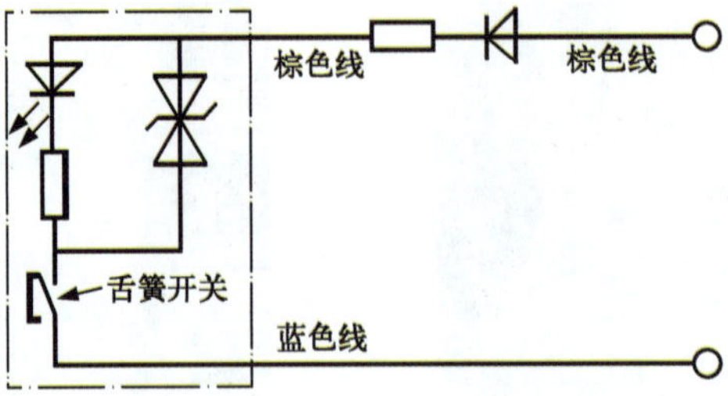

图 2–6　磁性开关内部电路

2．磁性开关的安装与调试

在生产线的自动控制中，可以利用该信号判断气缸的运动状态或所处的位置，以确定工件是否被推出或气缸是否返回。

（1）电气接线与检查

重点要考虑传感器的尺寸、位置、安装方式、布线工艺、电缆长度以及周围工作环境等因素对传感器工作的影响。按照图 2–6 所示将磁性开关与 PLC 的输入端口连接。

注意：如果用的是图 2–6 所示传感器，应将棕颜色的线与电源正端相连。

在磁性开关上设置有 LED，用于显示传感器的信号状态，供调试与运行监视时观察。当气缸活塞靠近，接近开关输出动作，输出“1”信号，LED 亮；当没有气缸活塞靠近，接近开关输出不动作，输出“0”信号，LED 不亮，如图 2–3 所示。

（2）磁性开关在气缸上的安装与调整

磁性开关与气缸配合使用时，如果安装不合理，可能使得气缸的动作不正确。当气缸活塞移向磁性开关，并接近到一定距离时，磁性开关才有“感知”，开关才会动作，通常把这个距离叫“检出距离”。

在气缸上安装磁性开关时，先把磁性开关装在气缸上，磁性开关的安装位置根据控制对象的要求调整，调整方法简单，只要让磁性开关到达指定位置后，用螺丝刀旋紧固定螺钉（或螺母）即可，如图 2–7 所示。

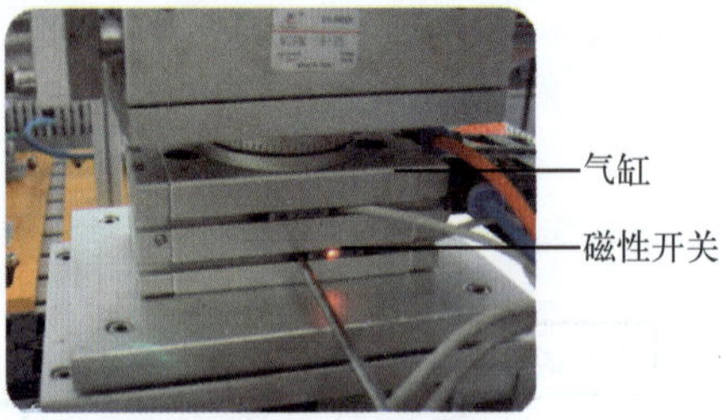

图 2–7　磁性开关的调整

磁性开关通常用于检测气缸活塞的位置，如果检测其他类型的工件的位置，比如一个浅色塑料工件，这时就可以选择其他类型的接近开关，如光电开关。

子任务二　光电开关及应用

1．光电开关简介

光电接近开关（本书中简称光电开关）通常在环境条件比较好、无粉尘污染的场合下使用。光电开关工作时对被测对象几乎无任何影响。因此，在生产线上被广泛地使用。

在供料单元中，料仓中工件的检测利用的就是光电开关，如图 2–8 所示。在料仓底层和第 4 层分别装设 2 个光电开关，分别用于缺料和供料不足检测。若料仓内没有工件，则处于底层和第 4 层位置的 2 个漫射式光电接近开关均处于常态；若仅在底层起有 3 个工件，则底层处光电接近开关动作而次底层处光电接近开关常态，表明工件已经快用完了。这样，料仓中有无储料或储料是否足够，就可用这 2 个光电接近开关的信号状态反映出来。在控制程序中，就可以利用该信号状态来判断底座和装料管中储料的情况。本单元中采用细小光束、放大器内置型漫射式光电开关，其外形和顶端面上的调节旋钮和显示灯如图 2–9 所示。漫射式光电接近开关是利用光照射到被测工件上后反射回来的光线而工作的，由于工件反射的光线为漫射光，故称为漫射式光电开关。它由光源（发射光）和光敏元件（接收光）两部分构成，光发射器与光接收器同处于一侧。

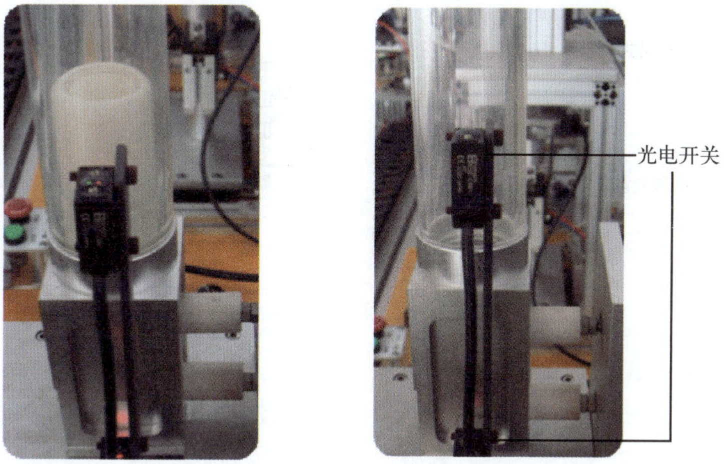

(a) 料仓中有工件　　(b) 料仓中无工件

图 2–8　光电开关在供料站的应用

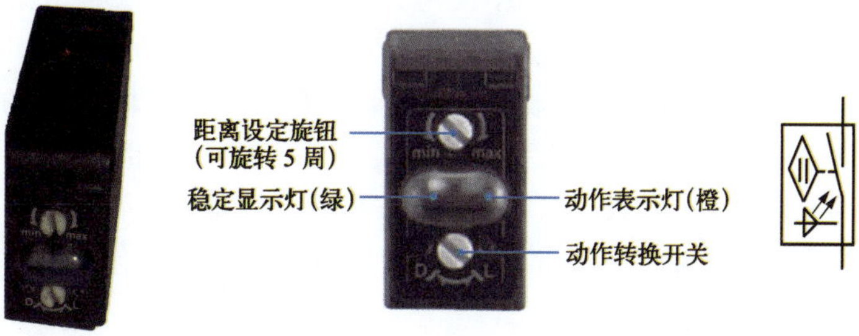

(a) 光电开关外形　　(b) 光电开关电气图形符号

图 2–9　光电开关的外形、调节旋钮、显示灯和电气图形符号

在工作时，光发射器始终发射检测光，若接近开关前方一定距离内没有物体，则没有光被反射到接收器，光电开关处于常态而不动作；反之若接近开关的前方一定距离内出现物体，只要反射回来的光强度足够，则接收器接收到足够的漫射光就会使接近开关动作而改变输出的状态。图 2–10 所示为漫射式光电开关的工作原理示意图。

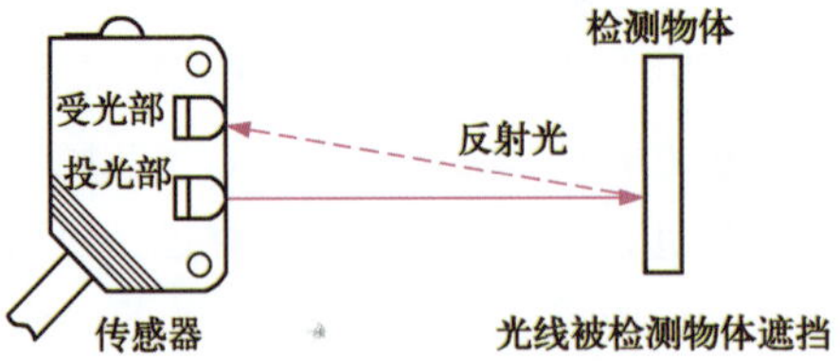

图 2–10　漫射式接近开关的工作原理

在生产线上除了有漫反射型光电开关，还有投射型和回归型，都由发光的光源和接受光线的光敏元件构成，如图 2–11 所示。如果投射的光线因检测物体不同而被遮掩或反射，到达受光部的量将会发生变化。受光部将检测出这种变化，并转换为电信号，进行输出。根据生产线上被检测物的特性、安装方式，我们可以选择不同类型的光电开关。

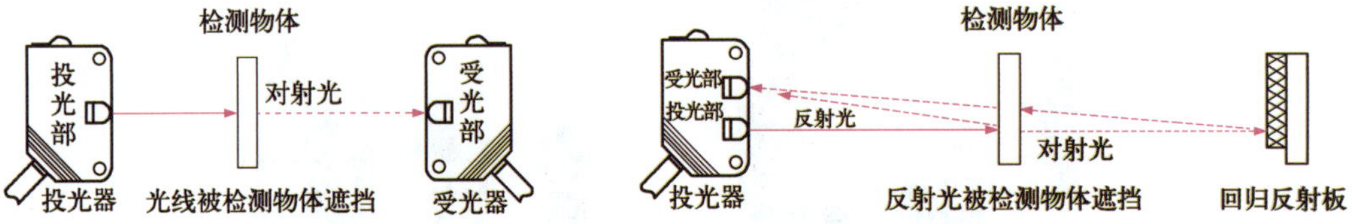

（a）投射型光电开关　　（b）回归型光电开关

图 2–11　投射型、回归型光电开关工作原理

2. 光电开关在分拣单元中的应用

在自动线的分拣单元中，当工件进入分拣输送带时，分拣站上光电开关发出的光线遇到工件反射回自身的光敏元件，光电开关输出信号启动输送带运转。

（1）电气与机械安装

根据机械安装图将光电开关初步安装固定，然后连接电气接线。

图 2–12 所示是 YL–335A 自动线中使用的漫反射型光电开关电路原理图，图中光电开关具有电源极性及输出反接保护功能。光电开关具有自我诊断功能，当对设置后的环境变化（温度、电压、灰尘等）的余度满足要求，稳定显示灯显示（如果余度足够，则亮灯）。当接收光的光敏元件接收到有效光信号，控制输出的三极管导通，同时动作显示灯显示。光电开关能检测自身的光轴偏离、透镜面（传感器面）的污染、地面和背景对其影响、外部干扰的状态等传感器的异常和故障，有利于进行养护，以便设备稳定工作。这也给安装调试工作带来了方便。

在传感器布线过程中注意避免电磁干扰，不要被阳光或其他光源直接照射，不要在产生腐蚀性气体、接触到有机溶剂、灰尘较大的场所使用。

根据图 2–12 所示，将光电开关褐色线接 PLC 输入模块电源“+”端，蓝色线接 PLC 输入模块电源“–”端，黑色线接 PLC 的输入端。

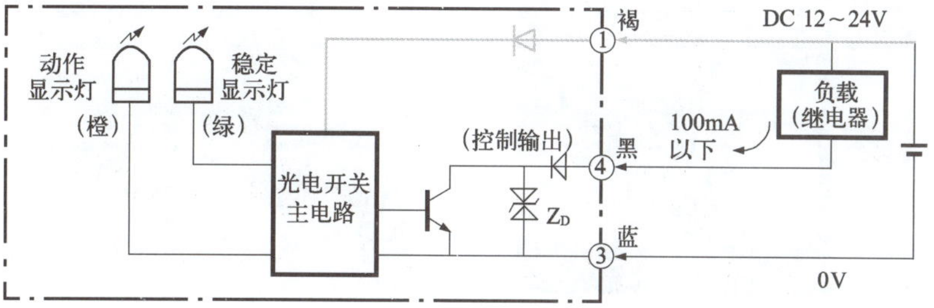

图 2–12　光电开关电路原理图

（2）安装调整与调试

光电开关具有检测距离长、对检测物体的限制小、响应速度快、分辨率高、便于调整等优点。但在光电开关的安装过程中，必须保证传感器到被检测物的距离必须在“检出距离”范围内，同时考虑被检测物的形状、大小、表面粗糙度及移动速度等因素。调试过程如图 2–13 所示。图 2–13（a）中，光电开关调整位置不到位，对工件反应不敏感，动作灯不亮；图 2–13（b）中，光电开关位置调整合适，对工件反映敏感，动作灯亮而且稳定灯亮；图 2–13（c）中，当没有工件靠近光电开关时，光电开关没有输出。

（a）光电开关没有安装合适　　（b）光电开关调整到位检测到工件　　（c）光电开关没有检测到工件

图 2–13　光电开关的调试

调试光电开关的位置，合适后将固定螺母锁紧。

光电开关的光源采用绿光或蓝光可以判别颜色，根据表面颜色的反射率特性不同，光电传感器可以进行产品的分拣，为了保证光的传输效率、减小衰减，在分拣单元中采用光纤式光电开关对黑白两种工件的颜色进行识别。

子任务三　光纤式光电接近开关及应用

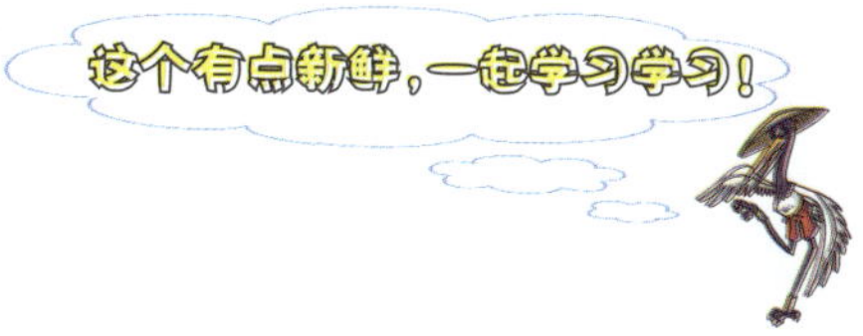

1．光纤式光电接近开关简介

在分拣单元传送带上方分别装有两个光纤式光电接近开关（简称光纤式光电开关），如图 2–14 所示，光纤式光电开关由光纤检测头、光纤放大器两部分组成，光纤放大器和光纤检测头是分离的两个部分，光纤检测头的尾端部分分成两条光纤，使用时分别插入放大器的两个光纤孔。光纤式光电开关的输出连接至 PLC。为了能对白色和黑色的工件进行区分，使用中将两个光纤式光电开关灵敏度调整成不一样。

(a) 光纤检测头　　(b) 光纤放大器

图 2–14　光纤式光电开关在分拣单元中的应用

光纤式光电开关也是光纤传感器的一种，光纤传感器传感部分没有电路连接，不产生热量，只利用很少的光能，这些特点使光纤传感器成为危险环境下的理想选择。光纤传感器还可以用于关键生产设备的长期高可靠性和稳定性的监视。相对于传统传感器，光纤传感器具有下述优点：抗电磁干扰、可工作于恶劣环境，传输距离远，使用寿命长，此外，由于光纤头具有较小的体积，所以可以安装在空间很小的地方。光纤放大器根据需要来放置。比如有些生产过程中烟火、电火花等可能引起爆炸和火灾，而光能不会成为火源，不会引起爆炸和火灾，所以可将光纤检测头设置在危险场所，将放大器单元设置在非危险场所进行使用。安装示意图如图 2–15 所示。

光纤传感器由光纤检测头、光纤放大器两部分组成，放大器和光纤检测头是分离的两个部分。光纤传感器分为传感型和传光型两大类。传感型是以光纤本身作为敏感元件，使光纤兼有感受和传递被测信息的作用。传光型是把由被测对象所调制的光信号输入光纤，通过输出端进行光信号处理而进行测量的，传光型光纤传感器的工作原理与光电传感器类似。在分拣单元中采用的就是传光型的光纤式光电开关，光纤仅作为被调制光的传播线路使用，因而外观如图 2–16 所示，一个是发光端、一个是光的接收端，分别连接到光纤放大器。

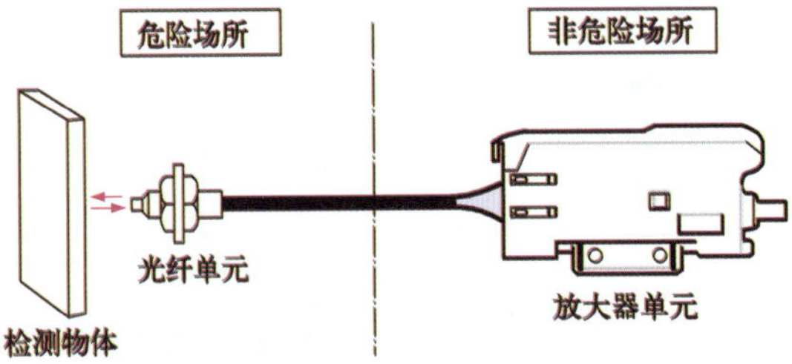

图 2–15　光纤传感器安装示意图

图 2–16　光纤式光电开关

2．光纤式光电开关在分拣单元中的应用

在分拣单元的传送带上方分别装有两个光纤式光电开关，光纤检测头的尾端部分分成两条光纤，使用时分别插入放大器的两个光纤孔。在分拣单元中光纤式光电开关的放大器的灵敏度可以调节，当光纤传感器灵敏度调得较小时，对于反射性较差的黑色物体，光纤放大器无法接收到反射信号；而对于反射性较好的白色物体，光纤放大器光电探测器就可以接收到反射信号。从而可以通过调节光纤光电开关的灵敏度来判别黑白两种颜色物体，将两种物料区分开，从而完成自动分拣工序。

（1）电气与机械安装

安装过程中，首先将光纤检测头固定，将光纤放大器安装在导轨上，然后光纤检测头的尾端两条光纤，分别插入放大器的两个光纤孔。然后根据图 2–17 所示进行电气接线，接线时请注意根据导线颜色判断电源极性和信号输出线。

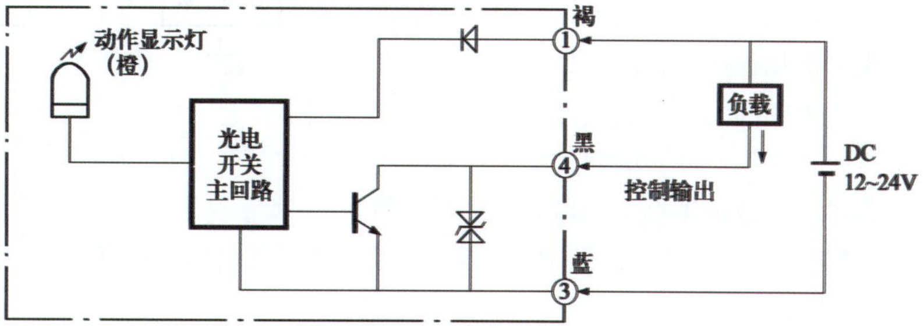

图 2–17　光纤传感器电路框图

（2）灵敏度调整

在分拣单元中如何来进行调试呢？如图 2–14（b）所示是使用螺丝刀来调整传感器灵敏度。图 2–18 所示为光纤放大器的俯视图，调节灵敏度旋钮就能进行放大器灵敏度调节。调节时，会看到“入光量显示灯”发光的变化。在检测距离固定后，当白色工件出现在光纤检测头下方时，“动作显示灯”亮，提示检测到工件；当黑色工件出现在光纤检测头下方时，“动作显示灯”不亮，这个光纤式光电开关调试完成。

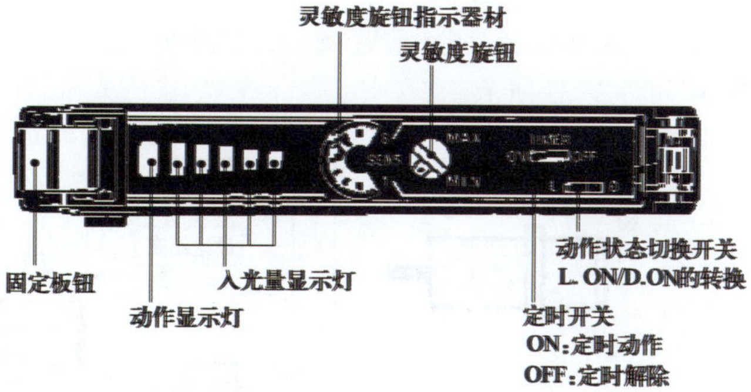

图 2–18　光纤放大器的俯视图

光纤式光电开关在生产线上应用越来越多，但在一些尘埃多、容易接触到有机溶剂及需要较高性价比的应用场所中，实际上可以选择使用其他一些传感器来代替，如电容式接近开关、电涡流式接近开关。

子任务四　其他接近开关及应用

根据生产线上被测物的不同，安装环境不同，来选用电容式或电涡流式接近开关。

电容式接近开关亦属于一种具有开关量输出的位置传感器，它的测量头通常是构成电容器的一个极板，而另一个极板是物体的本身，当物体移向接近开关时，物体和接近开关的极距或者介电常数发生变化，引起静电容量发生变化，使得和测量头相连的电路状态也随之发生变化，由此便可控制开关的接通和关断。这种接近开关的检测物体，并不限于金属导体，也可以是绝缘的液体或粉状物体。其工作原理如图 2–19 所示。

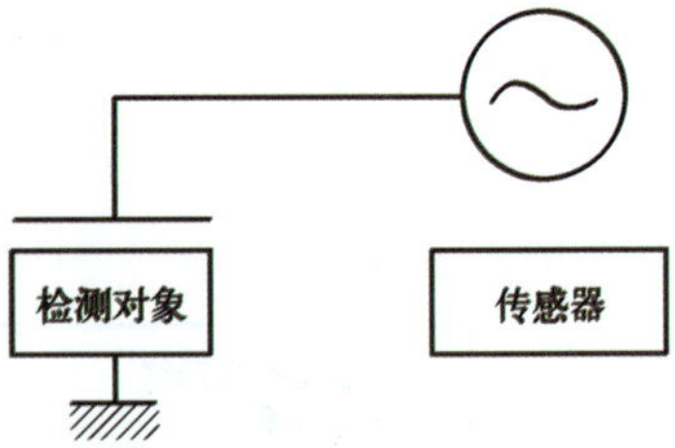

图 2–19　电容式接近开关工作原理图

电涡流式接近开关属于电感传感器的一种，是利用电涡流效应制成的有开关量输出的位置传感器，它由 LC 高频振荡器和放大处理电路组成，利用金属物体在接近这个能产生电磁场的振荡感应头时，使物体内部产生电涡流。这个电涡流反作用于接近开关，使接近开关振荡能力衰减，内部电路的参数发生变化，由此识别出有无金属物体接近，进而控制开关的通或断。这种接近开关所能检测的物体必须是金属物体。其工作原理如图 2–20 所示。

无论是哪一种接近传感器，在使用时都必须注意被检测物的材料、形状、尺寸、运动速度等因素，如图 2–21 所示。

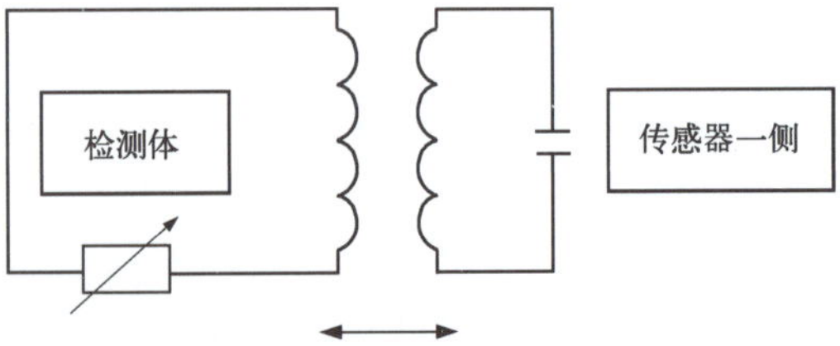

图 2–20　电涡流式接近开关工作原理图

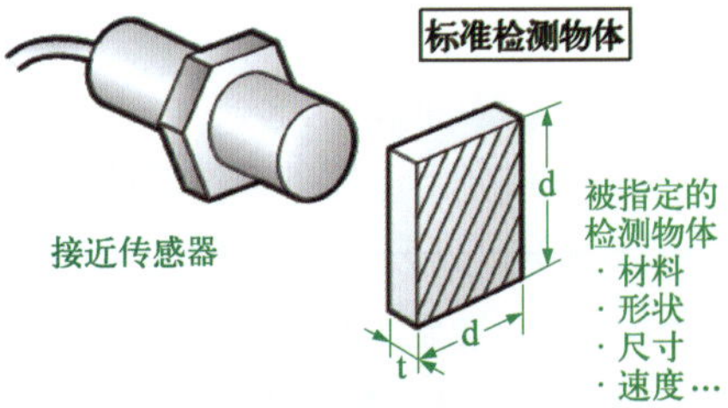

图 2–21　接近传感器与标准检测物

在传感器安装与选用中，必须认真考虑检测距离、设定距离，保证生产线上的传感器可靠动作。安装距离注意说明如图 2–22 所示。

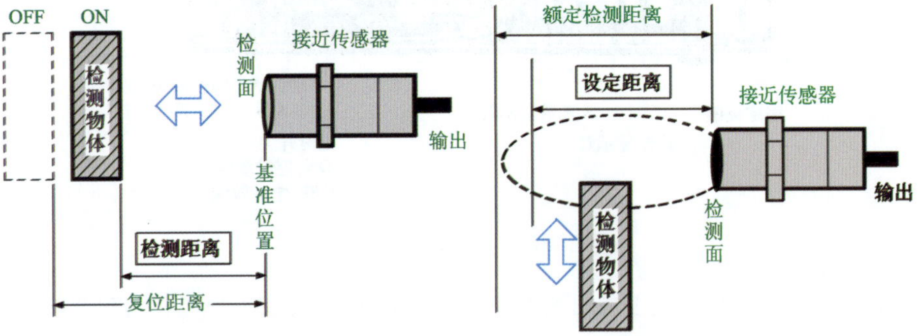

(a) 检测距离　　(b) 设定距离

图 2–22　安装距离注意说明

在一些精度要求不是很高的场合，接近开关可以用来进行产品计数、测量转速，甚至是测量旋转位移的角度。但在一些要求较高的场合，往往用光电编码器来测量旋转位移或者间接测量直线位移。

子任务五　光电编码器及应用

在 YL–335A 自动线的输送站的控制中，机械手的位置控制是由步进电机完成的。如果想

提高位置控制精度，改造成伺服电动机控制，就需要对运动的位置进行测量，这就需要用到光电编码器。图 2–23 所示是光电编码器在自动线上的两种应用。

光电编码器在自动线上用于机械手或工作台的直线位移测量常见的安装方式为伺服电动机同轴连接在一起，伺服电动机再和滚珠丝杠连接，编码器在传动链的前端（称为内装式编码器）。

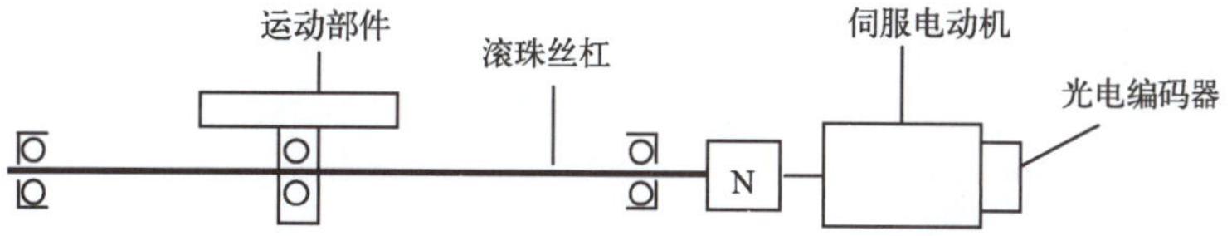

图 2–23　光电编码器在位置控制中的应用

光电编码器是通过光电转换，将输至轴上的机械、几何位移量转换成脉冲或数字信号的传感器，主要用于速度或位置（角度）的检测。典型的光电编码器由码盘（disk）、检测光栅（mask）、光电转换电路（包括光源、光敏器件、信号转换电路）、机械部件等组成。一般来说，根据光电编码器产生脉冲的方式不同，可以分为增量式、绝对式以及复合式三大类，自动线上常采用的是增量式光电编码器，其结构如图 2–24 所示。

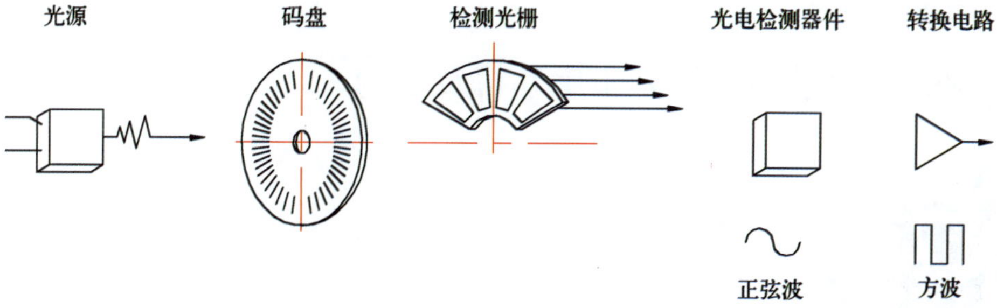

图 2–24　增量式光电编码器的组成

光电编码器的码盘条纹数决定了传感器的最小分辨角度，即分辨角 α=360° / 条纹数。如条纹数为 1 024，则分辨角 α=360° /1 024=0.352°。在光电编码器的检测光栅上有两组条纹 A 和 B，A、B 条纹错开 1/4 节距，两组条纹对应的光敏元件所产生的信号彼此相差 90°，用于辨向。此外在光电编码器的码盘里圈有一个透光条纹 Z，用以每转产生一个脉冲，该脉冲成为移转信号或零标志脉冲，其输出波形图如图 2–25 所示。

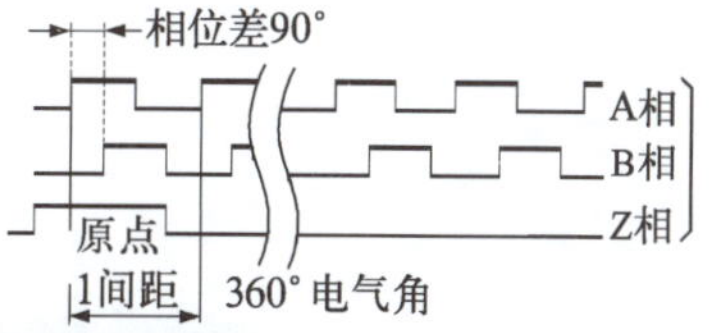

图 2–25　增量式编码器输出脉冲示意图

例如，配置 2 000 脉冲 / 转的光电编码器的伺服电动机直接驱动 8mm 螺距的滚珠丝杠，经 4 倍频处理后，对应运动部件的直线分辨率为 0.001mm。

在实际生产线中还有许多其他先进的传感器，比如在产品质检中用到电荷耦合器件图像传感器 CCD（charge coupled device），在直线位移检测中用到的光栅、磁栅等传感器等。可以根据自动线的需要来进行选择。

知识、技能归纳

各种类型的自动线上所使用的传感器种类繁多，很多时候自动线不能正常工作的原因是因为传感器安装调试不到位引起的，因而在机械部分安装完毕后进行电气调试时，第一步就是进行传感器的安装与调试。

自动线上常用的传感器有接近开关、位移测量传感器、压力测量传感器、流量测量传感器、温度、湿度检测传感器、成分检测传感器、图像检测传感器等许多类型，本书就不一一介绍，有兴趣的读者可参阅相关书籍。每种传感器的使用场合与要求不同，检测距离、安装方式、输出接口电气特性都不同，这需要在安装调试中与执行机构、控制器等综合考虑。

工程素质培养

查阅 YL−335A 自动线中涉及到的传感器产品手册，说明每种传感器的特点，你明白了本自动线为何选择这些传感器吗？你想如何选择？安装中有哪些注意事项？

任务二　自动线中的异步电动机及控制

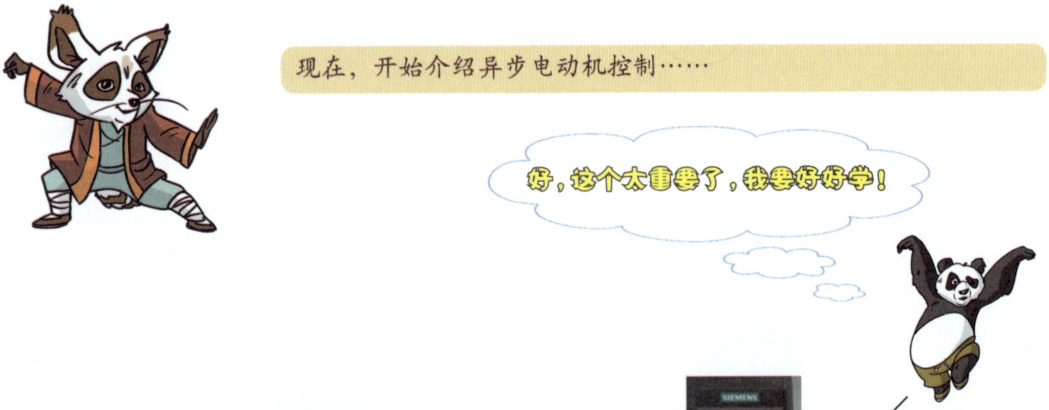

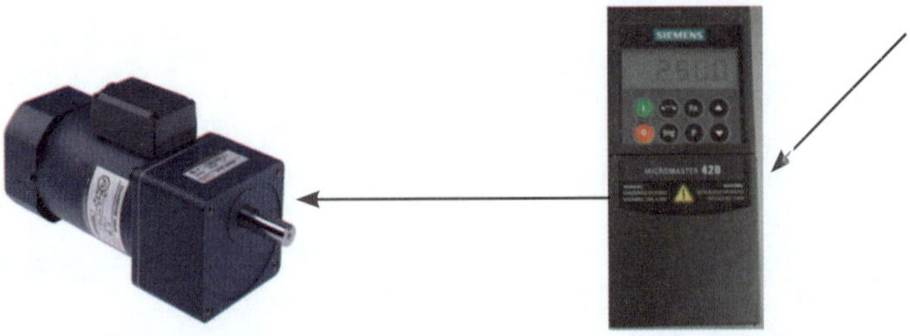

在自动线中，有许多机械运动控制，就像人的手和足一样，用来完成机械运动和动作。实际上，自动线中作为动力源的传动装置有各种电动机、气动装置和液压装置。在 YL−335A 自动线中，分拣单元传送带的运动控制由交流电动机来完成。YL−335A 的分拣站的传送带动力为三相交流异步电动机，在运行中，它不仅要可以改变速率，也需要改变方向。交流异步电动

机利用电磁线圈把电能转换成电磁力，再依靠电磁力做功，从而把电能转换成转子的机械运动。交流电动机结构简单，可产生较大功率，在有交流电源的地方都可以使用。

子任务一　交流异步电动机的使用

YL−335A 分拣站的传送带使用了带减速装置的三相交流电动机，如图 2−26 所示，使得传送带的运转速度适中。

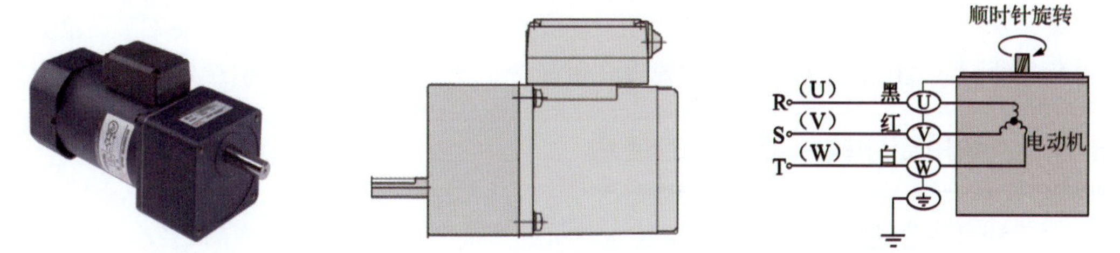

(a) 实物图　　(b) 外形图　　(c) 接线图

图 2−26　三相交流减速电动机

三相交流电动机究竟是如何来工作的呢？图 2−27 所示是一台单极的三相交流电动机的工作原理图，当三相绕组中流过三相交流电流时，各项绕组按右螺旋定则产生磁场。每一相绕组产生一对 N 极和 S 极，三相绕组的磁场合成起来，形成一对合成磁场的 N 极和 S 极。这个合成磁场是一个旋转磁场，每当绕组中的电流变化一个周期，交流电动机就会旋转一周。

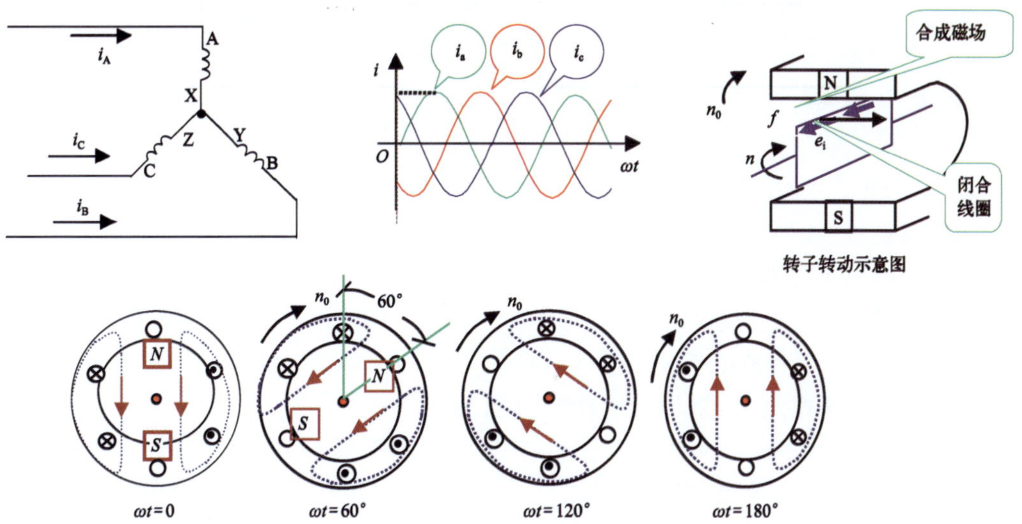

图 2−27　三相交流电动机工作原理图

旋转磁场的转速称为交流电动机的同步转速。当绕组电流的频率为 f，电动机的磁极数为 p，则同步转速（r/min）可用 $n_0=60f/p$ 表示。异步电动机的转子转速 n 为

$$n=\frac{60f}{p}(1-s) \qquad (2-1)$$

s——转差率。

由式 (2−1) 可见，要改变电动机的转速：①改变磁极对数 p；②改变转差率 s；③改变频率 f。在 YL−335A 分拣站的传送带的控制上，交流电动机的调速采用变频调速的方式。如何来

实现传送带的方向控制？如图 2–28 所示，当改变交流电动机供电电源的相序，就可改变电动机的转向。电动机的速度方向控制都由变频器完成。

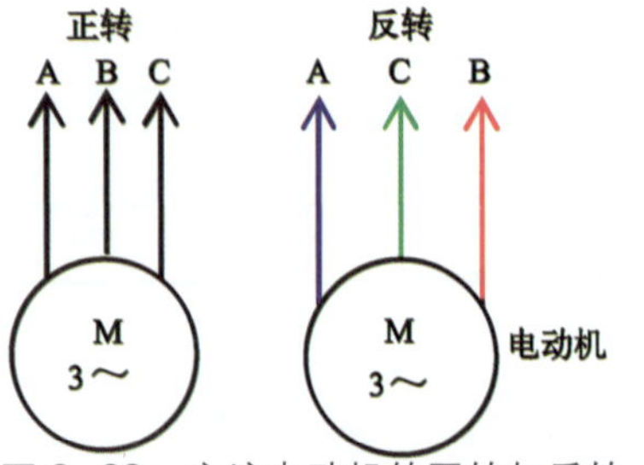

图 2–28　交流电动机的正转与反转

三相异步电动机在运行过程中需注意，若其中一相和电源断开，则变成缺相运行。此时电动机仍会按原来方向运转。但若负载不变，三相供电变为两相供电，电流将变大，导致电动机过热。使用中要特别注意这种现象；三相异步电动机若在启动前有一相断电，将不能启动。此时只能听到嗡嗡声，长时间启动不了，也会过热，必须赶快排除故障。注意外壳的接地线必须可靠地接大地，防止漏电引起人身伤害。

子任务二　通用变频器驱动装置的使用

YL–335A 分拣站使用的三相交流减速电动机的速度、方向控制采用西门子公司通用变频器 MM420，其电气连接如图 2–29 所示。三相交流电源经熔断器、交流接触器、滤波器（可选）、变频器输出到交流电动机。

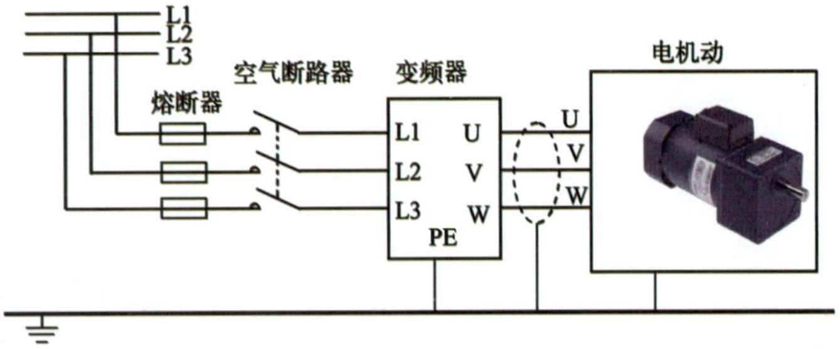

图 2–29　变频器与电动机的安装接线

在图 2–29 中，有两点需要注意，一是屏蔽，二是接地。滤波器到变频器、变频器到电动机的线采用屏蔽线，并且屏蔽层需要接地，另外带电设备的机壳要接地。

1. 通用变频器的工作原理

通用变频器是如何来实现电动机的方向及速度控制？变频器控制输出正弦波的驱动电源是以恒电压频率比（*U*/*f*）保持磁通不变为基础的，在经过正弦波脉宽调制（SPWM）驱动主电路，以产生 U、V、W 三相交流电驱动三相交流异步电动机。

什么是 SPWM？如图 2–30 所示，它先将 50Hz 交流经变压器得到所需的电压后，经二极管整流桥和 LC 滤波，形成恒定的直流电压，再送入 6 个大功率晶体管构成的逆变器主电路，输出三相频率和电压均可调整的等效于正弦波的脉宽调制波（SPWM 波）. 即可拖动三相异步电动机运转。

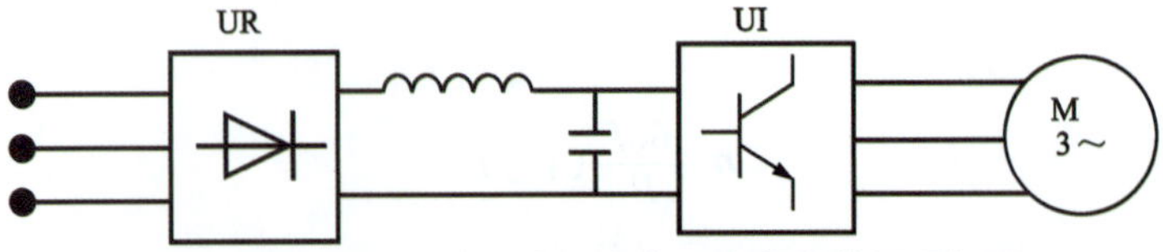

图 2–30　SPWM 交 – 直 – 交变压变频器的原理框图

什么是等效于正弦波的脉宽调制波？如图 2–31 所示，把正弦半波分成 *n* 等分，每一区间

的面积用与其相等的等幅不等宽的矩形面积代替。则矩形脉冲所组成的波形就与正弦波等效。正弦波的正负半周均如此处理。

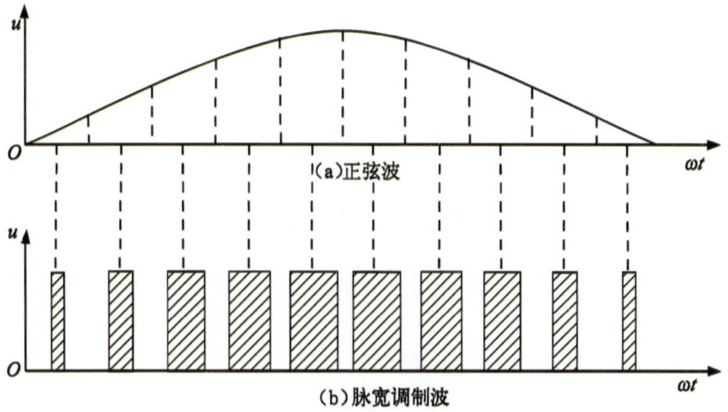

图 2–31　等效于正弦波的脉宽调制波

那么怎样产生图 2–31（b）所示脉宽调制波？SPWM 调制的控制信号为幅值和频率均可调的正弦波，载波信号为三角波，如图 2–32（a）所示，该电路采用正弦波控制，三角波调制。当控制电压高于三角波电压时，比较器输出电压 U_d 为“高”电平，否则输出“低”电平。

以 A 相为例，只要正弦控制波的最大值低于三角波的幅值，就导通 T1，封锁 T4，这样就输出等幅不等宽的 SPWM 脉宽调制波。

三相 SPWM 调制时，三角波共用，每相都有一个输入正弦信号和 SPWM 调制器，其输出调制波分别为 u_a、u_b、u_c。输入的三相正弦信号相位相差 120°，其幅值和频率是可调的。从而可改变输出的等效正弦波，以达到控制的目的。

SPWM 调制波经功率放大才能驱动电动机。在图 2–32（b）所示 SPWM 变频器功率放大主回路中，左侧的桥式整流器将工频交流电变成直流恒值电压，给图中右侧逆变器供电。等效正弦脉宽调制波 u_a、u_b、u_c 送入 T1 ~ T6 的基极，则逆变器输出脉宽按正弦规律变化的等效矩形电压波，经过滤波变成正弦交流电用来驱动交流伺服电动机。

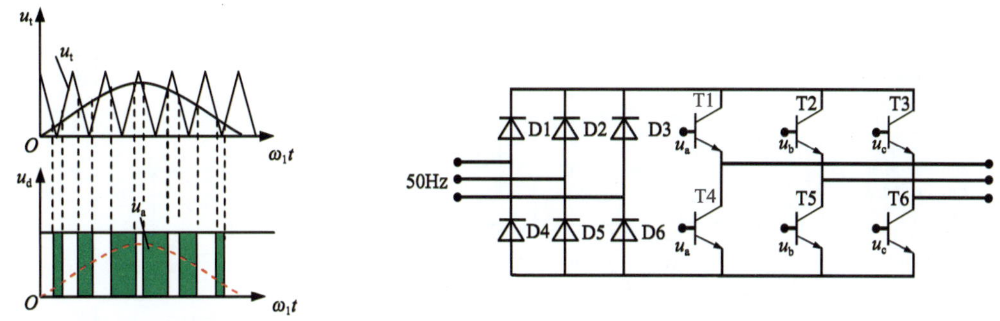

（a）控制信号正弦波和载波　　（b）SPWM 变频器主电路图

图 2–32　SPWM 变频器工作原理及电气简图

2．认识西门子通用变频器MM420

西门子通用变频器 MM420 由微处理器控制，并采用具有现代先进技术水平的绝缘栅双极型晶体管（IGBT）作为功率输出器件，它们具有很高的运行可靠性和功能的多样性。脉冲宽度调制的开关频率是可选的，降低了电动机运行的噪声。

MM420 变频器的框图如图 2–33 所示，包含数字输入点：DIN1（端子⑤），DIN2（端子⑥），DIN3（端子⑦）；内部电源 +24V（端子⑧），内部电源 0V（端子⑨）；模拟输入点：AIN+（端子③），内部电源 +10V（端子①），内部电源 0V（端子②）；继电器输出：RL1–B（端子 10），RL1–C（端子 11）；模拟量输出：AOUT+（端子 12），AOUT–（端子 13）；RS–485 串行通信接口：P+（端子 14），N–（端子 15）等输入 / 输出接口。同时带有人机交互接口基本操作板（BOP）。其核心部件为 CPU 单元，根据设定的参数，经过运算输出控制正弦波信号，经过 SPWM 调制，放大输出三相交流电压驱动三相交流电动机运转。

MM420 变频器是一个智能化的数字式变频器，在基本操作板上可以进行参数设置。参数分为 4 个级别：

① 标准级：可以访问最经常使用的参数。

② 扩展级：允许扩展访问参数的范围，例如变频器的 I/O 功能。

③ 专家级：只供专家使用。

④ 维修级：只供授权的维修人员使用，具有密码保护。

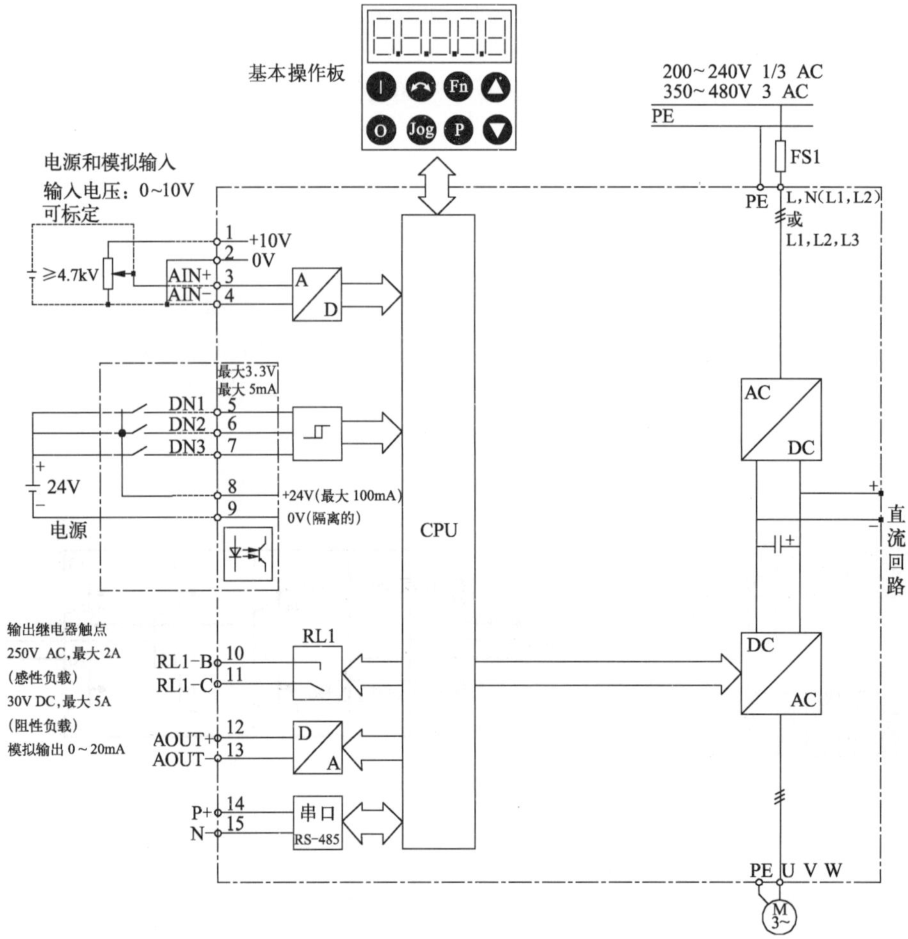

图 2–33　MM420 变频器框图

图 2-34 所示是基本操作面板的外形。利用基本操作面板可以改变变频器的各个参数。

BOP 具有 7 段显示的 5 位数字，可以显示参数的序号和数值，报警和故障信息，以及设定值和实际值。参数的信息不能用 BOP 存储。

基本操作面板（BOP）上的按钮及其功能如表 2-1 所示。

图 2-34　操作面板

表 2-1　BOP 上的按钮及其功能

显示 / 按钮	功　能	功 能 的 说 明
	状态显示	LCD 显示变频器当前的设定值
	启动变频器	按此键启动变频器。默认值运行时此键是被封锁的。为了使此键的操作有效，应设定 P0700=1
	停止变频器	OFF1：按此键，变频器将按选定的斜坡下降速率减速停车，默认值运行时此键被封锁；为了允许此键操作，应设定 P0700=1 OFF2：按此键两次（或一次，但时间较长）电动机将在惯性作用下自由停车。此功能总是“使能”的
	改变电动机的转动方向	按此键可以改变电动机的转动方向，电动机反向时，用负号表示或用闪烁的小数点表示。默认值运行时此键是被封锁的，为了使此键的操作有效，应设定 P0700=1
	电动机点动	在变频器无输出的情况下按此键，将使电动机启动，并按预设定的点动频率运行。释放此键时，变频器停车。如果变频器 / 电动机正在运行，按此键将不起作用
	功能	此键用于浏览辅助信息。 变频器运行过程中，在显示任何一个参数时按下此键并保持不动 2s，将显示以下参数值（在变频器运行中从任何一个参数开始）： 1. 直流回路电压（用 d 表示，单位 V） 2. 输出电流（A） 3. 输出频率（Hz） 4. 输出电压（用 o 表示，单位 V） 5. 由 P0005 选定的数值 [如果 P0005 选择显示上述参数中的任何一个（3，4 或 5），这里将不再显示] 连续多次按下此键将轮流显示以上参数。 跳转功能：在显示任何一个参数（rXXXX 或 PXXXX）时短时间按下此键，将立即跳转到 r0000，如果需要的话，可以接着修改其他的参数。跳转到 r0000 后，按此键将返回原来的显示点
	访问参数	按此键即可访问参数
	增加数值	按此键即可增加面板上显示的参数数值
	减少数值	按此键即可减少面板上显示的参数数值

3．MM420变频器的参数设置实例

任务：要求电动机能实现高、中、低 3 种转速的调整，高速时运行频率为 15Hz，中速时运行频率为 10Hz，低速时运行频率为 5Hz，变频器由外部数字量控制，同时具有反转控制功能。

要完成上述任务首先要认识MM420变频器的参数。每一个参数名称对应一个参数的编号。参数号用0000 ~ 9999的4位数字表示。在参数号的前面冠以一个小写字母“r”时，表示该参数是“只读”的参数。其他所有参数号的前面都冠以一个大写字母“P”。这些参数的设定值可以直接在标题栏的“最小值”和“最大值”范围内进行修改。

（1）如何来更改参数的数值呢

用BOP可以修改和设定系统参数，使变频器具有期望的特性，例如，斜坡时间、最小和最大频率等。选择的参数号和设定的参数值在5位数字的LCD上显示。

更改参数的数值的步骤可大致归纳为：

① 查找所选定的参数号；

② 进入参数值访问级，修改参数值；

③ 确认并存储修改好的参数值。

图2–35所示说明如何改变参数P0004的数值。按照图中说明的类似方法，可以用BOP设定常用的参数。

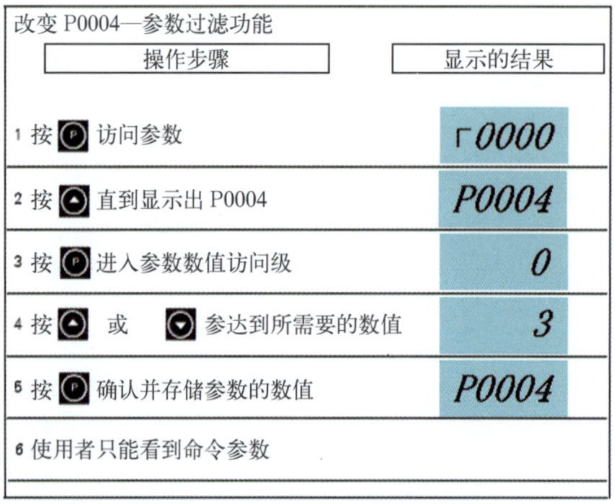

图2–35　P0004参数设置过程

参数P0004（参数过滤器）的作用是根据所选定的一组功能，对参数进行过滤（或筛选），并集中对过滤出的一组参数进行访问，从而可以更方便地进行调试。P0004可能的设定值如表2–2所示，默认的设定值为0。

表2–2　参数P0004的设定值

设　定　值	所指定参数组意义	设　定　值	所指定参数组意义
0	全部参数	12	驱动装置的特征
2	变频器参数	13	电动机的控制
3	电动机参数	20	通信
7	命令，二进制I/O	21	报警/警告/监控
8	模–数转换和数–模转换	22	工艺参量控制器（例如PID）
10	设定值通道/RFG（斜坡函数发生器）		

假设参数P0004设定值=0，需要把设定值改变为7。改变设定值的步骤如下：

① 按P键访问参数。

② 按键直到显示出 P0004。

③ 按键进入参数数值访问级。

④ 按、键达到所需要的数值 7。

⑤ 按键确认并存储参数的数值。

（2）部分参数设置说明

为了完成上述任务，这里对部分常用参数设置进行说明：

① 参数 P0003 用于定义用户访问参数组的等级，设置范围为 0 ～ 4，该参数默认设置为等级 1（标准级），YL–335A 装备中预设置为等级 3（专家级），目的是允许用户可访问 1、2 级的参数及参数范围和定义用户参数，并对复杂的功能进行编程。

② 参数 P0010 是调试参数过滤器，对与调试相关的参数进行过滤，只筛选出那些与特定功能组有关的参数。P0010 的可能设定值为：0（准备），1（快速调试），2（变频器），29（下载），30（工厂的默认设定值）；默认设定值为 0。当选择 P0010=1 时，进行快速调试；若选择 P0010=30，则进行把所有参数复位为工厂的默认设定值的操作。应注意的是，在变频器投入运行之前应将本参数复位为 0。

③ 将变频器复位为工厂的默认设定值的步骤。为了把变频器的全部参数复位为工厂的默认设定值，应按照下面的数值设定参数：

a．设定 P0010=30。

b．设定 P0970=1。

这时便开始参数的复位。变频器将自动地把它的所有参数都复位为它们各自的默认设置值。如果用户在参数调试过程中遇到问题，并且希望重新开始调试，实践证明这种复位操作方法是非常有用的。复位为工厂默认设置值的时间大约要 60 秒。

④ 按任务要求设置参数。

任务要求电动机转速可分级调整，则应调整变频器的 P701 和 P702 参数，而参数 P1001 和 P1002 则按转速要求设定固有频率值。调整变频器参数步骤如下：

a．在 BOP 操作板上修改 P0004，使 P0004=7，选择命令组。

b．修改 P0701（数字输入 1 的功能），使 P0701=16，设定为固定频率设定值（直接选择 +ON）。

c．修改 P0702（数字输入 2 的功能），使 P0702=16，设定为固定频率设定值（直接选择 +ON）。

d．修改 P0703（数字输入 3 的功能），使 P0702=12，设定为固定频率设定值（直接选择 +ON）。

e．再修改 P0004，使 P0004=10，选择设定值通道。

f．修改 P1001（固定频率 1），使 P1001=10。

g．修改 P1002（固定频率 2），使 P1001=5。

根据上述参数的说明，将数字输入点 DIN1 置为高电平、DIN2 置为低电平，变频器输出 10Hz；将数字输入点 DIN1 置为低电平、DIN2 置为高电平，变频器输出 5Hz；将数字输入点 DIN1 置为高电平、DIN2 置为高电平，变频器输出 15Hz；将数字输入点 DIN3 置为高电平，电动机反转；将数字输入点 DIN3 置为低电平，电动机正转。

练一练

① 按图 2–29 所示在 YL–335A 上连接导线。

② 按上述描述过程，设置参数。

③ 对任务要求的控制功能测试。

a．数字输入 1、2、3 全为 OFF 状态，电动机停止运行，如图 2–36 所示。

b．数字输入 1、3 为 OFF 状态，数字输入 2 为 ON 状态，电动机 5Hz 正转运行，如图 2–37 所示。

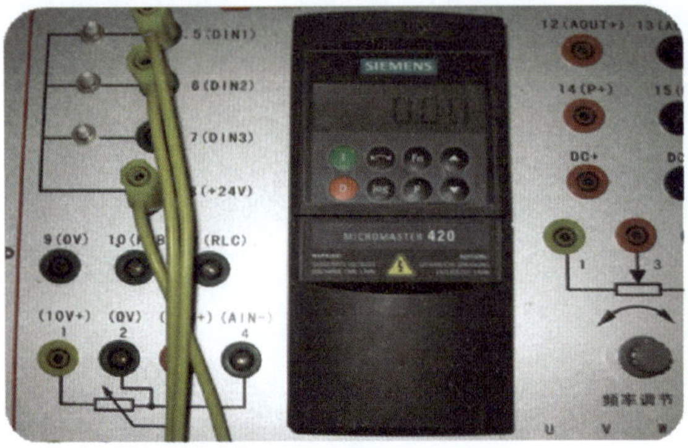

图 2–36　电动机停止运行

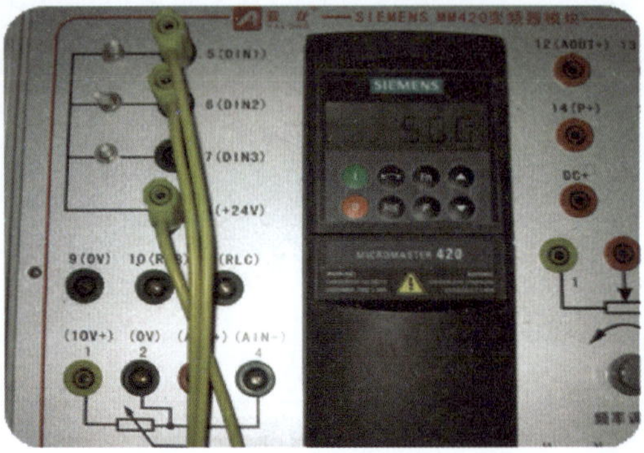

图 2–37　电动机 5Hz 正转运行

c．数字输入 2、3 为 OFF 状态，数字输入 1 为 ON 状态，电动机 10Hz 正转运行，如图 2–38 所示。

d．数字输入 3 为 OFF 状态，数字输入 1、2 为 ON 状态，电动机 15Hz 正转运行，如图 2–39 所示。

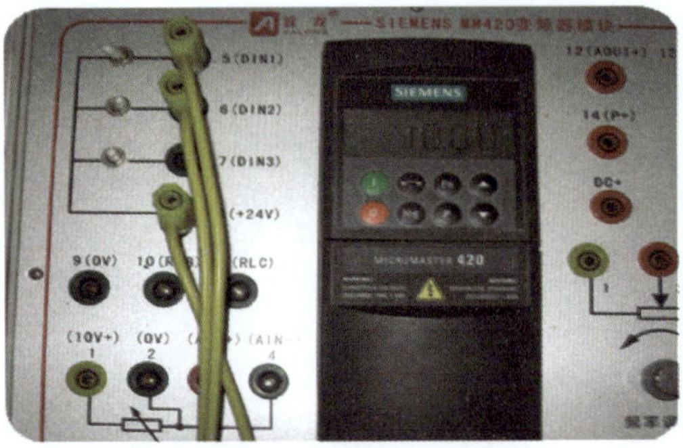

图 2–38　电动机 10Hz 正转运行

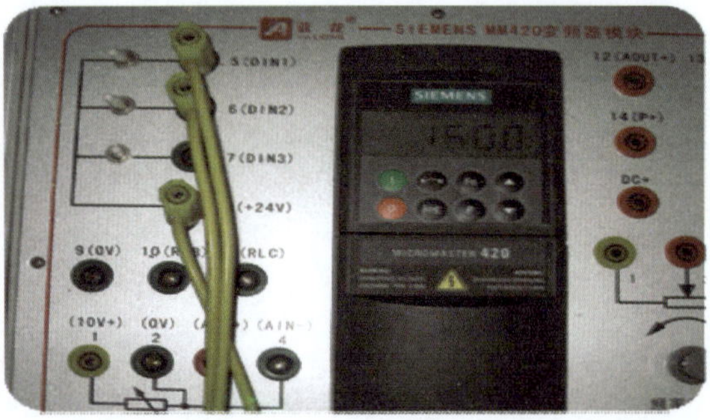

图 2–39　电动机 15Hz 正转运行

e．数字输入 1 为 OFF 状态，数字输入 2、3 为 ON 状态，电动机 –5Hz 反转运行，如图 2–40 所示。

f．数字输入 2 为 OFF 状态，数字输入 1、3 为 ON 状态，电动机 –10Hz 反转运行，如图 2–41 所示。

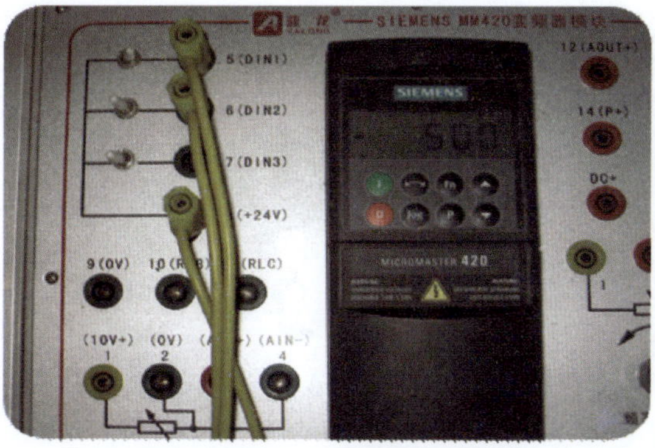

图 2–40　电动机 –5Hz 反转运行

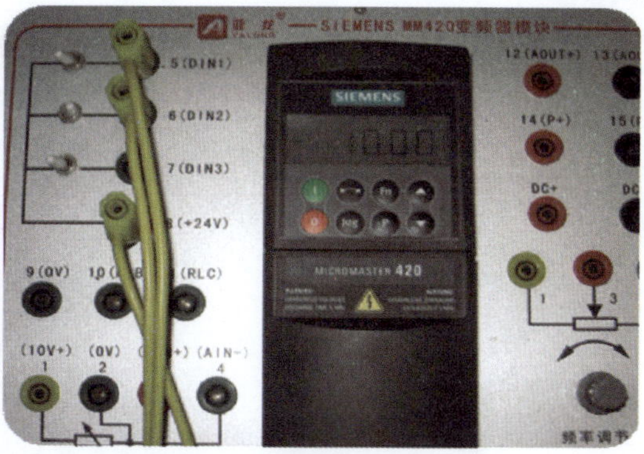

图 2–41　电动机 –10Hz 反转运行

g．数字输入 1、2、3 全为 ON 状态，电动机 –15Hz 反转运行，如图 2–42 所示。

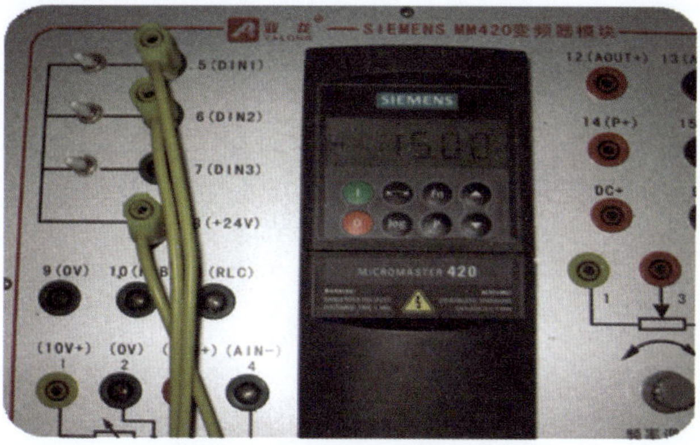

图 2–42　电动机 –15Hz 反转运行

实际应用中，根据生产线项目控制需要对变频器进行复杂的设置，更多内容可以参看相关技术手册。也可以根据生产线上电动机的驱动要求选择其他伺服驱动装置，如直流电动机采用晶体管直流脉宽调制驱动器、矢量控制交流变频驱动器等。

知识、技能归纳

变频调速是交流调速的重要发展方向，目前得到了广泛的应用。正弦波脉宽调制是对逆变器的开关元件按一定规律控制其通断，从而获得一组等幅不等宽的矩形脉冲，其基波近视正弦波电压。当前变频器越来越智能化，应用中重点关注其参数设置以及与外部设备的连接和控制。

工程素质培养

查阅电动机和变频驱动厂家资料，整理出本自动线安装与调试中应注意的环节，能根据电动机选择相应的驱动装置。

任务三　自动线中的步进电动机及控制

在自动线中，步进电动机也是常用的驱动电动机，在 YL−335A 中，由步进电动机及驱动器来完成搬运机械手的运动控制。本任务主要学习自动线上的步进电动机及驱动装置的应用。

子任务一　步进电动机的使用

步进电动机由转子、定子和定子绕组组成，转子上有均匀分布的齿，如图 2−43 所示。当某相定子绕组由脉冲电流励磁后，便能吸引转子，使转子转动一个角度，该角度称为步距角，则有：

$$\alpha=\frac{360^{\circ}}{mzk} \qquad (2-2)$$

图 2−43　步进电动机结构示意图

式中：α——步距角；

m——定子相数；

z——转子齿数；

k——控制方式确定的拍数与相数的比例系数。

步进电动机的整步（FULL）工作原理如图 2−44 所示，若绕组按 1a → 1b → 2a → 2b → 1a 顺序通电，它的旋转是以固定的角度一步一步运行的。因而可以通过控制脉冲个数来控制角位移量，从而达到准确定位的目的。图 2−44 所示的控制过程称为四相四拍。

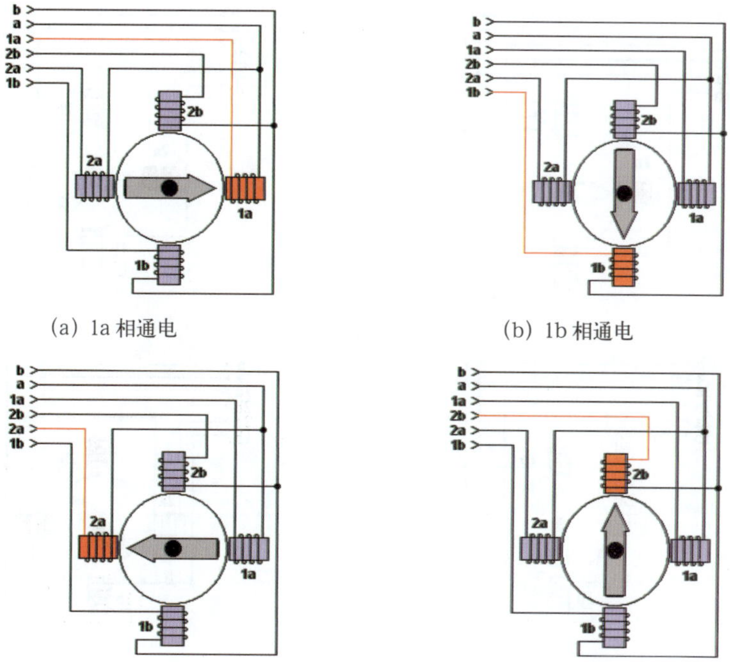

(a) 1a 相通电 (b) 1b 相通电

(c) 2a 相通电 (d) 2b 相通电

图 2-44 步进电动机整步工作原理示意图

如按图 2–45 所示工作过程来控制步进电动机，绕组按 1a → 1a1b → 1b → 2a1b → 2a → 2a2b → 2b → 2b1a → 1a 顺序通电，即为步进电动机的半步（HALF）控制。图 2–45 所示的控制过程称为四相八拍。

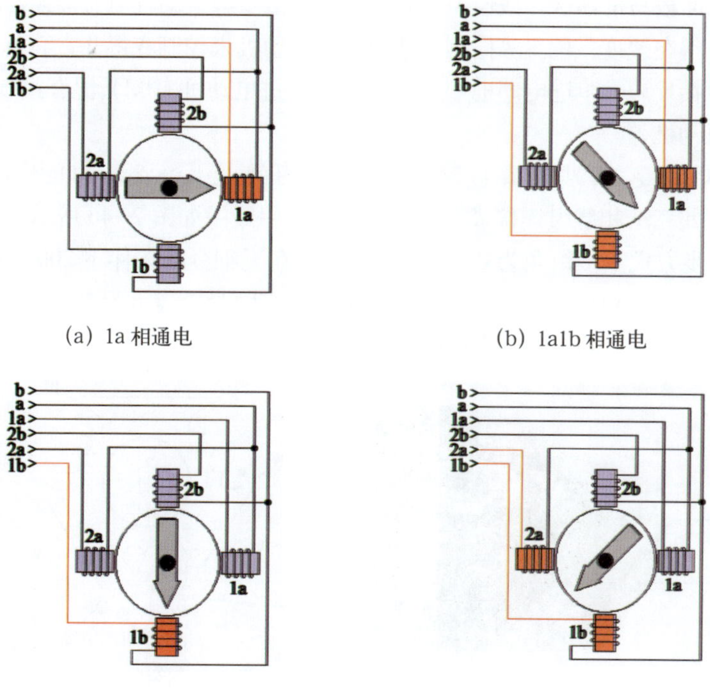

(a) 1a 相通电 (b) 1a1b 相通电

(c) 1b 相通电 (d) 2a1b 相通电

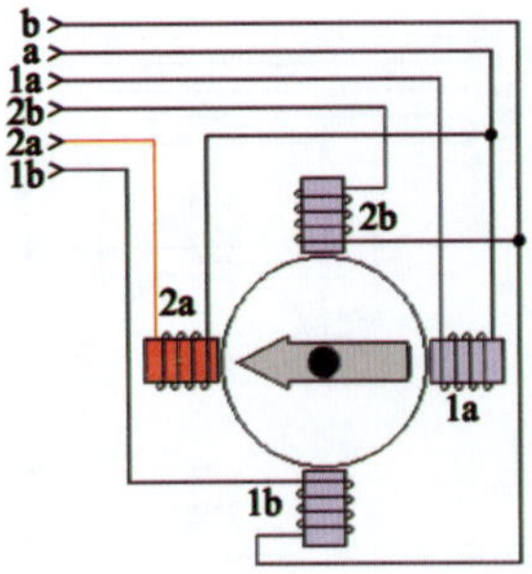

(e) 2a 相通电

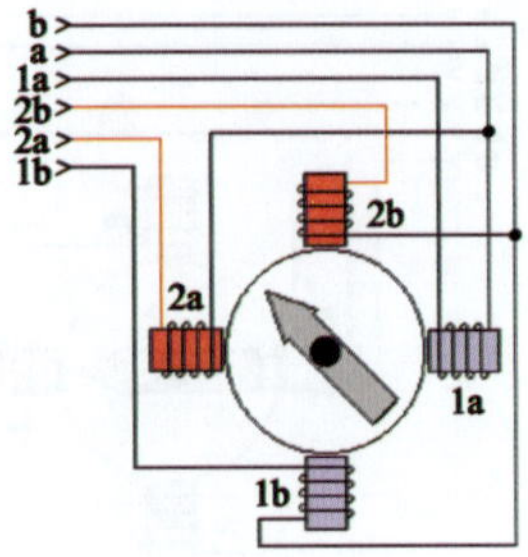

(f) 2a2b 相通电

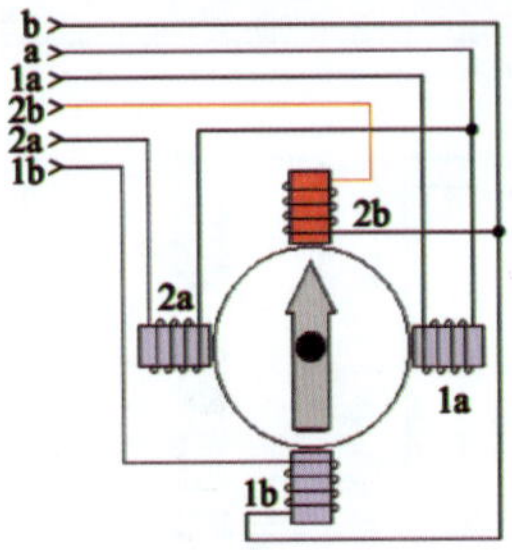

(g) 2b 相通电

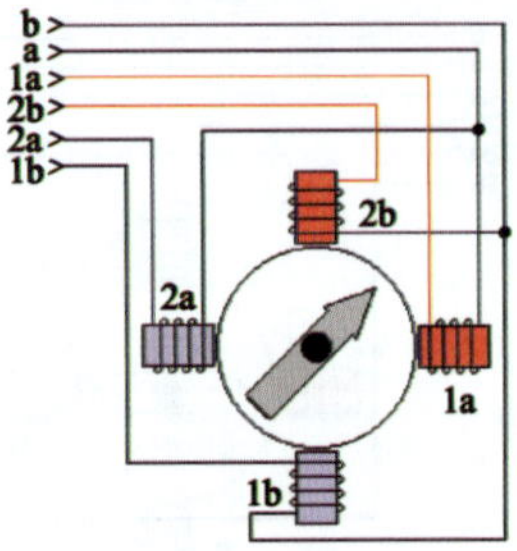

(h) 2b1a 相通电

图 2–45　步进电动机工作原理示意图

步进电动机受脉冲的控制，其转子的角位移量和转速严格地与输入脉冲的数量和脉冲频率成正比，同时可以通过控制脉冲频率来控制电动机转动的速度，改变通电脉冲的顺序来控制步进电动机的转向。

由于控制脉冲数与位移这一线性关系的存在，加上步进电动机只有周期性的误差而无累积误差等特点，使得在速度、位置等控制领域用步进电动机来控制变得非常简单。现在比较常用的步进电动机包括反应式步进电动机（VR）、永磁式步进电动机（PM）、混合式步进电动机（HB）和单相式步进电动机等。

在 YL–335A 的运输站的直线运动中采用的就是 Kinco 公司的三相步进电动机 3S57Q–04056，其三个相绕组连接成三角形，实物及引线图如图 2–46 所示。整步方式下步距角为 1.8°，半步方式下步距角为 0.9°。整步方式在无细分的条件下 200 个脉冲步进电机转一圈。步进电动机传动组件采用同步轮和同步带传动。同步轮齿距为 5mm，共 11 个齿，旋转一周机械手装置位移 55mm，即每步机械手位移 0.275mm。

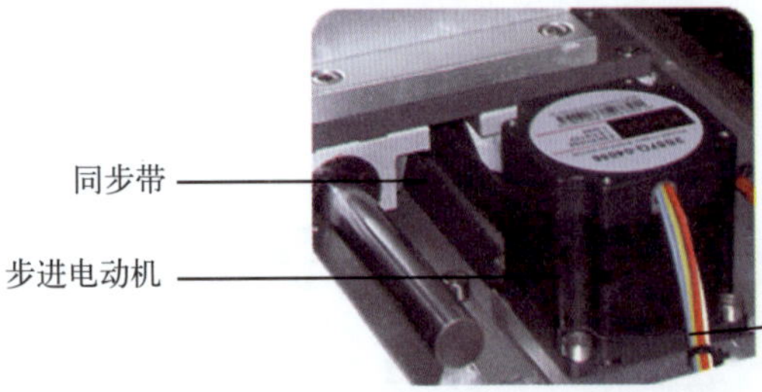

(a) 实物

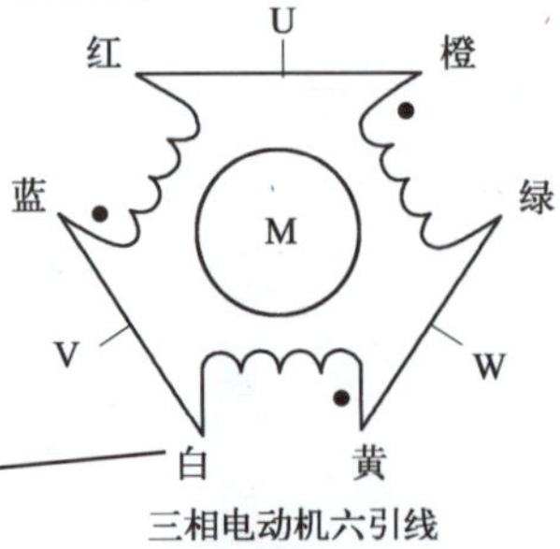

(b) 接线图

图 2–46　步进电动机 3S57Q–04056 实物及接线图

即便在半步方式下，机械手的位移控制精度也不是很高，如何来解决这个问题呢？下面教大家几个招式。

子任务二　步进电动机驱动装置的使用

步进电动机的运行特性不仅与步进电动机本身和负载有关，而且与配套使用的驱动装置有着十分密切的关系。YL–335A 中步进电动机驱动器 3M458 与控制器、步进电动机的工作接线图如图 2–47 所示。

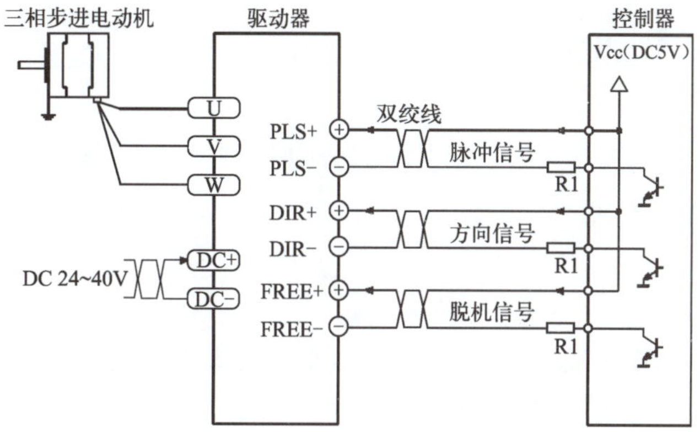

图 2–47　步进电动机驱动器 3M458 典型接线图

图 2–47 中，PLS 为脉冲信号，脉冲的数量、频率与步进电动机的位移、速度成比例，DIR 为方向信号，它的高低电平决定电动机的旋转方向。从中可以看出，步进电动机驱动器接受控制器来的低压低功耗控制信号，为步进电动机输出三相脉冲功率电源。

图 2–47 中，驱动器还有一对脱机信号输入线 FREE+ 和 FREE–，当这一信号为 ON 时，驱动器将断开输入到步进电动机的电源回路。YL–335A 没有使用这一信号，这一信号为 OFF，当步进电动机在上电后，即使静止时也保持自动半流的锁紧状态。究竟步进电机驱动器是如何来工作的呢？

由图 2–48 可知，步进电动机驱动器解决了脉冲分配和功率放大两个问题。脉冲分配也称为环形分配。环形分配用于控制步进电动机的通电运行方式，其作用是把控制器送来的一串指令脉冲按照一定的顺序和分配方式，控制各相绕组的通断电。由于步进电动机的工作原理是各绕组必须按一定的顺序通电变化才能正常工作（A、B、C、A、B…；A、AB、B、BC、C、CA、A、AB、B…），完成这种通电顺序变化规律的部件称为环形脉冲分配器。

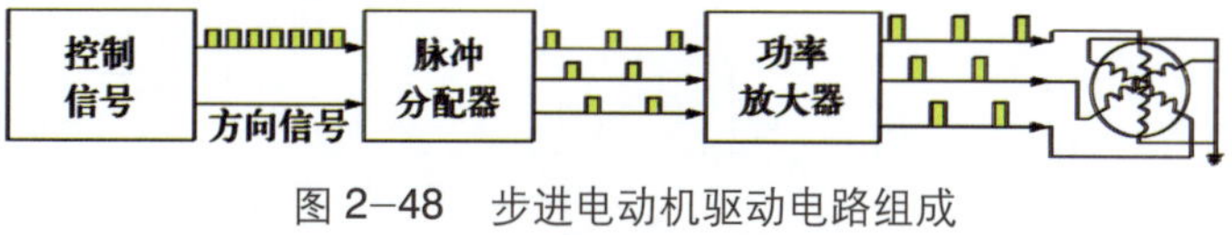

图 2–48　步进电动机驱动电路组成

以三相步进电动机为例，硬件环形分配驱动与控制装置的连接如图 2–49 所示，环形分配器的输入、输出信号一般均为 TTL 电平，输出信号 A、B、C 变为高电平则表示相应的绕组通电，低电平则表示相应的绕组失电，PLS 为数控装置所发脉冲信号，每一个脉冲信号的上升或下降沿到来时，输出则改变一次绕组的通电状态，DIR 为数控装置所发方向信号，其电平的高低即对应电机绕组通电顺序的改变，即步进电动机的正、反转，FULL/HALF 电平用于控制电动机的整步（对三相步进电动机即为三拍运行）或半步（对三相步进电动机即为六拍运行），一般情况下，根据需要将其接在固定的电平上即可。

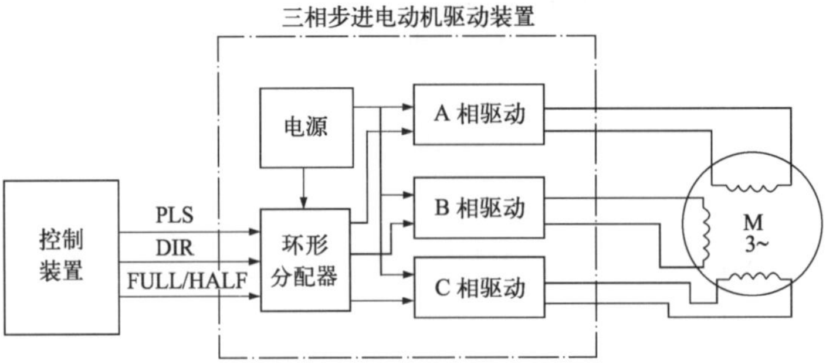

图 2-49　硬件环形分配驱动与控制装置的连接

YL-335A 中步进电动机驱动器 3M458 的输出相电流最大能达到 5.8A，而控制器到驱动器的电流都在 mA 级。驱动放大电路的功能就是将环形分配器发出的 TTL 电平信号放大到几安培的电流，送到步进电动机的各相绕组。驱动器 3M458 采用的是细分驱动电源，前面已对步进电动机的工作方式作过描述，每给步进电动机一相绕组或几相绕组一个脉冲电压，步进电动机就旋转一步，即每拍步进电动机转动一个步距角。如果在一拍中，通电相的电流不是一次达到最大值，而是分成多次，每次使绕组电流增加一些。每次增加，都使转子转过一小步。同样绕组电流的下降也是分成多次完成，这样，步进电动机原来的一个步距便分成许多微步运动来完成，即实现了步距的细分。典型的多路功率开关细分电路如图 2-50 所示。

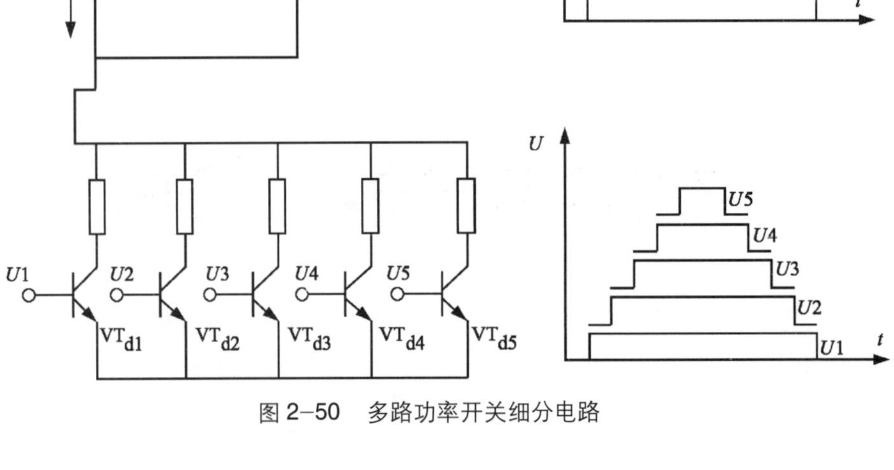

图 2-50　多路功率开关细分电路

图 2-50 中，由基极开关电压 $U1$ ~ $U5$ 控制多路功率开关管 VT_{d1} ~ VT_{d5} 的通断，从而控制功放管 VT 的导通电流大小，即步进电动机线圈绕组电流的大小，实现对步进电动机步进量的细分。

实际应用中，在 3M458 驱动器的侧面连接端子中间有一个红色的 8 位 DIP 功能设定开关，可以用来设定驱动器的工作方式和工作参数。图 2-51 所示是该 DIP 开关功能说明。

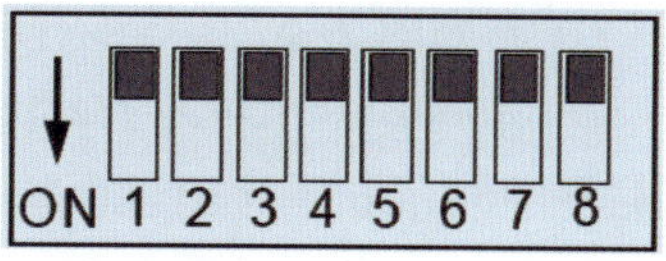

图 2-51　DIP 开关

DIP 开关的说明如表 2-3 所示。

表 2-3　DIP 开关功能

开关序号	ON 功能	OFF 功能
DIP1 ~ DIP3	细分设置用	细分设置用
DIP4	静态电流全流	静态电流半流
DIP5-DIP8	电流设置用	电流设置用

步进电动机驱动细分设置如表 2-4 所示，DIP 位置决定了细分步数。

表 2-4　细分设置表

DIP1	DIP2	DIP3	细分 /（步 / 转）
ON	ON	ON	400
ON	ON	OFF	500
ON	OFF	ON	600
ON	OFF	OFF	1 000
OFF	ON	ON	2 000
OFF	ON	OFF	4 000
OFF	OFF	ON	5 000
OFF	OFF	OFF	10 000

步进电动机驱动输出相电流设置如表 2-5 所示，DIP 位置决定了输出相电流。

表 2-5　输出相电流设置表

DIP5	DIP6	DIP7	DIP8	输出相电流 /A
OFF	OFF	OFF	OFF	3
OFF	OFF	OFF	ON	4
OFF	OFF	ON	ON	4.6
OFF	ON	ON	ON	5.2
ON	ON	ON	ON	5.8

步进电动机驱动放大器的驱动电路、控制方式种类较多，常使用单电压驱动、高低压切换电路、恒流斩波、调频调压等驱动电路，每个驱动电路的特点不同。

给你一个任务：用步进电动机控制机械手，步进电动机每转的驱动步数为 10 000 步，同步轮齿距为 5mm，共 11 个齿，要求机械手移动 470mm，应该给多少脉冲？

操作步骤如下：

① 参照图 2–52 连接步进电动机与驱动器；

② 参照表 2–5 和表 2–6 设置步进电动机驱动器，使得 DIP1、DIP2、DIP3 全为 OFF 状态，即每转的细分步数为 10 000 步 / 转，设定 DIP5 为 OFF 状态，DIP6、DIP7、DIP8 为 ON 状态，使得输出的相电流为 5.2A；

③ 计算脉冲数。同步轮齿距为 5mm，共 11 个齿，步进电动机每转 1 转，机械手移动 55mm，驱动器细分设置为 10 000 步 / 转，即每步机械手位移 0.005 5mm。要想移动 470mm，需要的脉冲数为 470/0.005 5=85 455。

④ 通过 PLC 等控制器给步进电动机驱动器 85 455 个脉冲，测量机械手的移动距离。

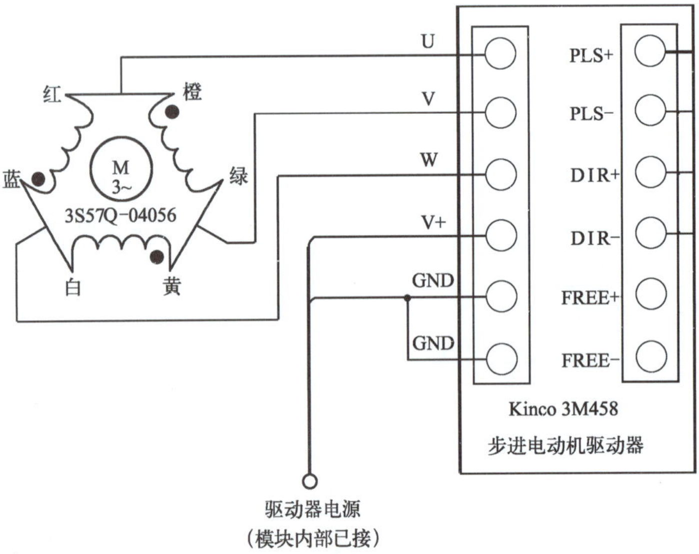

图 2–52　步进电动机与驱动器的连接

知识、技能归纳

步进电动机主要用于开环的位置控制，通过给步进电动机的各相绕组脉冲电流，步进电动机就转动，脉冲的频率、数量决定了步进电动机的位移的速度及距离，各相绕组的通电顺序决定步进电动机的转向。

步进驱动主要解决环形分配与功率放大问题，细分放大可以提高控制的精度。步进电动机控制容易实现但也有一些弱点，一是用得不好有可能失步，二是控制精度相对较低，而且运动中无法确定运动部件的准确位置。有什么办法解决呢？可采用伺服电动机。

工程素质培养

查阅步进电动机和驱动器的厂家资料，整理出本自动线安装与调试中，步进电动机及驱动在使用中应注意的环节，能根据控制要求选择步进电动机及相应的驱动装置。

任务四　气动技术在自动线中的使用

1. 气动技术简介

在 YL-335A 上，安装了许多气动元件，包括气泵、过滤减压阀、单向电控气阀、双向电控气阀、气缸、汇流排等。其中气缸使用了笔型气缸、薄型气缸、回转气缸、双杆气缸、手指气缸 5 种类型共 17 个。图 2-53 所示为 YL-335A 中使用的部分气动元件。

图 2-53 实际包含以下 4 部分：气源装置、控制元件、执行元件、辅助元件。

- 气源装置：它将原动机输出的机械能转变为空气的压力能。其主要设备是空气压缩机，如图 2-53（a）所示气泵。
- 控制元件：是用来控制压缩空气的压力、流量和流动方向，以保证执行元件具有一定的输出力和速度并按设计的程序正常工作，如图 2-53（c）、（d）所示电磁阀。
- 执行元件：是将空气的压力能转变成机械能的能量转换装置，如图 2-53（e）、（f）所示各种类型气缸。
- 辅助元件：是用于辅助保证空气系统正常工作的一些装置。如过滤器、干燥器、空气过滤器、消声器和油雾器等，如图 2-53（b）所示。

（a）气泵

（b）过滤减压阀

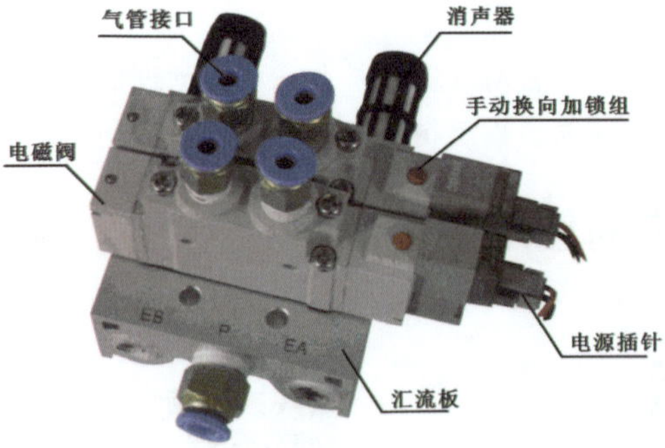

(c) 电磁阀及汇流板

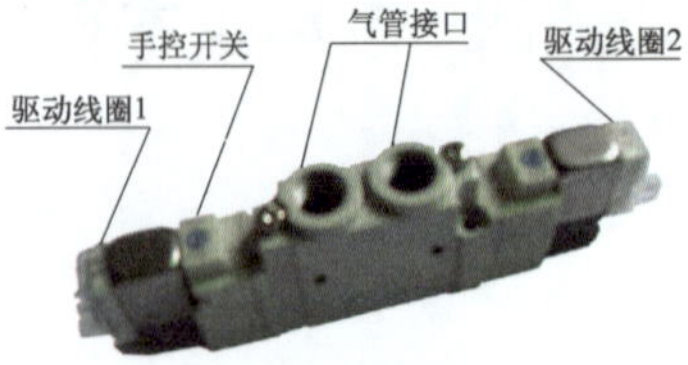

(d) 双向电磁阀

(e) 薄型气缸

(f) 双杆气缸

(g) 手指气缸

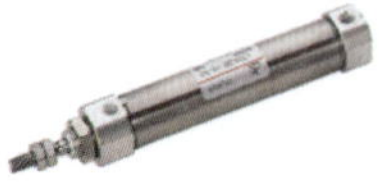

(h) 笔型气缸

(i) 回转气缸

图 2-53 YL-335A 中使用的气动元件

2. 气动系统工作原理

气动系统是以压缩空气为工作介质来进行能量与信号的传递，利用空气压缩机将电动机或其他原动机输出的机械能转变为空气的压力能，然后在控制元件的控制和辅助元件的配合下，通过执行元件把空气的压力能转变为机械能，从而完成直线或回转运动并对外作功。

子任务一 气泵的认知

图 2-54 所示为产生气动力源的气泵，包括：

图 2-54 气泵上的元件介绍

- 空气压缩机：把电能转变为气压能。
- 压力开关：被调节到一个最高压力时，停止电动机，降至最低压力时，重新激活电动机。
- 安全保护器：当储气罐内的压力超过允许限度，可将压缩空气排出单向阀，阻止压缩空气反方向流动。
- 储气罐：存储压缩空气储气罐，主要用来调节气流，减少输出气流的压力脉动，使输出气流具有流量连续性和气压稳定性。
- 压力表：显示储气罐内的压力。
- 气源开关：向气路中提供气源的开关，YL−335A 工作时，必须打开。
- 主管道过滤器：它清除主要管道内灰尘、水分和油。主管道过滤器必须具有最小的压力降和油雾分离能力。

上述气源装置是用来产生具有足够压力和流量的压缩空气并将其净化、处理及存储的一套装置。主要由以下元件组成：空气压缩机、后冷却器、除油器、储气罐、干燥器、过滤器、输气管道。

子任务二　气动执行元件的认知

气动系统常用的执行元件为气缸和气马达。气缸用于实现直线往复运动；气马达用于实现连续回转运动。在 YL−335A 中只用到了气缸，包括笔型缸、薄型气缸、回转气缸、双杆气缸、手指气缸等，如图 2−55 所示。

(a) 薄型气缸

(b) 双杆气缸

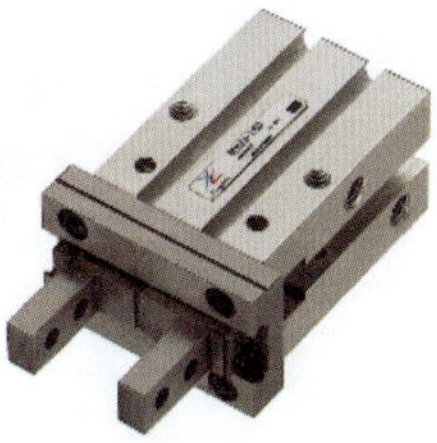

(c) 手指气缸

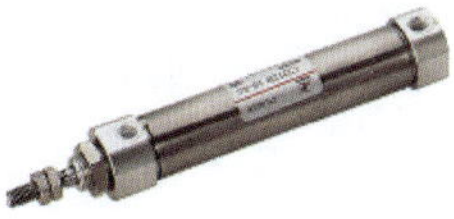

(d) 笔型气缸

(e) 回转气缸

图 2−55　YL−335A 中使用的气型

气缸主要由缸筒、活塞杆、前后端盖及密封件等组成，图 2−56 所示为普通型单活塞双作用气缸结构。

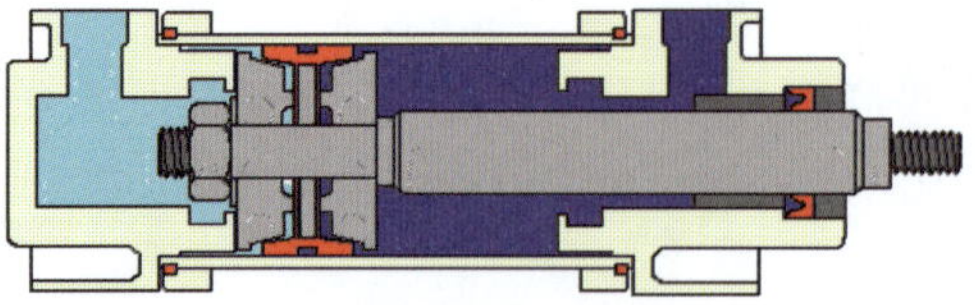

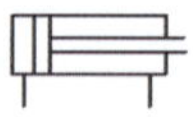

(a) 结构　　　　(b) 图形符号

图 2–56　普通型单活塞双作用气缸结构与图形符号

所谓双作用是指活塞的往复运动均由压缩空气来推动。在单伸出活塞杆的动力缸中，因活塞右边面积比较大，当空气压力作用在右边时，提供一个慢速的和作用力大的工作行程；返回行程时，由于活塞左边的面积较小，所以速度较快而作用力变小。此类气缸的使用最为广泛，一般应用于包装机械、食品机械、加工机械等设备上。

回转物料台的主要器件是气动摆台，它是由直线气缸驱动齿轮齿条实现回转运动，回转角度能在 0° ~ 90° 和 0° ~ 180° 之间任意可调，而且可以安装磁性开关，检测旋转到位信号，多用于方向和位置需要变换的机构，如图 2–57 所示。

YL–335A 所使用的气动摆台的摆动回转角度能在 0° ~ 180° 范围任意可调。当需要调节回转角度或调整摆动位置精度时，应首先松开调节螺杆上的反扣螺母，通过旋入和旋出调节螺杆，从而改变回转凸台的回转角度，调节螺杆 1 和调节螺杆 2 分别用于左旋和右旋角度的调整。当调整好摆动角度后，应将反扣螺母与基体反扣锁紧，防止调节螺杆松动，造成回转精度降低。

图 2–57　气动摆台

气缸的种类很多，分类的方法也不同，一般可按压缩空气作用在活塞端面上的方向、结构特征和安装形式来分类。也可按尺寸分类，通常将缸径为 2.5 ~ 6mm 的称为微型气缸，8 ~ 25mm 为小型气缸，32 ~ 320mm 为中型气缸，大于 320mm 为大型气缸。按安装方式分为固定式气缸和摆动式气缸。按润滑方式分类可分为给油气缸和不给油气缸两种。按驱动方式分为单作用气缸和双作用气缸两种。

子任务三　气动控制元件的认知

在 YL–335A 中使用的气动控制元件按其作用和功能有压力控制阀、方向控制阀、流量控制阀。

1．控制阀简介

(1) 压力控制阀

在 YL–335A 中使用到的压力控制阀主要有减压阀、溢流阀。

① 减压阀的作用是降低由空气压缩机来的压力，以适于每台气动设备的需要，并使这一部分压力保持稳定。图 2–58 所示是直动式减压阀。

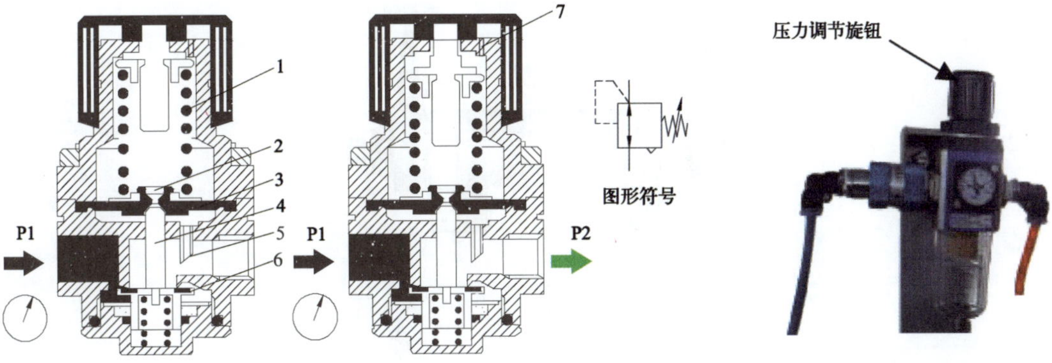

1-调压弹簧 2-溢流阀 3-膜片 4-阀杆 5-反馈导杆 6-主阀 7-溢流口

（a）结构图 1　（b）结构图 2　（c）实物

图 2–58　减压阀的结构及实物图

② 溢流阀的作用是当系统压力超过调定值时，便自动排气，使系统的压力下降，以保证系统安全，故也称安全阀。图 2–59 所示是溢流阀的工作原理图。

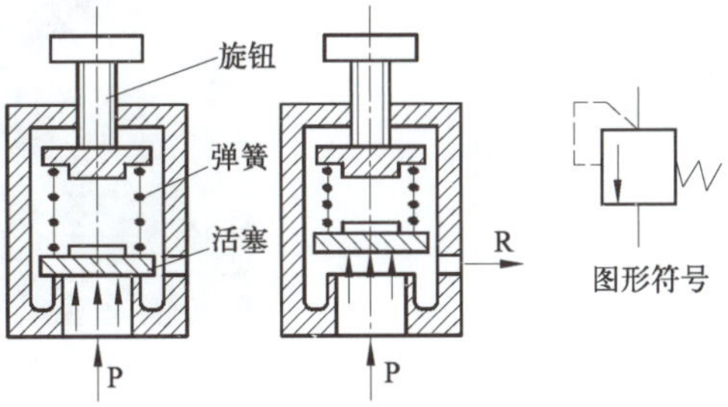

（a）关闭状态　（b）开启状态

图 2–59　溢流阀的工作原理图

（2）流量控制阀

在 YL–335A 中使用流量控制阀主要有节流阀。

节流阀是将空气的流通截面缩小以增加气体的流通阻力，而降低气体的压力和流量。图 2–60 所示是节流阀的结构原理图，阀体上有一个调整螺钉，可以调节节流阀的开口度（无级调节），并可保持其开口度不变，此类阀称为可调节开口节流阀。

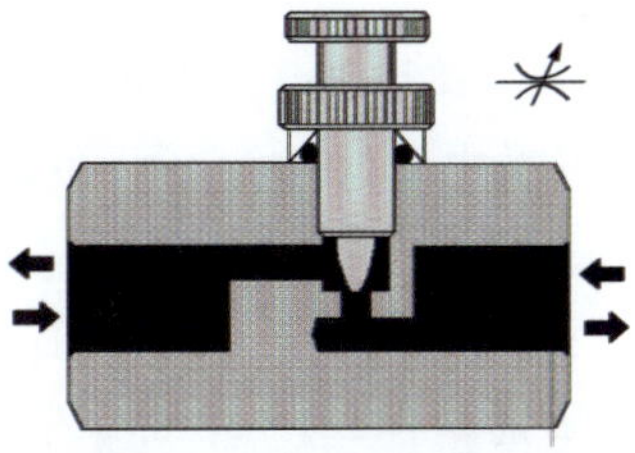

图 2–60　节流阀的结构原理图

可调节流阀常用于调节气缸活塞运动速度，可直接安装在气缸上。这种节流阀有双向节流作用。使用节流阀时，节流面积不宜太小，因空气中的冷凝水、尘埃等塞满阻流口通路会引起节流量的变化。

为了使气缸的动作平稳可靠，气缸的作用气口都安装了限出型气缸节流阀。气缸节流阀的作用是调节气缸的动作速度。节流阀上带有气管的快速接头，只要将合适外径的气管往快速接头上一插就可以将管连接好了，使用时十分方便。图 2–61 所示是安装了带快速接头的限出型气缸节流阀的气缸外观。

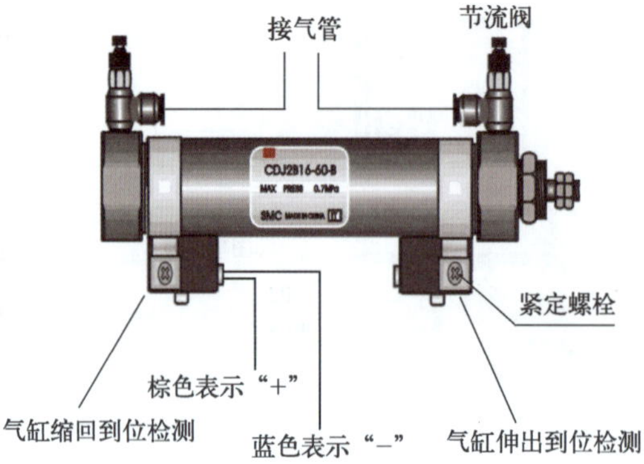

图 2–61　安装上气缸节流阀的气缸

图 2–62 所示是一个双动气缸装有两个限出型气缸节流阀的连接和调节原理示意图，当调节节流阀 A 时，是调整气缸的伸出速度，而当调节节流阀 B 时，是调整气缸的缩回速度。

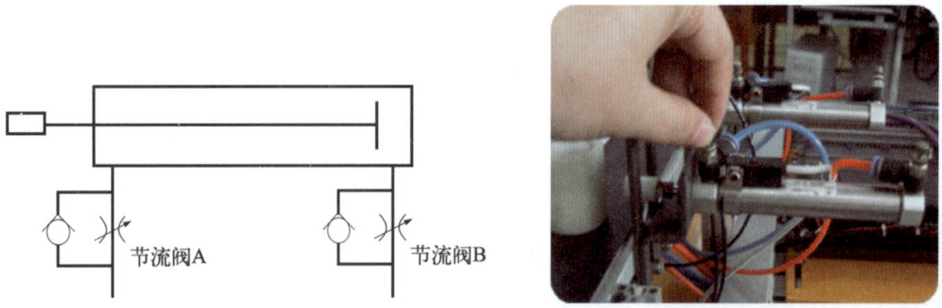

(a) 节流阀连接和调整示意图　　(b) 实际调整图

图 2–62　节流阀连接和调整

(3) 方向控制阀

用来改变气流流动方向或通断的控制阀，通常使用的是电磁阀。

电磁阀利用电磁线圈通电时，静铁心对动铁心产生电磁吸力使阀切换以改变气流方向的阀，称为电磁控制换向阀，简称电磁阀。这种阀易于实现电 – 气联合控制，能实现远距离操作，故得到广泛应用。

按阀的切换通口数目分有二通阀、三通阀、四通阀和五通阀等。

二通阀有 2 个口，即 1 个输入口（用 P 表示）和 1 个输出口（用 A 表示）。

三通阀有 3 个口，除 P 口、A 口外，增加 1 个排气口（用 R 或 O 表示）。三通阀既可以是 2 个输入口（用 P1、P1 表示）和 1 个输出口，作为选择阀（选择两个不同大小的压力值）；也可以是 1 个输入口和 2 个输出口，作为分配阀。

二通阀、三通阀有常通型和常断型之分。常通型是指阀的控制口未加控制信号（即零位）时，P 口和 A 口相通。反之，常断型阀在零位时，P 口和 A 口是断开的。

四通阀有 4 个口，除 P、A、R 外，还有 1 个输出口（用 B 表示），通路为 P → A、B → R

或 P → B、A → R。

五通阀有 5 个口，除 P、A、B 外，有 2 个排气口（用 R、S 或 O1、O2 表示）。通路为 P → A、B → S 或 P → B、A → R。五通阀也可以变成选择式四通阀，即 2 个输入口（P1 和 P2）、2 个输出口（A 和 B）和 1 个排气口 R。2 个输入口供给压力不同的压缩空气。

阀心的切换工作位置简称“位”，阀心有几个切换位置就称为几位阀。

有 2 个通口的二位阀称为二位二通阀（常表示为 2/2 阀，前一位数表示通口数，后一位数表示工作位置数），它可以实现气路的通或断。有 3 个通口的二位阀，称为二位三通阀（常表示为 3/2 阀）。在不同的工作位置，可实现 P、A 相通，或 A、R 相通。常用的还有二位五通阀（常表示为 5/2 阀），它可以用于推动双作用气缸的回路中。

换向阀处于不同工作位置时，各通口之间的通断状态是不同的。阀处于各切换位置时，各通口之间的通断状态分别表示在一个长方形的方块上，就构成了换向阀的图形符号。

阀的连接方式有管式连接、板式连接、集装式连接和法兰连接等几种。

在 YL-335A 中采用电磁阀组连接形式，就是将多个阀与消声器、汇流板等集中在一起构成的一组控制阀的集成，而每个阀的功能是彼此独立的。

2. 电磁阀组的使用

（1）供料单元的电磁阀组的使用

供料单元的电磁阀组只使用 2 个由二位五通的带手控开关的单电控电磁阀，两个阀集中安装在汇流板上，汇流板中两个排气口末端均连接了消声器，消声器的作用是减少压缩空气在向大气排放时的噪声。阀组的结构如图 2-63 所示。本单元的两个阀分别对顶料气缸和推料气缸进行控制，以改变各自的动作状态。

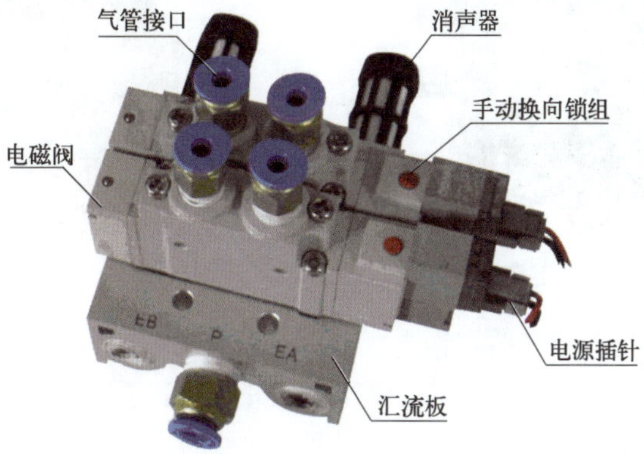

图 2-63　供料单元的电磁阀组

本单元所采用的电磁阀，带手动换向、加锁钮，有锁定（LOCK）和开启（PUSH）两个位置。用小螺丝刀把加锁钮旋到 LOCK 位置时，手控开关向下凹进去，不能进行手控操作。只有在 PUSH 位置，可用工具向下按，信号为“1”，等同于该侧的电磁信号为“1”；常态时，手控开关的信号为“0”。在进行设备调试时，可以使用手控开关对阀进行控制，从而实现对相应气路的控制，以改变推料缸等执行机构的控制，达到调试的目的。

（2）加工单元的电磁阀组的使用

加工单元的气爪、物料台伸缩气缸和冲压气缸均用 3 个二位五通的带手控开关的单电控电

磁阀控制，3 个控制阀集中安装在带有消声器的汇流板上，如图 2–64 所示。图中，前面的冲压缸控制电磁阀所配的快速接头口径较大，这是由于冲压缸对气体的压力和流量要求比较高，冲压缸配装了直径较大的气管的缘故。

这 3 个阀分别对冲压气缸、物料台手爪气缸和物料台伸缩气缸的气路进行控制，以改变各自的动作状态。

图 2–64　加工单元的电磁阀组

电磁阀所带手控开关有锁定（LOCK）和开启（PUSH）两种位置。在进行设备调试时，使手控开关处于开启位置，可以使用手控开关对阀进行控制，从而实现对相应气路的控制，以改变冲压缸等执行机构的控制，达到调试的目的。

（3）装配单元的电磁阀组的使用

装配单元的阀组 6 个二位五通单电控电磁换向阀组成，如图 2–65 所示。这些阀分别对物料分配、位置变换和装配动作气路进行控制，以改变各自的动作状态。

（4）分拣单元的电磁阀组的使用

分拣单元的电磁阀组只使用了 2 个由二位五通的带手控开关的单电控电磁阀，它们安装在汇流板上，如图 2–66 所示。这 2 个阀分别对白料推动气缸和黑料推动气缸的气路进行控制，以改变各自的动作状态。

图 2–65　装配单元的电磁阀组

图 2–66　分拣单元的电磁阀组

所采用的电磁阀所带手控开关有锁定（LOCK）和开启（PUSH）两种位置。在进行设备调试时，使手控开关处于开启位置，可以使用手控开关对阀进行控制，从而实现对相应气路的控制，以改变推料缸等执行机构的控制，达到调试的目的。

（5）输送单元的电磁阀组的使用

在输送单元中气动手爪的双作用气缸由一个二位五通双电控电磁阀控制，带状态保持功能用于各个工作站抓物搬运。双电控电磁阀工作原理类似双稳态触发器即输出状态由输入状态决定，如果输出状态确认了即使无输入状态，双电控电磁阀一样保持被触发前的状态。双电控气阀外形如图 2–67 所示。

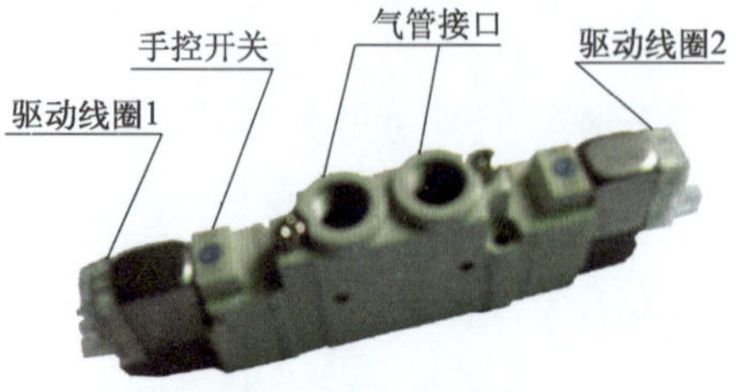

图 2–67　双电控气阀示意图

双电控电磁阀与单电控电磁阀的区别在于，对于单电控电磁阀，在无电控信号时，阀心在弹簧力的作用下会被复位，而对于双电控电磁阀，在两端都无电控信号时，阀心的位置是取决于前一个电控信号。

需要注意的是，双电控电磁阀的两个电控信号不能同时为“1”，即在控制过程中不允许两个线圈同时得电，否则，可能会造成电磁线圈烧毁，当然，在这种情况下阀心的位置是不确定的。

- 双杆气缸是双作用气缸由一个二位五通单电控电磁阀控制，用于控制手爪伸出缩回。
- 回转气缸是双作用气缸由一个二位五通单电控电磁阀控制，用于控制手臂正反向 90° 旋转，气缸旋转角度可以任意在 0° ~ 180° 范围内调节，调节通过节流阀下方两个固定缓冲器进行调整。
- 提升气缸是双作用气缸由一个二位五通单向电控阀控制，用于整个机械手提升下降。

以上气缸运行速度由进气口节流阀调整进气量从而进行速度调节。

3. 更换安装电磁阀

如有一电磁阀损坏了，需要更换一个电磁，可按照下列步骤安装电磁阀。

① 切断气源，用螺丝刀拆卸下已经损坏的电磁阀，如图 2-68 所示。

② 用螺丝刀将新的电磁阀装上，如图 2-69 所示。

③ 将电气控制接头插入电磁阀上，如图 2-70 所示。

④ 将气路管插入电磁阀上的快速接头，如图 2-71 所示。

⑤ 接通气源，用手控开关进行调试，检查气缸动作情况。

图 2-68　已拆卸电磁阀的汇流板

图 2-69　安装电磁阀

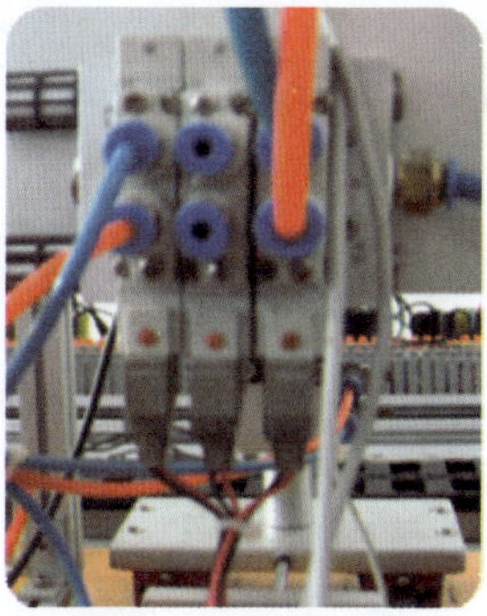

图 2-70　连接电磁阀电路

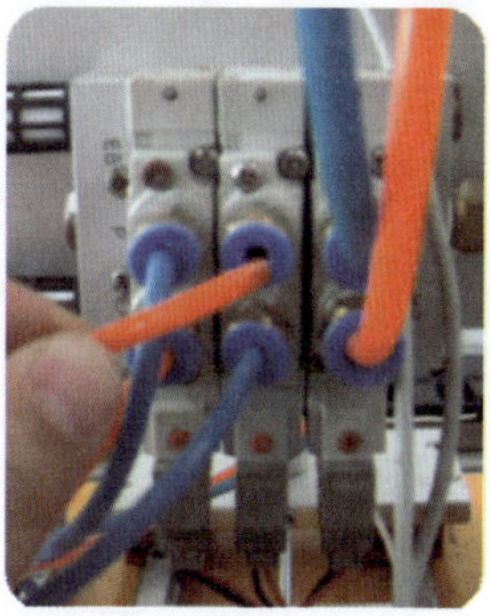

图 2-71　连接气路

子任务四 连接气动控制回路

将图 2–72 所示输送单元的抓取机械手装置上的所有气缸连接的气管沿拖链敷设，插接到电磁阀组上。

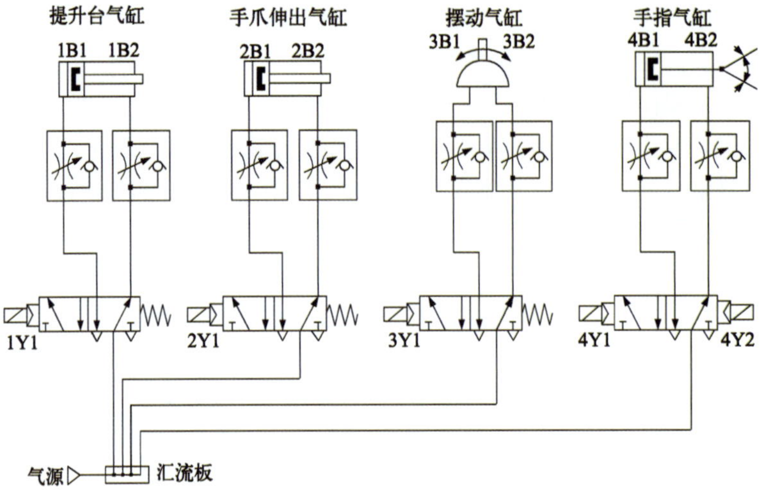

图 2–72 输送站气动控制回路原理图

子任务五 气动系统常见故障与解决

1. 气动执行元件（气缸）故障

由于气缸装配不当和长期使用，气动执行元件（气缸）易发生内、外泄漏，输出力不足和动作不平稳，缓冲效果不良，活塞杆和缸盖损坏等故障现象。

① 气缸出现内、外泄漏，一般是因活塞杆安装偏心，润滑油供应不足，密封圈和密封环磨损或损坏，气缸内有杂质及活塞杆有伤痕等造成的。所以，当气缸出现内、外泄漏时，应重新调整活塞杆的中心，以保证活塞杆与缸筒的同轴度；须经常检查油雾器工作是否可靠，以保证执行元件润滑良好；当密封圈和密封环出现磨损或损坏时，须及时更换；若气缸内存在杂质，应及时清除；活塞杆上有伤痕时，应换新。

② 气缸的输出力不足和动作不平稳，一般是因活塞或活塞杆被卡住、润滑不良、供气量不足，或缸内有冷凝水和杂质等原因造成的。对此，应调整活塞杆的中心，检查油雾器的工作是否可靠，供气管路是否被堵塞。当气缸内存有冷凝水和杂质时，应及时清除。

③ 气缸的缓冲效果不良，一般是因缓冲密封圈磨损或调节螺钉损坏所致。此时，应更换密封圈和调节螺钉。

④ 气缸的活塞杆和缸盖损坏，一般是因活塞杆安装偏心或缓冲机构不起作用而造成的。对此，应调整活塞杆的中心位置；更换缓冲密封圈或调节螺钉。

2. 电磁阀故障

若电磁阀的进、排气孔被油泥等杂物堵塞，封闭不严，活动铁心被卡死，电路有故障等，均可导致电磁阀不能正常换向。而电路故障一般又分为控制电路故障和电磁线圈故障两类。在检查电路故障前，应先将换向阀的手动旋钮转动几下，看换向阀在额定的气压下是否能正常换

向，若能正常换向，则是电路有故障。检查时，可用仪表测量电磁线圈的电压，看是否达到了额定电压，如果电压过低，应进一步检查控制电路中的电源和相关联的行程开关电路。如果在额定电压下换向阀不能正常换向，则应检查电磁线圈的接头（插头）是否松动或接触不实。方法是，拔下插头，测量线圈的阻值，如果阻值太大或太小，说明电磁线圈已损坏，应更换。

另外，对于快速接头拔插时，如果不按规定操作，也容易引起损坏。

3. 气动辅助元件故障

气动输助元件的故障主要有：油雾器故障、自动排污器故障、消声器故障等。

① 油雾器的故障有：调节针的调节量太小油路堵塞，管路漏气等都会使液态油滴不能雾化。对此，应及时处理堵塞和漏气的地方。正常使用时，对油杯底都沉积的水分，应及时排除。

② 自动排污器内的油污和水份有时不能自动排除，特别是在冬季温度较低的情况下尤为严重。此时，应将其拆下并进行检查和清洗。

③ 当换向阀上装的消声器太脏或被堵塞时，也会影响换向阀的灵敏度和换向时间，故要经常清洗消声器。

知识、技能归纳

气动系统的基本组成部分：压缩空气的产生、压缩空气的传输、压缩空气的消耗（工作机）。气动技术相对于机械传动、电气传动及液压传动而言有许多突出的优点。对于传动形式而言，气缸作为线性驱动器可在空间的任意位置组建它所需的运动轨迹，安装维护方便。工作介质取之不尽，用之不绝，不污染环境，成本低，压力等级低，使用安全，具有防火、防爆、耐潮的能力。

工程素质培养

查阅专业气动手册，思考一下如何选择气动元件。了解当前国内、国际上的主要气动元件生产厂家以及当前气动技术的进展、应用领域与行业。

任务五　可编程控制器在自动线中的使用

在 YL-335A 自动线中，每一个站都安装了一个西门子 S7-200 系列的可编程逻辑控制器（programmable logic controller，PLC）来控制，就像人的大脑一样，思考每一个动作，每一招每一式，指挥自动线上的机械手、气爪按程序动作，是自动线的核心部件。

那什么是PLC？PLC是一种专为工业环境下应用设计的“可编程逻辑控制器”，是一种数字运算操作的电子系统。PLC是在电气控制技术和计算机技术的基础上开发出来的，并逐渐发展成为以微处理器为核心，将自动化技术、计算机技术、通信技术融为一体的新型工业控制装置。

子任务一　S7-200PLC结构与认知

1．S7-200的外形结构

S7-200系列PLC属于混合式PLC，由PLC主机和扩展模块组成。其中，PLC主机由CPU、存储器、通信电路、基本输入/输出电路、电源等基本模块组成，相当一个整体式的PLC，可以单独完成控制功能，它包含一个控制系统所需的最小组成单元。图2-73所示是S7-200CPU模块的外形结构图，它将一个微处理器、一个集成电源和数字量I/O（输入/输出）点集成在一个紧密的封装之中。

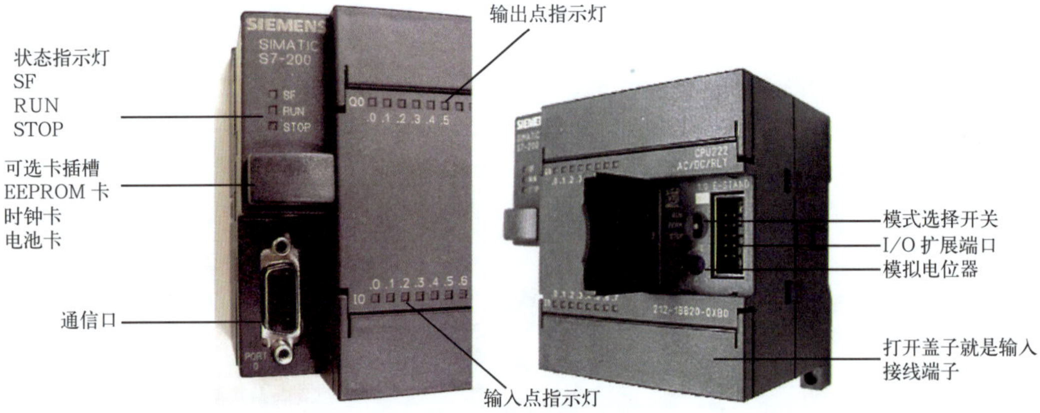

图2-73　S7-200CPU模块的外形结构图

由图2-73可知，虽然PLC的外观与通用计算机有较大差别，但在内部结构上，PLC只是像一台增强了I/O功能的可与控制对象方便连接的计算机。在系统结构上，PLC的基本组成包括硬件与软件两部分。

2．典型PLC的硬件结构

PLC的硬件部分由中央处理器（CPU）、存储器、输入接口、输出接口、通信接口、电源等构成，图2-74所示是典型PLC结构简图；PLC的软件部分由系统程序和用户程序等构成。

在内部结构上，CPU模块由中央处理器（CPU）、存储器、输入端口、输出端口、通信接口、电源等构成，每个部分的功用不同，与通用微机CPU一样，CPU在PLC系统中的作用类似于人体的神经中枢。

PLC系统中的存储器按作用可分为三类：系统程序存储器、用户程序存储器、功能存储器（数据区）。

如数字量输入映象区是S7-200CPU为输入端信号状态开辟的一个存储区。输入映像寄存器的标识符为I，在每个扫描周期的开始，CPU对输入点进行采样，并将采样值存于输入映像寄存器中。输入映像寄存器是PLC接收外部输入的开关量信号的窗口。数字量输出映象区是S7-200CPU为输出端信号状态开辟的一个存储区。输出映像寄存器的标识符为Q，在每个扫

描周期的末尾，CPU 将输出映像寄存器的数据传送给输出模块，再由后者驱动外部负载。

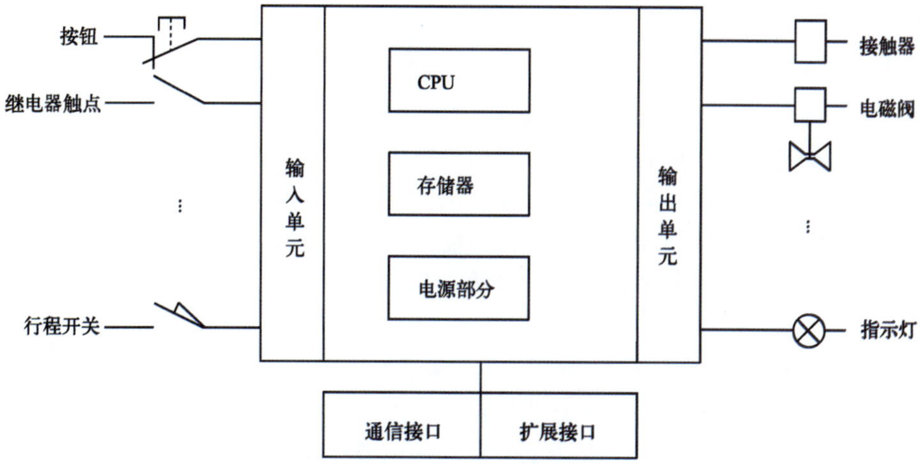

图 2–74　典型 PLC 结构简图

注意：系统程序直接关系到 PLC 的性能，不能由用户直接存取，所以，通常 PLC 产品资料中所指的存储器形式或存储方式及容量，是指用户程序存储器而言。

3．开关量输入/输出端口

输入接口将按钮、行程开关或传感器等产生的开关量信号或模拟量信号，转换成数字信号送给 CPU。开关量输入工程上常称为“开入量”或“DI（数字量输入）”。

开关量输入端口将按钮、行程开关或传感器等外部电路的接通与断开的信号，转换成 PLC 所能识别的 1（高电平）、0（低电平）数字信号送入 CPU 单元。

图 2–75 中，点画线框内为内部电路，外部输入由连接在输入点的开关 S 外部电源经公共端与 PLC 内部电路构成回路，内部电路通过光电耦合器将外部开关的接通与断开转换成 CPU 所能识别的 0（低电平），1（高电平）信号。其中 R1 为限流电阻，R2、C 构成滤波电路，滤除输入开关信号中的高频干扰，LED 显示该输入点的状态。

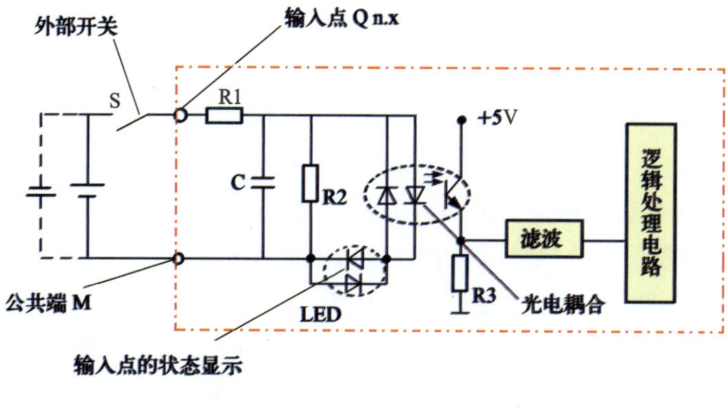

图 2–75　直流输入信号接口

输入信号的电源均可由用户提供，直流输入信号的电源也可由 PLC 自身提供，一般 8 或 4 路输入共用一个公共端，现场的输入提供一对开关信号：“0”或“1”（有无触点均可），每路输入信号均经过光电隔离、滤波，然后送入输入缓冲器等待 CPU 采样。每路输入信号均有 LED 显示，以指明信号是否到达 PLC 的输入端子。

输出接口将 CPU 向外输出的数字信号转换成可以驱动外部执行电路的信号，分为数字量输出与模拟量输出。开关输出模块是把 CPU 逻辑运算的结果“0”、“1”信号变成功率接点的输出，驱动外部负载，不同开关量输出模块的端口特性不同，按照负载使用的电源可分为直流输出模块、交流输出模块和交直流输出模块。按照输出的开关器件种类可分为场效应晶体管输出、继电器输出等。它们所能驱动的负载类型、负载大小和相应时间是不同的。可以根据需要来选择不同的输出模块。在模块选定后，下面来讨论不同的模块是如何使用的。

继电器输出单元的电路如图 2–76 所示。虚线框内是 PLC 内部的输出电路，框外为外部连线。图中只画出对应的一个输出点的输出电路，各输出点对应的输出电路均相同。

图 2–76 中，LED 表示输出点的状态，K 为一小型直流继电器。当 PLC 运算结果使得对应 K 的内部继电器为“1”信号时，内部电路输出高电平信号，K 得电吸合，其常开触点闭合，负载得电，LED 点亮，表示该输出点接通；当 PLC 运算结果使得对应 K 的内部继电器为“0”信号时，内部电路输出低电平信号，K 失电，其常开触点断开，负载失电，LED 熄灭，表示该输出点断开。

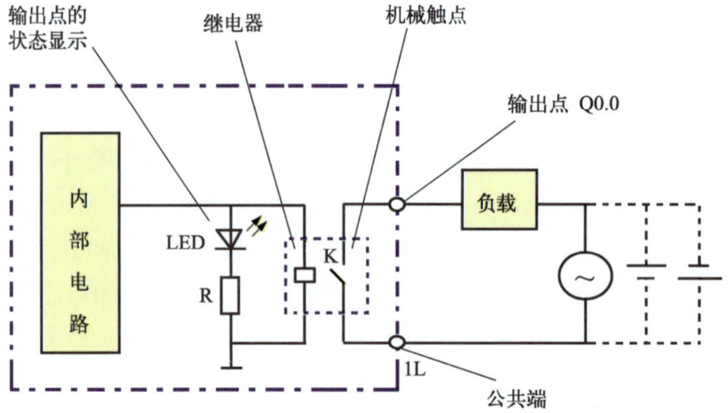

图 2–76　继电器输出模块接口电路

在 YL–335A 中的供料、加工、装配、分拣单元中需要对电磁阀进行控制，采用的是继电器输出型的 PLC。

图 2–77 所示是晶体管输出端口的接口电路，T1 是光电耦合器，LED 用于指示输出点的状态，T2 为输出晶体管，D 为保护二极管，可防止负载电压极性接反或高电压、交流电压损坏晶体管 T2，FU 为熔断器，防止负载短路时损坏 PLC。

如果负载是感性的，则需要给负载并联续流二极管，如图 2–77 中虚线所示。当 T2 关断时，负载上的能量可通过续流二极管释放，保护输出晶体管 T2 免受高电压的冲击。

PLC 输入、输出接口均采用了光电隔离，实现了 PLC 的内部电路与外部电路的电气隔离，用来减小电磁干扰。

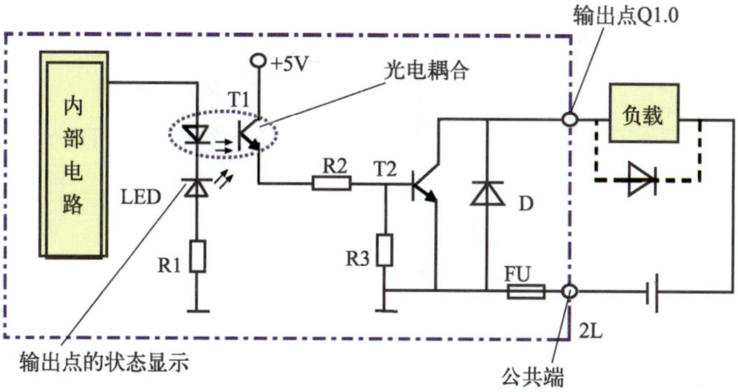

图 2–77　晶体管输出模块接口电路

在 YL–335A 输送单元中，由于需要输出高速脉冲驱动步进电动机，PLC 采用晶体管输出型。基于上述考虑，选用西门子 S7–226DC/DC/DC 型 PLC。

输入 / 输出端口的数量是 PLC 非常重要的技术指标，因此可将 PLC 按照 I/O 点数划分为大、中、小型。

在安装与调试中，确定每一 I/O 点的功能是非常重要的工作。实际工程中对 I/O 点的数量要求有一定的裕量。

4. 通信接口

S7–200 系列 PLC 整合了一个或两个 RS–485 通信接口，既可作为 PG（编程）接口，可也作为 OP（操作终端）接口，如连接一些 HMI（人机接口）设备。支持自由通信协议及 PPI（点对点主站模式）通信协议。

5. 电源

S7–200 本机单元有一个内部电源，它为本机单元、扩展模块以及一个 24V DC 电源输出，每一个 S7–200CPU 模块向外提供 5V DC 和 24V DC 电源。

- CPU 模块都有一个 24V DC 传感器电源，它为本机输入点和扩展模块继电器线圈提供 24V DC。如果电源要求超出了 CPU 模块 24V DC 电源的定额，可以增加一个外部 24V DC 电源来供给扩展模块的 24V DC。
- 当有扩展模块连接时 CPU 模块也为其提供 5V 电源。如果扩展模块的 5V 电源需求超出了 CPU 模块的电源定额，必须卸下扩展模块，直到需求在电源预定值之内才行。

若电源要求超出 CPU 模块预算，将不能连接 CPU 允许的最大数目的模块。

将 S7–200DC 传感器电源与外部 24V DC 电源采用并联连接时，将会导致两个电源的竞争而影响它们各自的输出。这种竞争的结果会缩短设备的寿命，或者使得一个电源或两者同时失效，并且使 PLC 系统产生不正确的操作。

子任务二　建立PLC与计算机的连接

1. 连接RS--232/PPI多主站电缆

按图 2–78 所示的要求将 PLC 的供电电源连接上，认真检查无误后上电，检查 PLC 的工作状态是否正常。在设备无电状态，按图 2–79 所示连接 PLC 与个人计算机。连接 S7–200 与个人计算机的电缆称为“RS–232/PPI 多主站电缆”，以下简称 PPI 电缆。这是最常用的方式。

如果按下面步骤操作：将 RS–232/PPI 多主站电缆的 RS–232 端（标识为 PC）连接到个人计算机的通信口上，如 COM1。连接 RS–232/PPI 多主站电缆的 RS–485 端（标识为 PPI）到 S7–200 的端口 0 或端口 1 上。硬件连接很简单，个人计算机与 PLC 连接的目的就是要在个人计算机上完成 PLC 程序的编写与调试。那就需要用到 STEP7–Micro/WIN 编程软件。

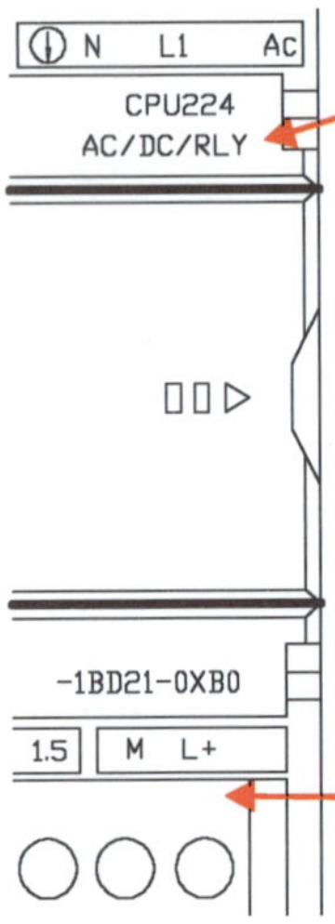

图 2–78　PLC 电源图

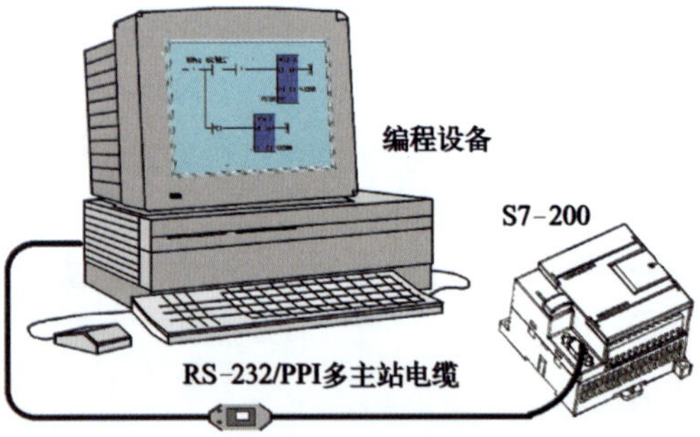

图 2–79　连接 RS–232/PPI 多主站电缆

2．STEP7–Micro/WIN编程软件与PLC的连接

本书所调试的程序及对 STEP7–Micro/WIN 的讲解采用的是 4.0 SP3 版本。STEP7–Micro/WIN 编程软件为用户开发、编辑和监控自己的应用程序提供了良好的编程环境。

单击 STEP7–Micro/WIN 的图标，打开一个新的项目如图 2–80 所示，单击操作栏中的通信图标进入通信对话框。可以用这个对话框为 STEP7–Micro/WIN 设置通信参数。

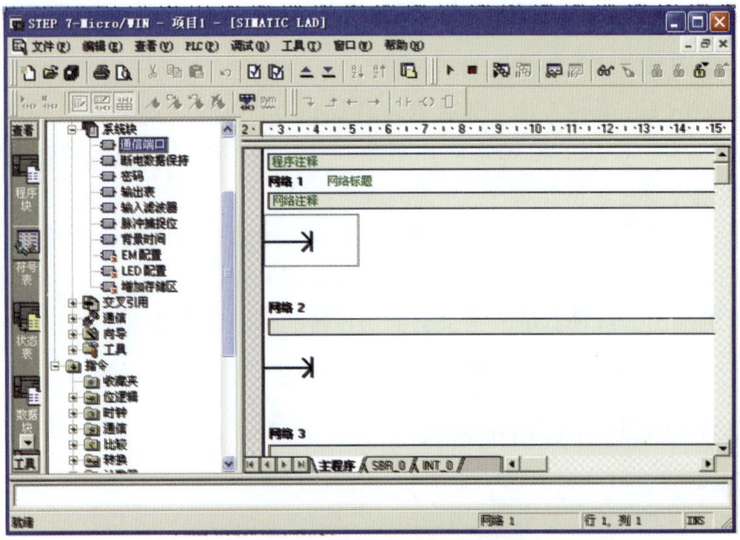

图 2–80　STEP7–Micro/WIN 窗口

3. 为STEP7-Micro/WIN设置通信参数

如图 2-81 所示，使用 STEP7-Micro/WIN 和 RS-232/PPI 多主站电缆的默认设置。检查下列设置：

① PC/PPI 电缆的通信地址设为 0。

② 接口使用 COM1。

③ 传输波特率用 9.6kbit/s。

4. 与S7-200建立通信

用通信对话框与 S7-200 建立通信：

① 在通信对话框中双击刷新图标。STEP7-Micro/WIN 搜寻并显示所连接的 S7-200 站的 CPU 图标。

② 选择 S7-200 站，并单击 OK 按钮。

如果 STEP7-Micro/WIN 未能找到 S7-200CPU，请核对您的通信参数设置，并重复以上步骤。

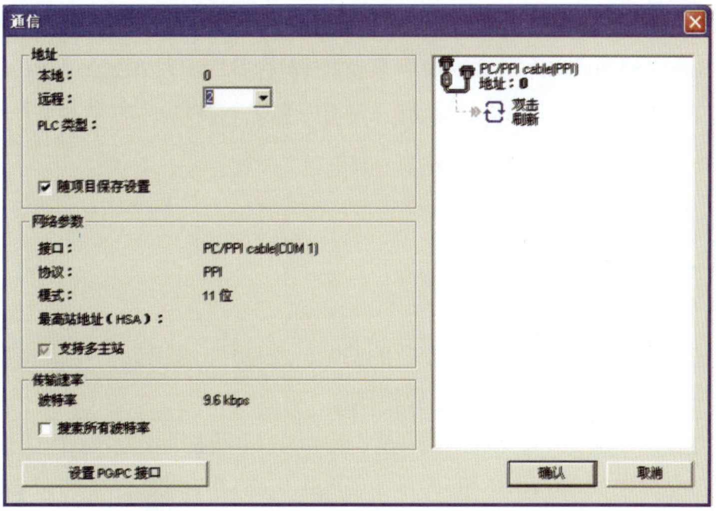

图 2-81　设置通信参数与 S7-200 建立联系

子任务三　创建一个程序

建立与 S7-200 的通信之后，就可以编写并下载程序了。

在 YL-335A 允许各工作单元作为独立设备运行，设有单站调试按钮，如在供料单元中，主令信号输入点被限制为 1 个，如果需要有启动和停止 2 个主令信号，只能由软件编程实现。图 2-82 所示是软件实现用一个按钮产生启动 / 停止信号的一个方法。

这个例子程序在 3 个网络程序段中用 4 条基本逻辑指令，完成了用一个按钮产生启动 / 停止信号简单功能。

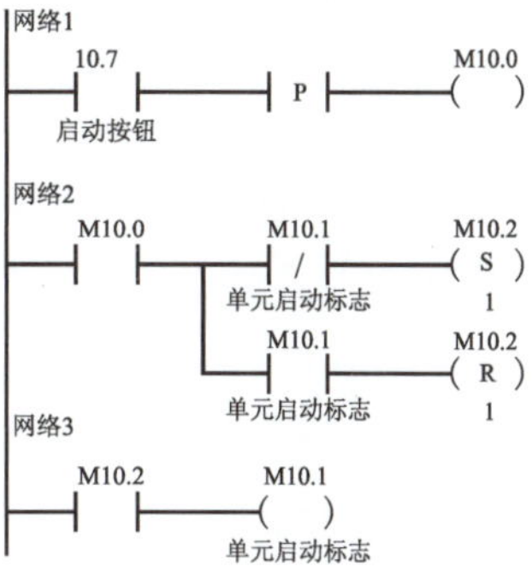

图 2-82　用一个按钮产生启动 / 停止信号

在本例中，用梯形图编辑器来录入程序。并编译下载到 PLC 中，观察程序执行结果。

提示：每一个 STEP7–Micro/WIN 项目都会有一个 PLC 型号（CPU221、CPU222、CPU224、CPU224XP 或 CPU226）。如果在项目中选择的 CPU 类型与实际连接的 CPU 类型不匹配，STEP7–Micro/WIN 会提示并要求作出选择。

单击工具条中的下载图标或在菜单中选择 File → Download 命令来下载程序。如果 S7–200PLC 处于运行模式，将有一个对话提示 CPU 将进入停止模式。单击 Yes 按钮将 S7–200 置于 STOP 模式，然后开始下载。

练一练 将S7–200转入运行模式。

简单地说，PLC 在运行模式时，执行用户编写的程序，在停止模式时不执行用户编写的程序。S7–200 的模式开关设置为 RUN 位置，可以通过 STEP7–Micro/WIN 软件将 S7–200 转入运行模式。

通过选择 Debug → ProgramStatus 命令来监控程序。STEP7–Micro/WIN 显示执行结果。要想终止程序，可以单击 STOP 图标或选择菜单中 PLC → STOP 命令将 S7–200 置于 STOP 模式。

子任务四 PLC控制步进电机

1．PTO的认知与PLS指令编程

高速脉冲输出功能在 S7–200 系列 PLC 的 Q0.0 或 Q0.1 输出端产生高速脉冲，用来驱动诸如步进电动机一类负载，实现速度和位置控制。

高速脉冲输出有脉冲输出 PTO 和脉宽调制输出 PWM 两种形式。每个 CPU 有两个 PTO/PWM 发生器，分配给输出端 Q0.0 和 Q0.1。当 Q0.0 或 Q0.1 设定为 PTO 或 PWM 功能时，其他操作均失效。不使用 PTO 或 PWM 发生器时，则作为普通端子使用。通常在启动 PTO 或 PWM 操作之前，用复位指令 R 将 Q0.0 或 Q0.1 清零。

由于控制输出为步进电动机负载，所以我们只研究脉冲串输出（PTO），PTO 功能可以发出方波（占空比 50%），并可指定输出脉冲的数量和周期时间，脉冲数可指定 1 ~ 4 294 967 295。周期可以设定成以 μs 为单位也可以以 ms 为单位，设定范围为 50 ~ 65 535μs 或 2 ~ 65 535ms。

（1）怎样才能控制Q0.0呢

Q0.0 和 Q0.1 输出端子的高速功能输出通过对 PTO/PWM 寄存器的不同设置来实现。PTO/PWM 寄存器由 SMB65 ~ SMB85 组成，它们的作用是监视和控制脉冲输出 (PTO) 和脉宽调制（PWM）功能。各寄存器的字节值和位值的意义如表 2–6 所示。

表 2-6　PTO/PWM 寄存器说明

Q0.0	Q0.1	说　明
SM66.4	SM76.4	PTO 包络由于增量计算错误异常终止，0：无错；1：异常终止
SM66.5	SM76.5	PTO 包络由于用户命令异常终止，0：无错；1：异常终止
SM66.6	SM76.6	PTO 流水线溢出，0：无溢出；1：溢出
SM66.7	SM76.7	PTO 空闲，0：运行中；1：PTO 空闲
SM67.0	SM77.0	PTO/PWM 刷新周期值，0：不刷新；1：刷新
SM67.1	SM77.1	PWM 刷新脉冲宽度值，0：不刷新；1：刷新
SM67.2	SM77.2	PTO 刷新脉冲计数值，0：不刷新；1：刷新
SM67.3	SM77.3	PTO/PWM 时基选择，0：1μs；1：1ms
SM67.4	SM77.4	PWM 更新方法，0：异步更新；1：同步更新
SM67.5	SM77.5	PTO 操作，0：单段操作；1：多段操作
SM67.6	SM77.6	PTO/PWM 模式选择，0：选择 PTO；1：选择 PWM
SM67.7	SM77.7	PTO/PWM 允许，0：禁止；1：允许
SMW68	SMW78	PTO/PWM 周期时间值（范围：2 ~ 65 535）
SMW70	SMW80	PWM 脉冲宽度值（范围：0 ~ 65 535）
SMD72	SMD82	PTO 脉冲计数值（范围：1 ~ 4 294 967 295）
SMB166	SMB176	段号（仅用于多段 PTO 操作），多段流水线 PTO 运行中的段的编号
SMW168	SMW178	包络表的起始位置，用距离 V0 的字节偏移量表示（仅用于多段 PTO 操作）

（2）如何输出脉冲呢

用高速脉冲输出指令。指令格式及功能如表 2-7 所示。

表 2-7　PLS 指令功能表

梯形图 LAD	语句表 STL		功　能
	操作码	操作数	
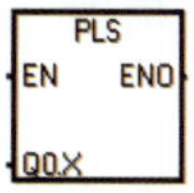	PLS	Q0.X	当使能端有效时，PLC 首先检测脉冲输出位 Q0.X 设置的特殊储存器位，然后激活由特殊储存器位定义的脉冲操作

说明：操作数 X 指定脉冲输出端子，0 为 Q0.0 输出，1 为 Q0.1 输出。

给你一个任务：要求通过 Q0.0 输出一串数量为 10，周期为 500ms 的脉冲串去控制步进电动机。

请按照要求练一下，编程参考：要求通过 Q0.0 输出一串数量为 10，周期为 500ms 的脉冲串，按图 2-83 所示的程序试一试。

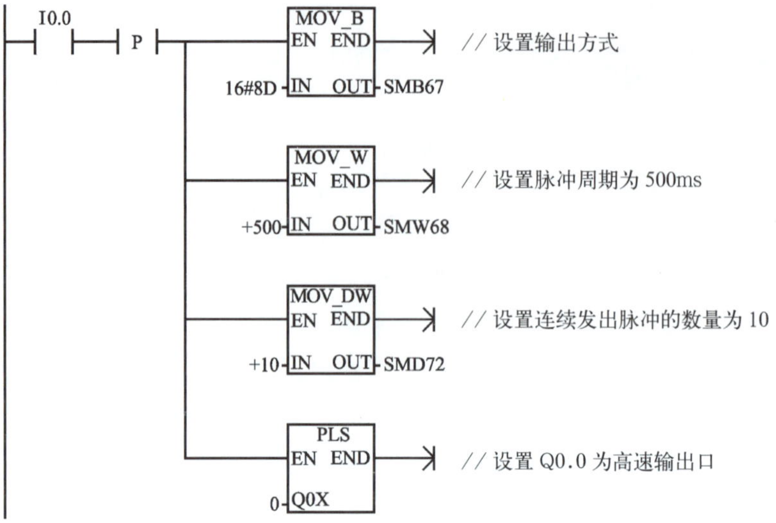

图 2-83　PTO 脉冲串输出主程序

2．开环位控信息简介

为了简化用户应用程序中位控功能的使用，STEP7-Micro/WIN 提供的位控向导可以帮助用户在几分钟内全部完成 PWM、PTO 或位控模块的组态。向导可以生成位置指令，用户可以用这些指令在其应用程序中为速度和位置提供动态控制。

开环位控用于步进电动机的基本信息借助位控向导组态 PTO 输出时，需要用户提供一些基本信息，逐项介绍如下：

① 最大速度（MAX_SPEED）和启动 / 停止速度（SS_SPEED），图 2-84 所示是这两个概念的示意图。MAX_SPEED 是允许的操作速度的最大值，它应在电动机转矩能力的范围内。驱动负载所需的力矩由摩擦力、惯性以及加速 / 减速时间决定。

SS_SPEED：该数值应满足电动机在低速时驱动负载的能力，如果 SS_SPEED 的数值过低，电动机和负载在运动的开始和结束时可能会摇摆或颤动。如果 SS_SPEED 的数值过高，电动机会在启动时丢失脉冲，并且负载在试图停止时会使电动机超速。通常，SS_SPEED 值是 MAX_SPEED 值的 5% ～ 15%。

② 加速和减速时间。加速时间 ACCEL_TIME 是指电动机从 SS_SPEED 速度加速到 MAX_SPEED 速度所需的时间。减速时间 DECEL_TIME 是指电动机从 MAX_SPEED 速度减速到 SS_SPEED 速度所需要的时间。

加速时间和减速时间的默认设置都是 1000ms。通常，电动机可在小于 1000ms 的时间内工作。参见图 2-85，这两个值设定时要以 ms 为单位。

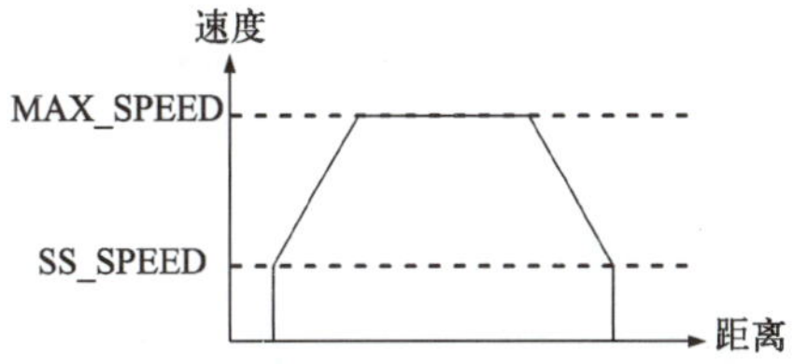

图 2–84　最大速度和启动 / 停止速度示意

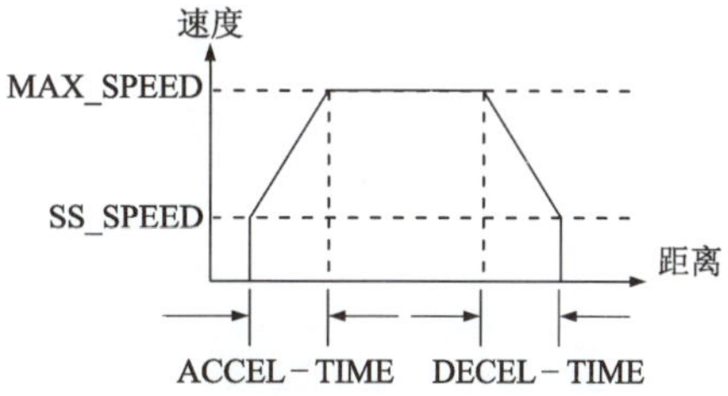

图 2–85　加速和减速时间

注意：电机的加速和失速时间要经过测试来确定。开始时，应输入一个较大的值。逐渐减少这个时间值直至电机开始失速，从而优化应用中的这些设置。

③ 移动包络。一个包络是一个预先定义的移动描述，它包括一个或多个速度，影响着从起点到终点的移动。一个包络由多段组成，每段包含一个达到目标速度的加速 / 减速过程和以目标速度匀速运行的一串固定数量的脉冲。

在 STEP7–Micro/WIN 的位控向导中提供移动包络定义界面，应用程序所需的每一个移动包络均可在这里定义。PTO 支持最大 100 个包络。

定义一个包络，包括如下几点：a. 选择操作模式；b. 为包络的各步定义指标；c. 为包络定义一个符号名。

- 选择包络的操作模式：PTO 支持相对位置和单一速度的连续转动，如图 2–86 所示，相对位置模式指的是运动的终点位置是从起点侧开始计算的脉冲数量。单速连续转动则不需要提供终点位置，PTO 一直持续输出脉冲，直至有其他命令发出，如到达原点要求停发脉冲。
- 包络中的步：一个步是工件运动的一个固定距离，包括加速和减速时间内的距离。PTO 每一包络最大允许 29 步。

每一步包括目标速度和结束位置或脉冲数目等几个指标。图 2–87 所示为一步、两步、三步和四步包络。注意一步包络只有一个常速段，两步包络有两个常速段，依此类推。步的数目与包络中常速段的数目一致。

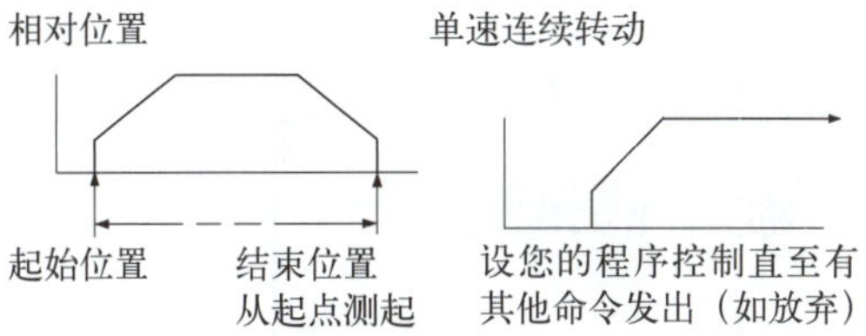

图 2–86　一个包络的操作模式

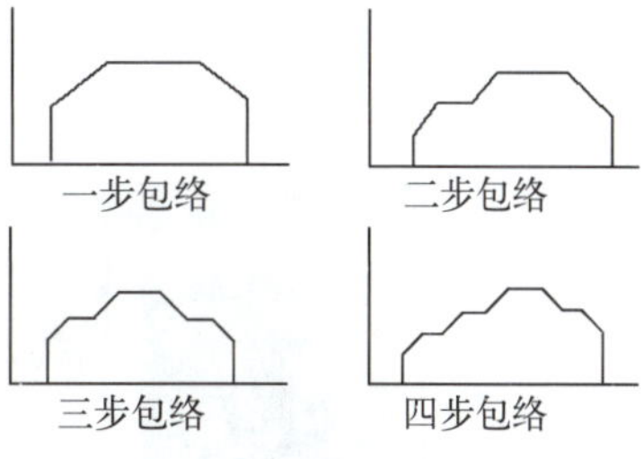

图 2–87　包络的步数示意

3. 使用位控向导编程

STEP7–Micro/WIN 软件的位控向导能自动处理 PTO 脉冲的单段管线和多段管线、脉宽调制、SM 位置配置和创建包络表。

本任务将给出一个在 YL–335A 上实现的简单工作任务例子，阐述使用位控向导编程的方法和步骤。表 2–8 所示是 YL–335A 上实现步进电动机运行所需的运动包络。

表 2-8　步进电动机运行的运动包络

运 动 包 络	站　　点	脉　冲　量	移 动 方 向
1	供料站→加工站 470mm	85600	
2	加工站→装配站 286mm	52000	
3	装配站→分解站 235mm	42700	
4	分拣站→高速回零前 925mm	168000	DIR
5	低速回零	单速返回	DIR

使用位控向导编程的步骤如下：

① 为 S7–200PLC 选择选项组态内置 PTO/PWM 操作。

在 STEP7–Micro/WIN 软件菜单中选择“工具”→“位置控制向导”命令，并选择配置 S7–200PLC 内置 PTO/PWM 操作，如图 2–88 所示。

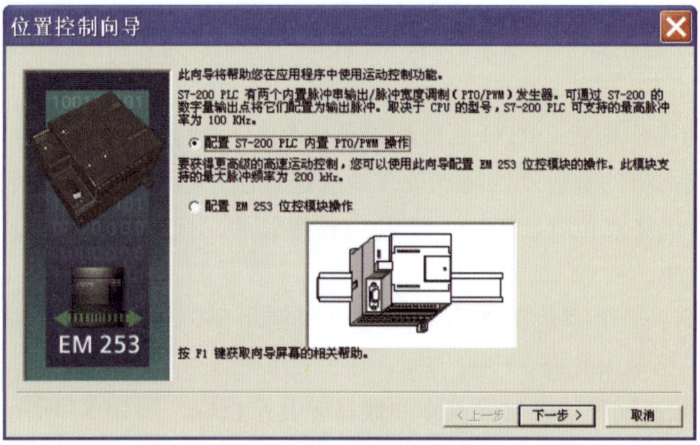

图 2–88　位控向导启动界面

② 单击“下一步”按钮选择“QO.0”,再单击“下一步”按钮选择“线性脉冲输出 (PTO)”选项，如图 2–89 所示。

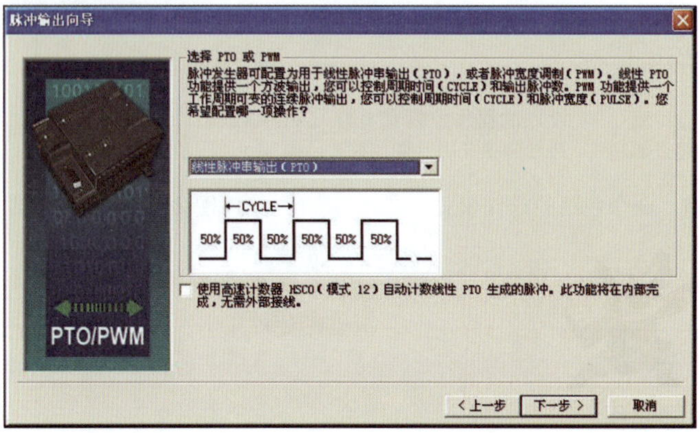

图 2–89　选择 PTO 或 PWM 界面

③ 单击“下一步”按钮后，在对应的文本框中输入 MAX_SPEED 和 SS_SPEED 速度值。

输入最高电动机速度“90 000”，把电动机启动 / 停止速度设定为“600”。这时，如果单击 MIN_SPEED 值对应的灰色框，可以发现，MIN_SPEED 值改为 600（MIN_SPEED 值由计算得出），用户不能在此域中输入其他数值，如图 2–90 所示。

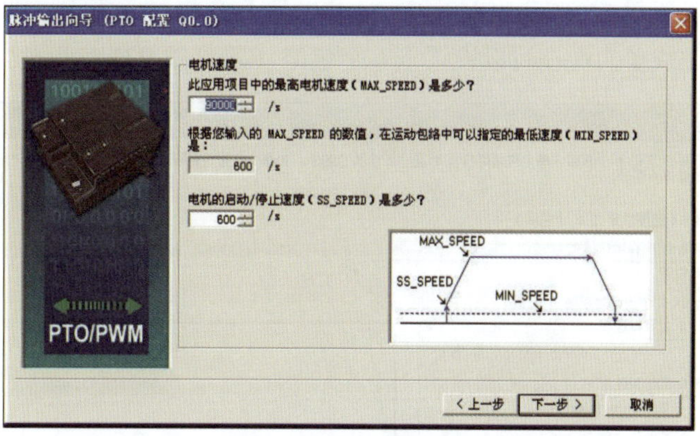

图 2–90　设定电动机速度参数

④ 单击“下一步”按钮填写电动机加速时间“1 500”和电动机减速时间“200”，如图 2–91 所示。

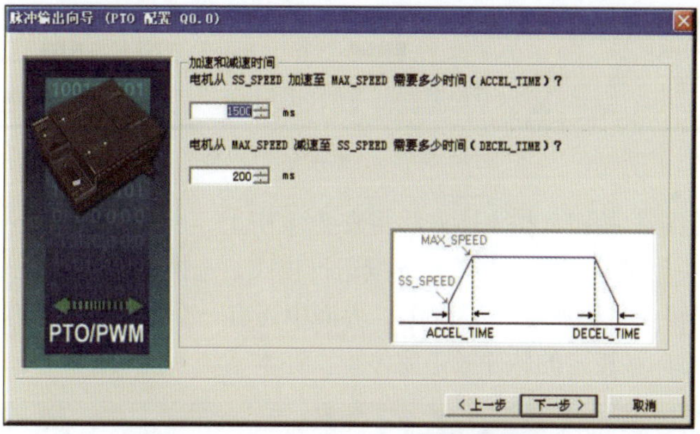

图 2–91　设定加速和减速时间

⑤ 单击“下一步”按钮，进入配置运动包络界面，如图 2–92 所示。

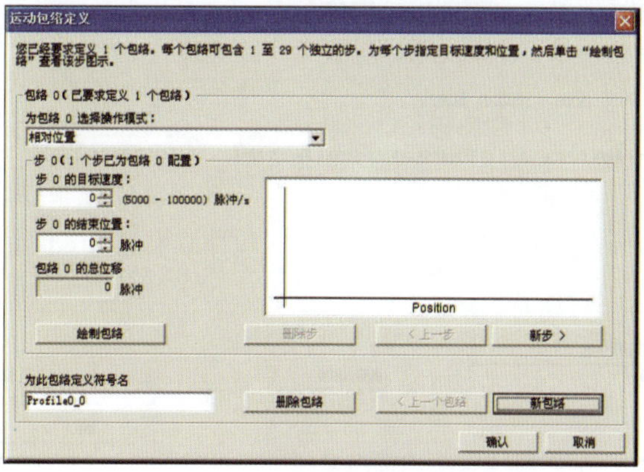

图 2–92　配置运动包络界面

该界面要求设定操作模式、1 步的目标速度、结束位置等步的指标，以及定义这一包络的符号名。(从第 0 个包络第 0 步开始)

在操作模式选项中选择相对位置控制，设置“包络 0”中数据目标速度为 60 000，结束位置为 85 600，单击“绘制包络”按钮，如图 2–93 所示，注意，这个包络只有 1 步。

包络的符号名按默认定义 (Profile0_0)。这样，第 0 个包络的设置，即从供料站→加工站的运动包络设置就完成了。现在可以设置下一个包络（见图 2–93)。

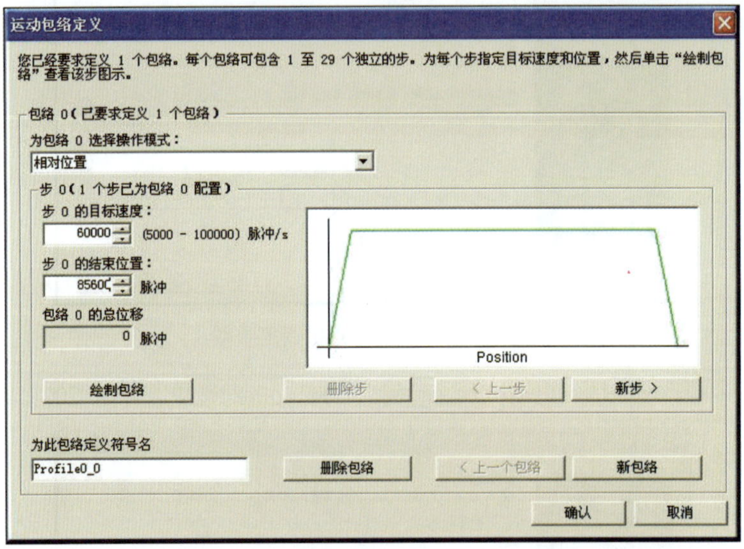

图 2–93　设置第 0 个包络

可以单击“新包络”按钮，按上述方法将表 2–8 中上 3 个位置数据输入包络中去。

表 2–8 中最后一行低速回零，是单速连续运行模式，选择这种操作模式后，在所出现的界面中（见图 2–94）输入目标速度“20 000”。界面中还有一个包络停止操作选项，是当停止信号输入时再向运动方向按设定的脉冲数走完停止，在本系统不使用。

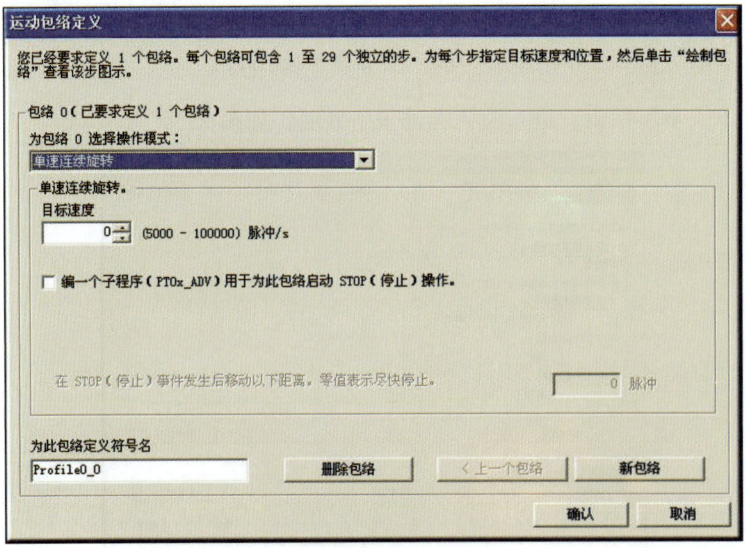

图 2–94　设置第 4 个包络

⑥ 运动包络编写完成单击“确认”按钮，向导会要求为运动包络指定 V 存储区地址（建议地址为 VB75 ~ VB300），这里采用建议设置，单击“下一步”按钮出现图 2–95 所示界面，单击“完成”按钮。

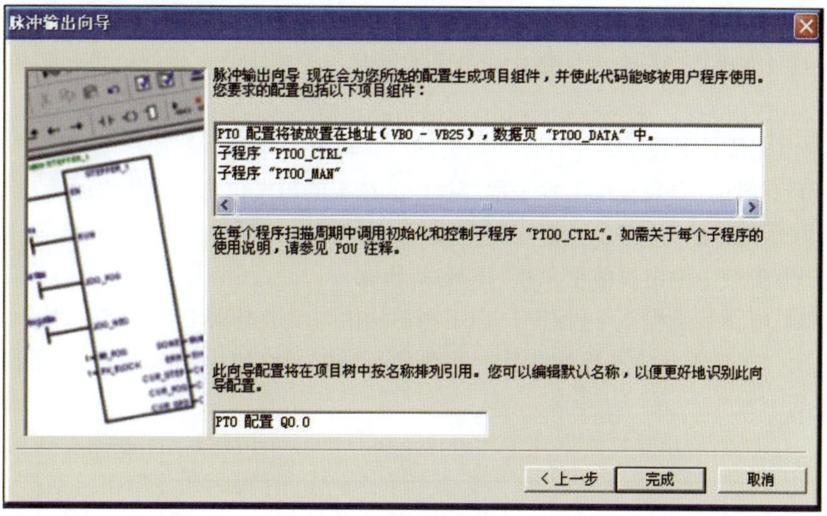

图 2–95　生成项目组件提示

4．项目组件介绍

运动包络组态完成后，向导会为所选的配置生成 3 个项目组件（子程序），分别是：PTOx_RUN 子程序（运行包络），PTOx_CTRL 子程序（控制）和 PTOx_MAN 子程序（手动模式）。一个由向导产生的子程序就可以在程序中调用，如图 2–96 所示。

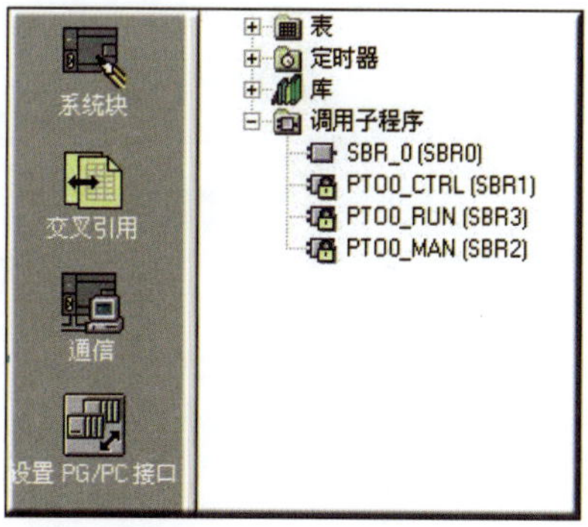

图 2–96　3 个项目组件

它们的功能分述如下：

① PTOx_RUN 子程序（运行包络）：命令 PLC 执行存储于配置 / 包络表的特定包络中的运动操作。运行这一子程序的梯形图如图 2–97 所示。

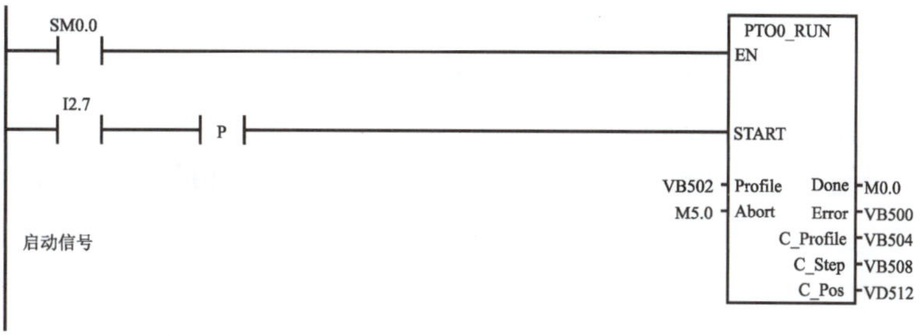

图 2–97　运行 PTOx_RUN 子程序

- EN 位：子程序的使能位。在“完成”（Done）位发出子程序执行已经完成的信号前，应使 EN 位保持开启。

- START 参数：包络执行的启动信号。对于在 START 参数已开启且 PTO 当前不活动时的每次扫描，此子程序会激活 PTO。为了确保仅发送一个命令，请使用上升沿以脉冲方式开启 START 参数。
- Profile（包络）参数：数值量输入包含为此运动包络指定的编号或符号名。
- Abort（终止）参数命令：终止命令为 ON 时位控模块停止当前包络，并减速至电动机停止。
- Done（完成）参数：本子程序执行完成时，输出 ON。
- Error（错误）参数：输出本子程序执行的结果的错误信息。无错误时输出 0。
- C_Profile 参数：输出位控模块当前执行的包络。
- C_Step 参数：输出目前正在执行的包络步骤。

② PTOx_CTRL 子程序：（控制）启用和初始化与步进电动机的 PTO 输出。在用户程序中只使用一次，并且需确定在每次扫描时得到执行。即始终使用 SM0.0 作为 EN 的输入，如图 2–98 所示。

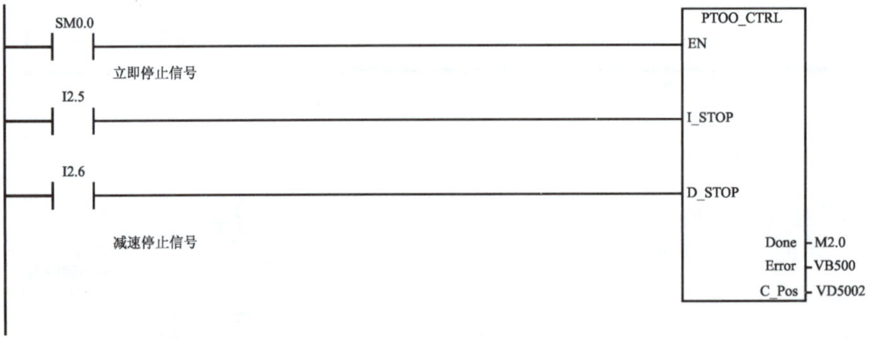

图 2–98　运行 PTOx_CTRL 子程序

- I_STOP（立即停止）输入：开关量输入。当此输入为低时，PTO 功能会正常工作。当此输入变为高时，PTO 立即终止脉冲的发出。
- D_STOP（减速停止）输入：开关量输入。当此输入为低时，PTO 功能会正常工作。当此输入变为高时，PTO 会产生将电动机减速至停止的脉冲串。
- Done(“完成”)输出：开关量输出。当“完成”位被设置为高时，它表明上一个指令也已执行。
- Error（错误）参数：包含本子程序的结果。当“完成”位为高时，错误字节会报告无错误或有错误代码的正常完成。

如果 PTO 向导的 HSC 计数器功能已启用，C_Pos 参数包含用脉冲数目表示的模块；否则此数值始终为零。

③ PTOx_MAN 子程序（手动模式）：将 PTO 输出置于手动模式。执行这一子程序允许电动机启动、停止和按不同的速度运行。但当 PTOx_MAN 子程序已启用时，除 PTOX–CTRL 外任何其他 PTO 子程序都无法执行。运行这一子程序的梯形图如图 2–99 所示。

- RUN（运行 / 停止）参数：命令 PTO 加速至指定速度（Speed 参数）。从而允许在电动机运行中更改 Speed 参数的数值。停用 RUN 参数命令 PTO 减速至电动机停止。

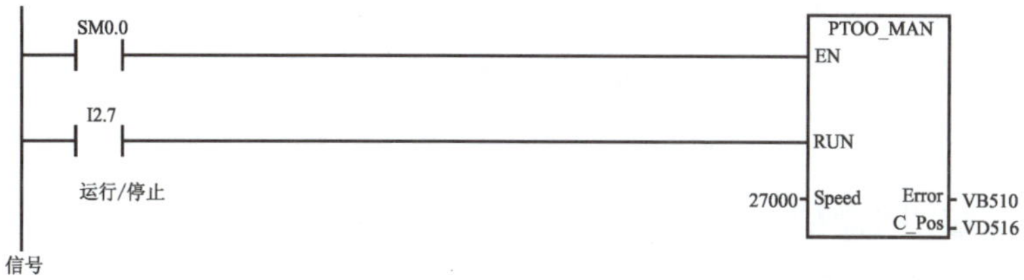

图 2-99　运行 PTOx_MAN 子程序

当 RUN 已启用时，Speed 参数确定速度。速度是一个用每秒脉冲数计算的 DINT（双整数）值。可以在电动机运行中更改此参数。

- Error（错误）参数：输出本子程序的执行结果的错误信息，无错误时输出 0。

如果 PTO 向导的 HSC 计数器功能已启用，C_Pos 参数包含用脉冲数目表示的模块；否则此数值始终为零。

由上述 3 个子程序的梯形图可以看出，为了调用这些子程序，编程时应预置一个数据存储区，用于存储子程序执行时间参数，存储区所存储的信息可根据程序的需要调用。

知识、技能归纳

PLC 的应用无处不在，由于本书篇幅有限，仅仅围绕 YL-335A 介绍了两个案例，硬件重点要掌握 PLC 的输入/输出接口特性、程序下载调试方法。PLC 的指令非常丰富，这里用 PLS 高速脉冲指令输出脉冲控制步进电动机驱动器，同时也介绍了 STEP7-Micro/Win 提供了强大的编程工具向导，对于步进电动机的控制可由向导程序完成。

工程素质培养

查阅 S7200 系统手册，思考一下用 STEP7-Micro/WIN 向导程序来编写步进电动机的控制程序，整理步进电动机的程序调试步骤与要点，写好技术文档。

任务六　通信技术在自动线中的使用

现代的自动生产线中，不同的工作站控制设备并不是独立运行的，就像 YL-335A 中的 5 个站是通过通信手段，相互之间进行信息交换，形成一个整体，从而提高了设备的控制能力、可靠性，实现了“集中处理、分散控制”。

作为自动控制设备的重要一员，PLC 也为我们提供了强大的通信能力，通过 PLC 的通信接口，我们能够使 PLC 和 PLC 交换数据。本次任务就是学习如何使用 PLC 的 PPI 通信技术。

子任务一 认知PPI通信

1. 通信基本知识

通信技术的作用就是实现不同的设备之间进行数据交换，PPI（point to point）是点对点的串行通信，串行通信是指每次只传送 1 位二进制数。因而其传输的速度较慢，但是其接线少，可以长距离传输数据。PLC-200 自带了串行通信接口。

2. 通信协议

为了实现任何设备之间通信，通信双方必须对通信的方式和方法进行约定，否则双方无法接收和发送数据。接口的标准可以从两个方面进行理解：一是硬件方面，也就是规定了硬件接线的个数、信号电平的表示及通信接头的形状等；二是软件方面，也就是双方如何理解收或发数据的含义，如何要求对方传出数据等，一般把它称为通信协议。

S7-200 系列 PLC 自带通信端口为为西门子规定的 PPI 通信协议，而硬件接口为 RS-485 通信接口。

RS-485 只有一对平衡差分信号线用于发送和接收数据，为半双工通信方式。

使用 RS-485 通信接口和连接线路可以组成串行通信网络，实现分布式控制系统。网络中最多可以有 32 个子站（PLC）组成。为提高网络的抗干扰能力，在网络的两端要并联两个电阻，值一般为 120Ω。

RS-485 的通信距离可以达到 1 200m。在 RS-485 通信网络中，为了区别每个设备，每个设备都有一个编号，称为地址。地址必须是唯一，否则会引起通信混乱。如图 2-100 所示为 RS-485 组网接线示意图。

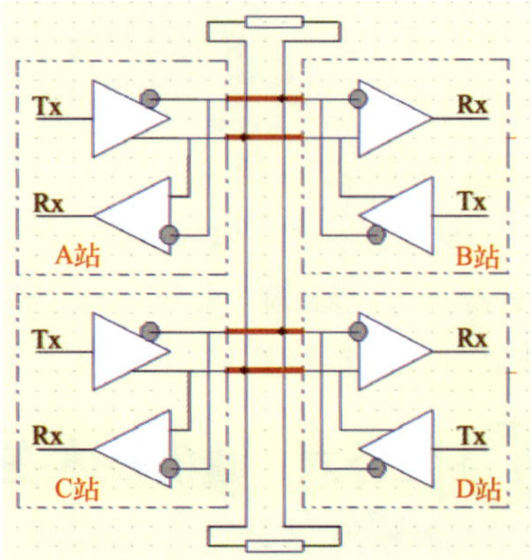

图 2-100 RS-485 组网接线示意图

3. 通信参数

对于串行通信方式，在通信时双方必须约定好线路上通信数据的格式，否则接收方无法接收数据。同时，为提高传输数据的准确性，还应该设定检验位，当传输的数据出错时，可以指示错误。

通信格式设置的主要参数有：

波特率：由于是以位为单位进行传输数据，所以必须规定每位传输的时间，一般用每秒传输多少位来表示。常用的有 1 200kbit/s、2 400kbit/s、4 800kbit/s、9 600kbit/s、19 200kbit/s。

起始位个数：开始传输数据的位，称为起始位，在通信之前双方必须确定起始位的个数，以便协调一致。起始位数一般为 1 个。

数据位数：一次传输数据的位数。当每次传输数据时，为提高数据传输的效率，一次不仅仅传输 1 位，而是传输多位，一般为 8 位，正好 1 个字节（1B）。常见的还有 7 位，用于传输 ASCII 码。

检验位：为了提高传输的可靠性，一般要设定检验位，以指示在传输过程中是否出错，一

般单独占用 1 位。常用的检验方式有偶检验、奇检验。当然也可以不用检验位。

偶检验规定传输的数据和检验位中“1”（二进制）的个数必须是偶数，当个数不是偶数时，说明数据传输出错。

奇检验规定传输的数据和检验位中“1”（二进制）的个数必须是奇数，当个数不是奇数时，说明数据传输出错。

停止位：当一次数据位数传输完毕后，必须发出传输完成的信号，即停止位。停止位一般有 1 位、1.5 位和 2 位的形式。

站号：在通信网络中，为了标示不同的站，必须给每个站一个唯一的表示符，称为站号。站号也可以称为地址。同一个网络中所有的站的站号不能相同，否则会出现通信混乱。

思考：波特率为 9 600kbit/s、8 个数据位、1 个停止位、偶检验、1 个起始位，问每秒最多能够传输多少个字节？

4．S7－200通信协议介绍

S7–200 的接口定义如图 2–101 所示，S7–200 在通信时连接 RS–485 信号 B 和 RS–485 信号 A，多个 PLC 可以组成网络。

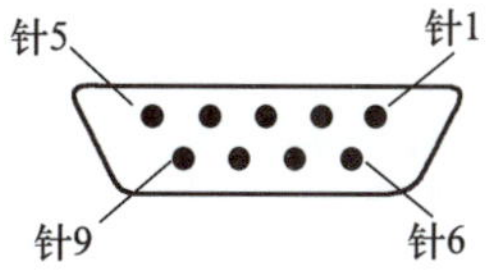

针	端口 0/1
1	逻辑地
2	逻辑地
3	S–485 信号 B
4	RTS(TTL)
5	逻辑地
6	+5V，100Ω 串联电阻
7	+24V
8	RS–485 信号 A
9	10– 位，协议选择（输入）
连接器外壳	机壳接地

图 2–101　S7–200 通信接口定义

S7–200 的通信接口为 RS–485，通信协议可以使用 PLC 自带标准的 PPI 协议或 Modbus 协议。也可以通过 S7–200 的通信指令使用自定义的通信协议进行数据通信。

在使用 PPI 协议进行通信时，只能有一台 PLC 或其他设备作为通信发起方，称为主站，其他的 PLC 或设备只能被动地传输或接收数据，称为从站。网络中的设备不能同时发数据，否则会引起网络通信错误。

PPI 通信协议格式在此不作介绍。只给出其通信参数：8 位数据位、1 位偶检验、1 位停止位、1 位起始位，通信速率和站地址根据实际情况可以更改。

练一练　设置S7－200 PPI通信参数

S7–200 的默认通信参数为：地址是 2，波特率为 9 600kb/s，8 位数据位、1 位偶检验、1 位停止位、1 位起始位。

其地址和波特率可以根据实际情况进行更改，其他的数据格式是不能更改的。要设置 PLC

的通信参数，选择“系统块”的“通信端口”命令，出现如图 2–102 所示的提示窗口后设置地址和波特率。

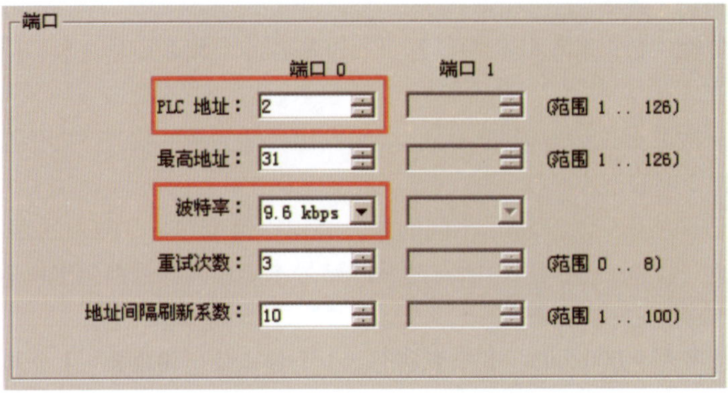

图 2–102　PLC 地址和波特率设置

参数设置完成后必须将数据下载到 PLC 中，在下载时选中“系统块”选项，否则设置的参数在 PLC 中没有生效，如图 2–103 所示。

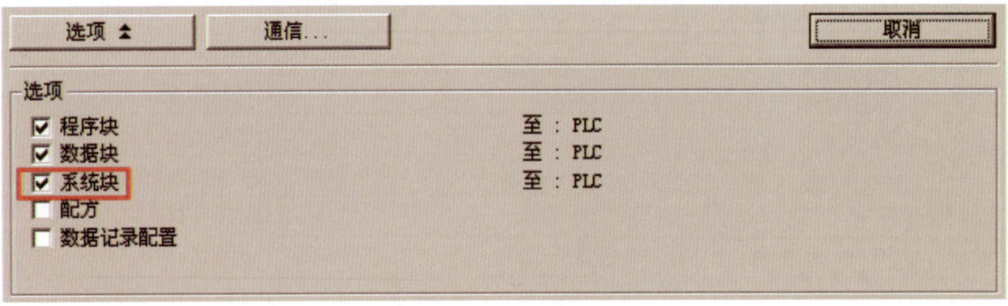

图 2–103　通信数据下载

子任务二　网络读写命令的使用

给你一个任务：网络中有两台 PLC，A 的地址为 2，B 的地址为 10；要求用 A PLC 的输入控制 B PLC 的输出。假定 A PLC 输入为 I0.0 ~ I0.7，分别控制 B PLC 的 Q0.0 ~ Q0.7。

PLC 的网络读写命令可实现多个 PLC 之间进行通信。

网络读 NETR 指令可从远程站最多读取 16B 信息，网络写 NETW 指令可向远程站最多写入 16B 信息。可在程序中使用任意数目的 NETR/NETW 指令，但在任何时间最多只能有 8 条 NETR 和 NETW 指令同时被激活。

使用网络读写命令前，确认 PLC 之间的通信线路畅通且必须相连，PLC 之间的通信波特率一致，而地址则不相同。指令使用的通信协议为 PLC 自带的 PPI 协议，在使多个 PLC 之间进行通信时，必须保证网络中同一时刻只有一个 PLC 在发数据，否则会出现通信数据的混乱。

1. 网络读指令

网络读指令如图 2–104 所示，当 EN 为 ON 时，执行网络通信命令，从其他 PLC 连续的存储单元中读取数据，但是最多只能读 16B 的数据。

PORT 指定通信端口，如果只有一个通信端口，此值必须为 0。有两个通信端口时，此值可以是 0 或 1，分别对应两个通信端口。

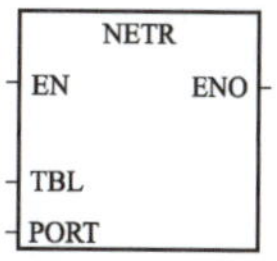

图 2–104　网络读指令

NETR/NETW 表格 TBL 表的定义如图 2–105 所示。

TBL 表定义格式

地址偏移	表头				
0	D	A	E	0	错误代码
1	对方 PLC 地址				
2	指针指向对方 PLC 数据单元的地址				
3	占用 4B				
4					
5	可以指向对方的 Q、I、M、V				
6	数据长度				
7	接收或写入的第 1 个数据				
⋮	…				
22	接收或写入的第 16 个数据				

错误代码说明

0	无错
1	超时错误：远程站不应答
2	接收错误：应答中存在校验、帧或校验和错误
3	脱机错误：重复站址或故障硬件引起的冲突
4	队列溢出错误：8 个以上 NETR/NETW 命令被激活
5	违反协议：未启用 SMB30 中的 PPI+ 即尝试执行 NETR/NETW
6	非法参数：NETR/NETW 表格包含一个非法或无效数值
7	无资源：远程站繁忙（正在上载或下载序列）
8	第 7 层错误：违反应用程序协议
9	信息错误：数据地址错误或数据长度不正确

D：完成（功能完成）　0= 未完成　1= 完成

A：现用（功能入队）　0= 非现用　1= 现用

E：错误　0= 无错　1= 错误

图 2–105　TBL 表的定义

2. 网络写指令

网络写指令如图 2–106 所示，当 EN 为 ON 时，执行网络通信命令，把数据写到其他 PLC 连续的存储单元中，但是最多只能写 16B 的数据。

PORT 指定通信端口，如果只有一个通信端口，此值必须为 0。有两个通信端口时，此值可以时 0 或 1，分别对应两个通信端口。

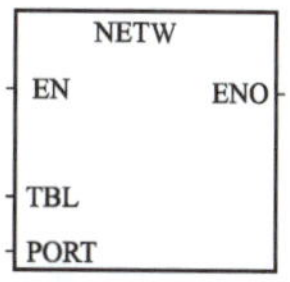

图 2–106　网络写指令

练一练　编写程序

为表达方便，我们把地址为 2 的 PLC 称为主站，而把地址为 10 的 PLC 称为从站。

根据前面掌握的知识，首先必须设置两台 PLC 的通信参数，同时为保证编程软件的正常使用，其相应的通信参数也必须进行设置。

本任务中，从站的 PLC 没有任何程序，只要设置好通信参数即可。主站中则要用网络读命令读从站的 PLC 的输入，然后用读到的数据控制主站的输出。

PPI 通信中主站 PLC 程序中，必须在上电第 1 个扫描周期，用特殊存储器 SMB30 指定其主站属性，从而使能其主站模式。在 PPI 模式下，控制字节的 2 ～ 7 位是忽略掉的。即 SMB30=00000010，定义 PPI 主站。SMB30 中协议选择默认值是 00=PPI 从站，因此，从站侧不需要初始化。

在执行网络读命令之前，设置好 TBL 表。假定表的首地址为 VB200，因而表的设置参数如图 2–107 所示。

VB200	D	A	E	0	错误代码
VB201	从站地址：10				
VB202	指针指向对方 PLC 数据单元的地址				
VB203	占用 4B				
VB204					
VB205	此处是 IB0 的地址（& IB0）				
VB206	读数据长度：1				
VB207	接收第 1 个数据				

图 2–107　本任务中使用的 TBL 表

图 2–107 中数据的赋值可以采用数据传输指令完成，程序片断如图 2–108 所示。

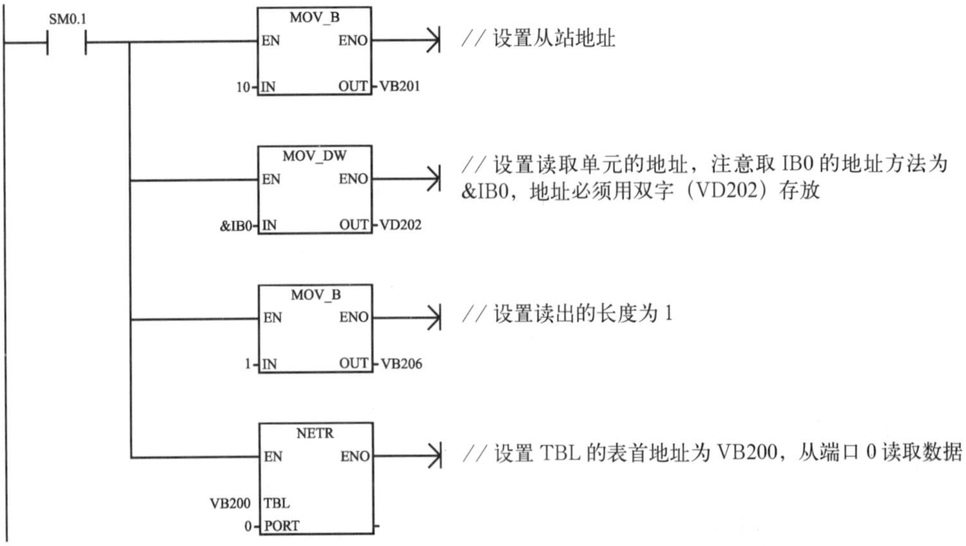

图 2–108　TBL 表初始化和通信程序

当命令执行后，成功读到数据时，其 V200.7 为 ON，V200.5 为 OFF，此时 VB207 就是正确的数据，可以用此数据直接控制主站的 Q。程序片断如图 2–109 所示。

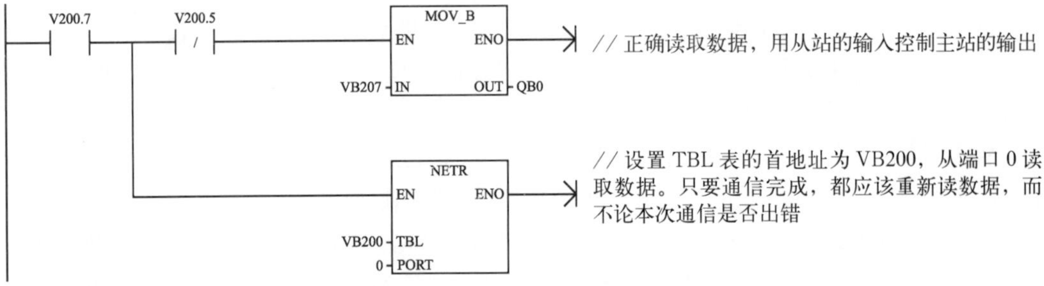

图 2–109　控制和通信程序

根据上面的解释，读者可以编写完整的程序。当把程序下载到主站PLC以后，连接PPI电缆，然后上电运行程序，以检验程序是否正确。

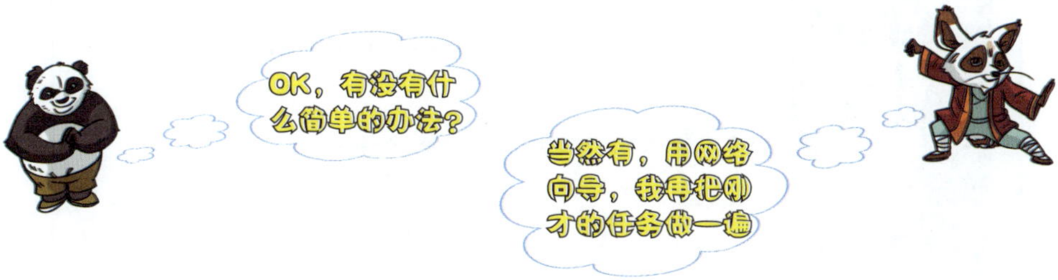

子任务三　网络读写命令向导的使用

除了自己编写程序外，还可以利用 SETP7 – Micro/WIN 提供的向导功能，由向导编写好程序，我们只要直接使用其程序即可。以上面的任务为例，讲解如何利用向导完成任务。

1. 解决方法

假定我们规定主站中有程序，而从站中无程序。所以主站的程序不仅要读取从站的输入，同时还要把主站的输入写到从站的输出中。

2. 解决步骤

首先，必须设置好从站和主站的通信参数，其设置方法和前面的一样，在此不再重复。现在利用向导直接产生程序。

① 首先单击“向导”中的 NETW/NETR 命令，出现如图 2–110 所示的对话框。

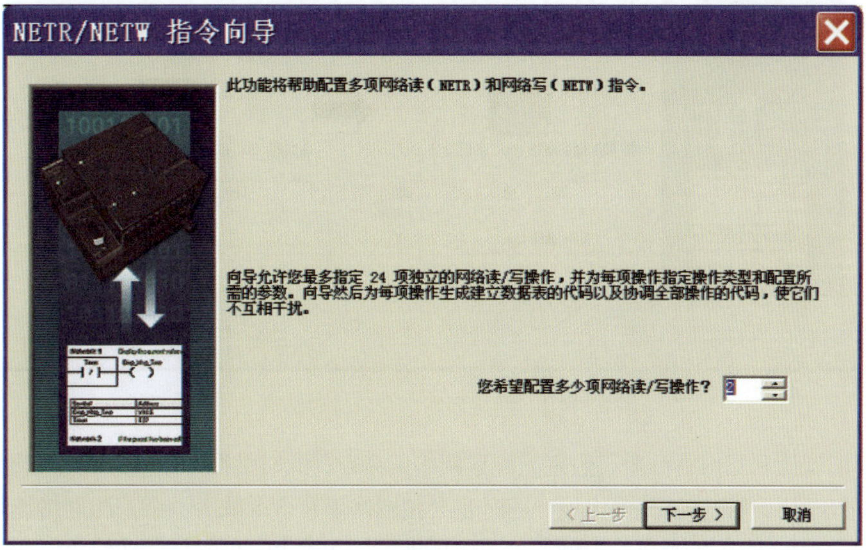

图 2–110　网络读写命令向导对话框 1

② 因为的程序中有读和写两个操作，所以网络读 / 写操作的项数值为 2，设置好后，单击“下一步”按钮，弹出如图 2–111 所示的对话框。

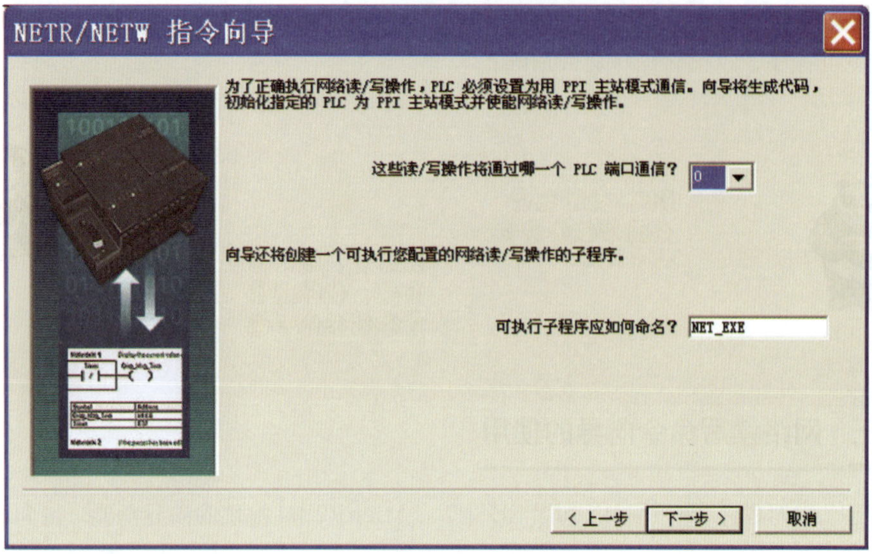

图 2–111　网络读写命令向导对话框 2

③ 设定使用的通信口，此处为通信口 0，因为向导会自动生成子程序，所以必须给子程序设定一个名称，名称设定后单击“下一步”按钮，弹出如图 2–112 所示对话框。

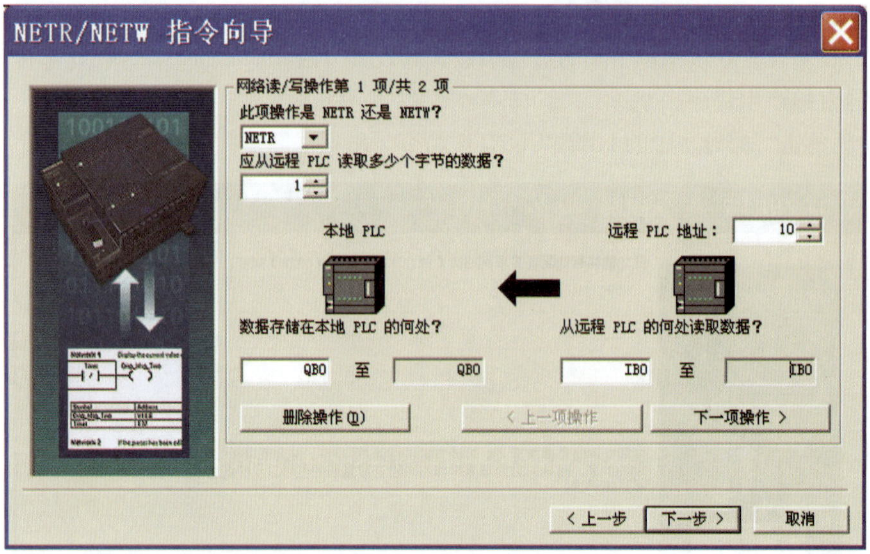

图 2–112　网络读写命令向导对话框 3

④ 要配置读和写网络命令，假定先配置网络读命令，此时按照图中所示设定好参数。“删除操作”命令可以删除当前的操作项，同时也会把网络读写命令减少一个，即网络读写命令向导对话框 1 中设定的参数要减一。单击“下一项操作”和“上一项操作”按钮可以在不同的网络读写命令之间切换设置参数对话框。参数设置好后，单击“下一项操作”按钮，此时弹出如图 2–113 所示对话框。

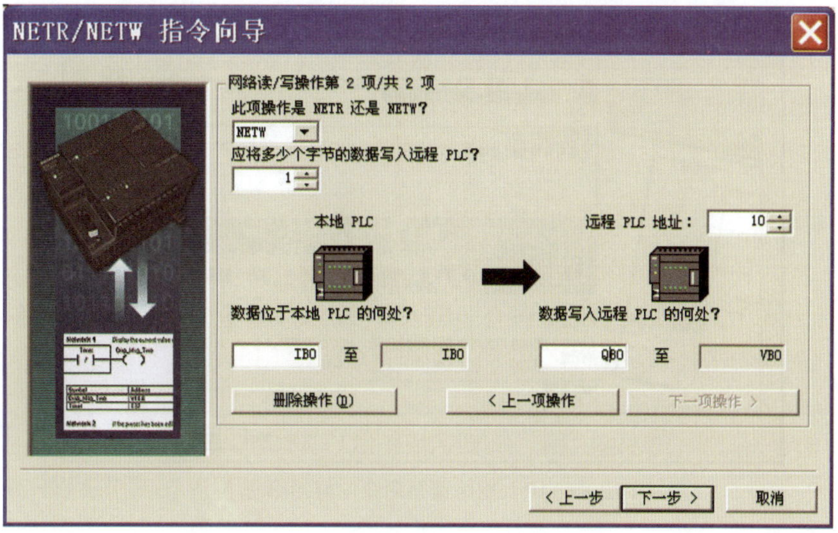

图 2–113　网络读写命令向导对话框 4

⑤ 在此项操作中，要选择网络写命令，按图示设置好参数。其参数的含义对话框中的文字表达得很清楚，在此不作过多的描述。单击“下一步”按钮，出现为如图 2–114 所示的对话框。

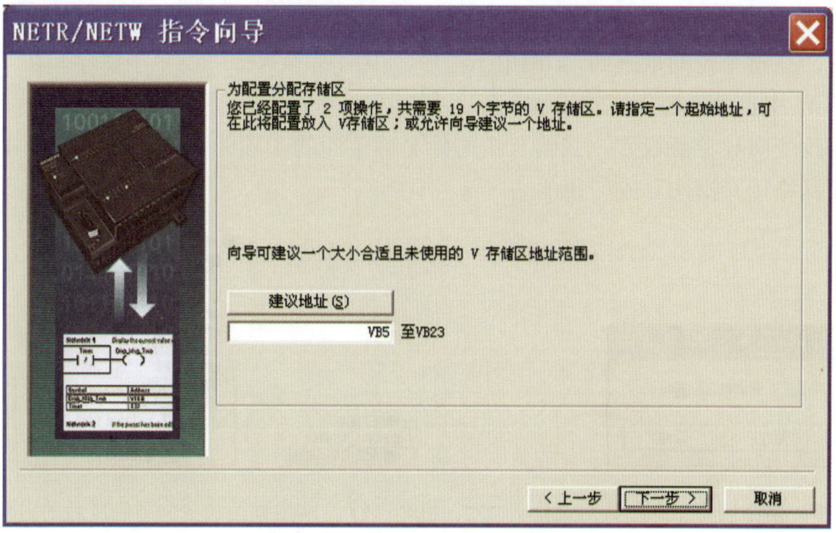

图 2–114　网络读写命令向导对话框 5

⑥ 生成的子程序要使用一定数量的、连续的存储区，本项目中提示要用 19 个字节的存储区，向导只要求设定连续存储区的起始位置即可，但是一定要注意，存储区必须是其他程序中没有使用的，否则程序无法正常运行。设定好存储区起始位置后，单击“下一步”按钮，出现如图 2–115 所示对话框。

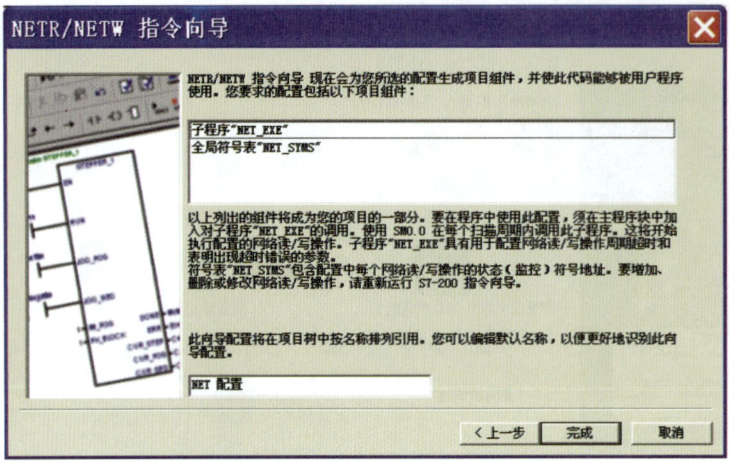

图 2–115　网络读写命令向导对话框 6

⑦　在此对话框中，可以为此向导单独起一个名称，使其和其他的网络读写命令向导区分开。如果要监视此子程序中读写网络命令执行的情况，请记住“全局符号表”的名称。如果要检查或更改前面设置的参数，单击“上一步”按钮，最后单击“完成”按钮，出现如图 2–116 所示对话框。

⑧　单击“是”按钮退出向导，此时程序中会自动产生一个子程序，此项目中子程序的名称为 NET_EXE。要使得子程序 NET_EXE 运行，不断地读取和写入数据，必须在主程序中不停地调用它。在指令树的最下面，“调用子程序”中出现了 NET_EXE 子程序，在“向导”的 NETR/NETW 中也会出现相应的提示。

如果要改变向导参数设置，只要双击向导名称下面的子项即可，如图 2–117 中的“起始地址”或“网络读写操作”或“通信端口”。

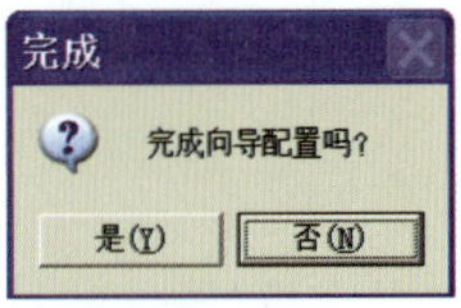

图 2–116　网络读写命令向导对话框 7

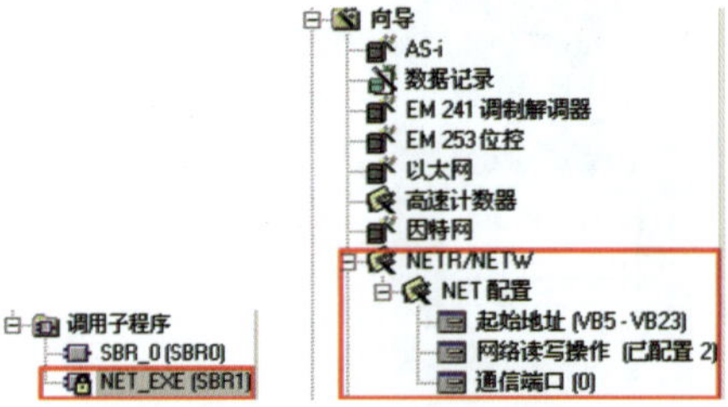

图 2–117　网络读写命令向导完成后的提示

⑨　当调用子程序时，还必须给子程序设定相关的参数。网络读写子程序如图 2–118 所示，EN 为 ON 时子程序才会执行，程序要求必须用 SM0.0 控制。Timeout 用于时间控制，以秒为单位设置，当通信的时间超出设定时间时，会给出通信错误信号，即位 Error 为 ON。

Cycle 是一个周期信号，如果子程序运行正常，会发出一个 ON（1）和 OFF（0）之间跳变的信号。

Error 为出错标志，当通信出错或超时时，此信号为 ON（1）。

⑩　综上所述，主程序如图 2–119 所示。

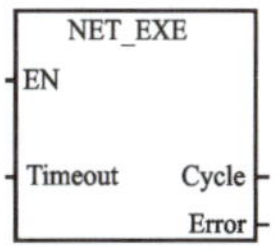

图 2-118　网络读写子程序

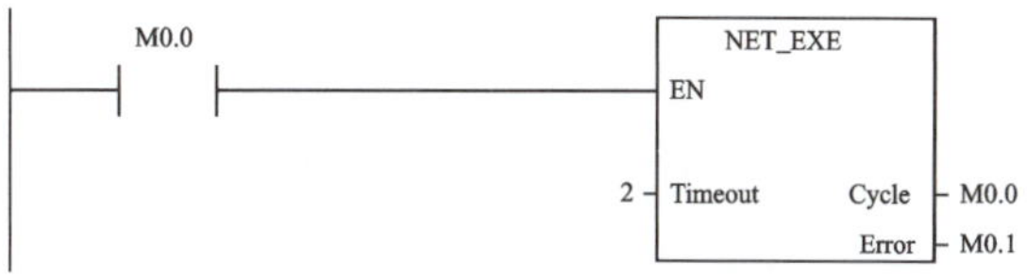

图 2-119　通信程序的主程序

⑪ 程序中，设定超时时间为 2s，周期信号 Cycle 输出到 M0.0 中，错误标志 Error 保存在 M0.1 中。如果要监视通信程序运行的情况，可以打开“符号表”中的 NET_SYMS 子表，找到通信程序用到的各种标志的地址，监视它就可以了，如图 2-120 所示。

			符号	地址	注释
1			Timeout_Err	V5.3	0 = 无超时错误，1 = 超时错误
2			NETW2_Status	VB16	操作 2 的状态字节：NETW.
3			NETR1_Status	VB8	操作 1 的状态字节：NETR.

图 2-120　通信程序的符号表

知识、技能归纳

串行通信是工业现场常用的方式，S7200PLC 的通信端口物理上是一个 RS-485 端口，默认的通信软件协议为 PPI，用户在使用网络读写命令和向导程序时，必须注意两个或多个通信的 PLC 之间通信参数设置一致，在主从模式下只能有一个主站。

PPI 是一种主 - 从协议通信，主 - 从站在一个令牌环网中，主站发送要求到从站，从站响应；从站不发信息，只是等待主站的要求并对要求作出响应。如果在用户程序中使能 PPI 主站模式，就可以在主站程序中使用网络读写指令来读写从站信息。

工程素质培养

查阅 S7200 系统手册，思考如何用 MODBUS 总线、PROFIBUS 总线和以太网连接 S7200 PLC。

拓展训练　网络读写命令向导

用网络读写命令向导完成如下任务：网络中有 3 台 PLC，A 的地址为 2，B 的地址为 10，C 的地址为 11；要求用 A PLC 的每分钟读一次 B PLC 的 VB100 的值，读一次 C PLC 的 VB102 的值。评分表如表 2-9 所示。

表 2-9　考核技能评分参考表

姓名		同组		开始时间			
专业 / 班级				结束时间			
项目内容	考核要求	配分	评分标准		扣分	自评	互评
电路设计正确	1. 通信电路连接正确 2. 编写技术文档	30	1. 电路连接错一处，扣 5 分 2. 技术文档不正确一处，扣 5 分				
PLC 编程调试成功	1. 程序编制实现功能 2. 操作步骤正确 3. 调试成功	50	1. 一个功能不实现，扣 10 分 2. 操作步骤错一步，扣 5 分 3. 显示运行不正常，扣 5 分 4. 技术文档错一处，扣 5 分				
职业素养、团队精神		20					
教师点评		成绩（教师）：	总成绩：				

第三篇

项目迎战——自动线各单元安装与调试

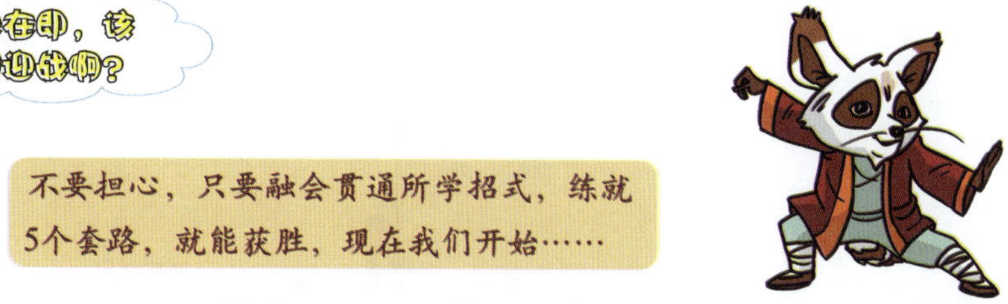

亚龙 YL–335A 是柔性开放式设备，由 5 个单元组成，（有关亚龙 YL–335A 自动线的介绍详见光盘中的迎战篇\《自动线全图》、自动线模拟运行），一个单元即可自成一个独立的控制系统，由 5 个单元组成的系统可以真实模拟出一条自动生产加工流水线的工作过程，使我们在学习过程中理论联系实际，大大提升机电一体化技术实际应用的能力。现在，就从供料单元开始训练。

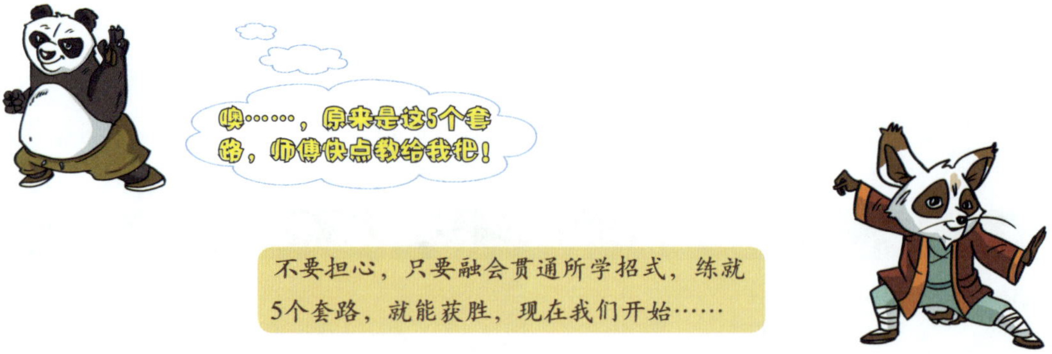

任务一　供料单元的安装与调试

子任务一　初步认识供料单元

供料单元（见图 3–1）是自动生产线中的起始单元，向系统中的其他单元提供原料，相当于实际生产线中的自动上料系统。其主要由大工件装料管（料仓）、推料气缸、顶料气缸、磁感应接近开关、漫射式光电传感器组成，从而完成该功能。

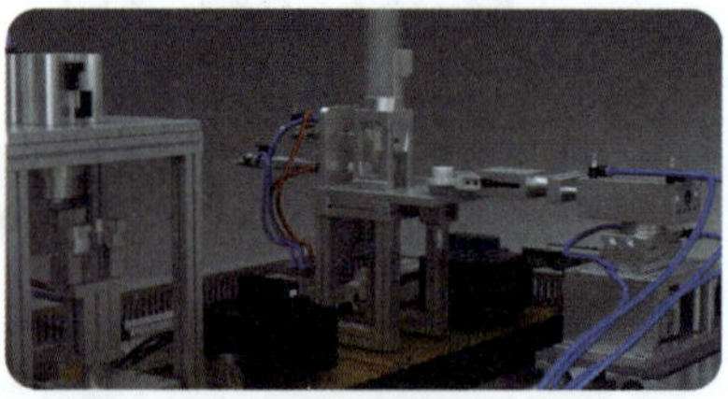

图 3–1　供料单元

1．供料单元功能

其功能主要是按照需要将放置在料仓中待加工工件（原料）自动推到物料台上，以便输送单元的机械手将其抓取，输送到其他单元上。图 3–2 所示为供料单元实物图。

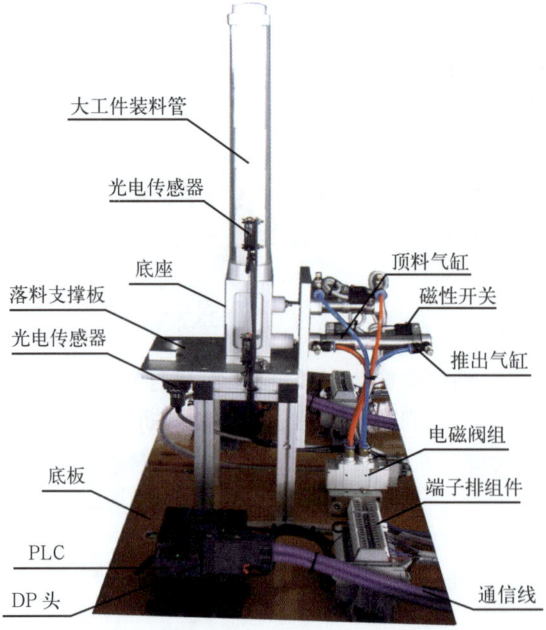

图 3–2　供料单元实物的全貌

2. 供料单元的动作过程

工件垂直叠放在料仓中，推料缸处于料仓的底层并且其活塞杆可从料仓的底部通过。当活塞杆在退回位置时，它与最下层工件处于同一水平位置，而顶料气缸则与次下层工件处于同一水平位置。在需要将工件推出到物料台上时，首先使顶料气缸的活塞杆推出，压住次下层工件；然后使推料气缸活塞杆推出，从而把最下层工件推到物料台上。在推料气缸返回并从料仓底部抽出后，再使顶料气缸返回，松开次下层工件。这样，料仓中的工件在重力的作用下，就自动向下移动一个工件，为下一次推出工件做好准备。

子任务二 供料单元的控制

1. 气动控制回路

气动控制回路是本工作单元的执行机构，由 PLC 控制推料和顶料功能。气动控制回路的工作原理如图 3–3 所示。图中 1A 和 2A 分别为推料气缸和顶料气缸。1B1 和 1B2 为安装在推料气缸的两个极限工作位置的磁感应接近开关，2B1 和 2B2 为安装在顶料气缸的两个极限工作位置的磁感应接近开关。1Y1 和 2Y1 分别为控制推料气缸和顶料气缸的电磁阀的电磁控制端。

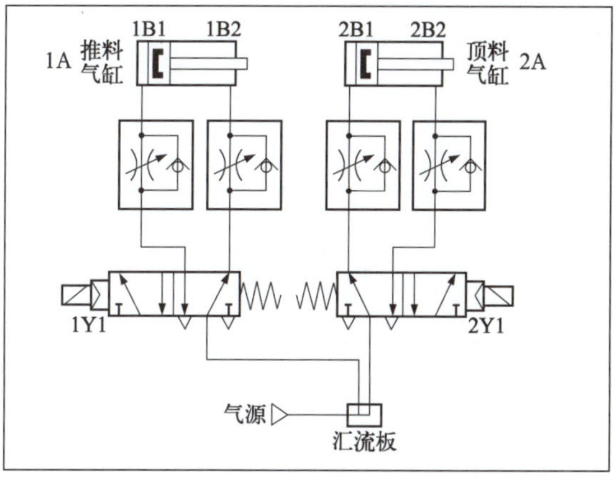

图 3–3 供料单元气动控制回路工作原理图

气缸两端分别有缩回限位和伸出限位两个极限位置，这两个极限位置都分别装有一个磁性开关。当气缸的活塞杆运动到其中一端时，该端的磁性开关就动作并发出电信号。

供料单元的阀组只使用两个二位五通的带手控开关的单电控电磁阀，两个阀集中安装在汇流板上，汇流板中两个排气口末端均连接了消声器。两个阀分别对顶料气缸和推料气缸进行控制，以改变各自的动作状态。

2. 供料单元的PLC控制

供料单元（见图 3–3）在底座和装料管第 4 层工件位置，分别安装漫射式光电开关，判断料仓中有无储料或储料是否足够。物料台面开有小孔，物料台下面也设有一个漫射式光电接近开关，向系统提供物料台有无工件的信号。

传感器信号（3 个光电传感器和 4 个磁性开关）占用 7 个输入点，留出 1 个点提供给启/停按钮作本地主令信号，则所需的 PLC I/O 点数为 8 点输入、2 点输出。为此只要选用西门子 S7–222 主单元，共 8 点输入和 6 点继电器输出。图 3–4 所示为供料单元的 I/O 接线图。

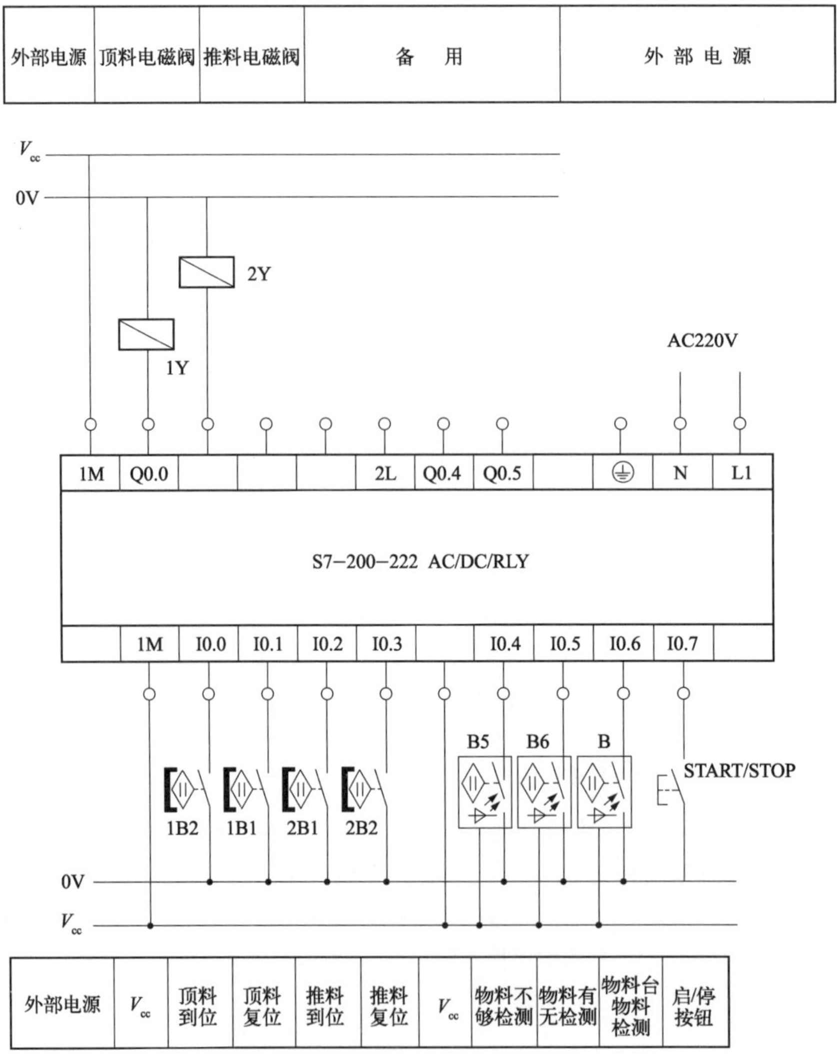

图 3–4　供料单元 PLC 的 I/O 接线图

供料单元在独立运行时，主令信号输入点只有 1 个，但是需要有启动和停止两种主令信号，此时只能由软件编程实现。

子任务三　供料单元技能训练

1．训练目标

按照本单元自动连续控制要求，在6h内完成机械部分、传感器、气路安装与调试、PLC程序设计，并对其进行调试。

2．训练要求

① 熟悉供料单元的功能及结构组成。

② 能够根据控制要求设计气动控制回路，安装执行器件并调试。

③ 安装所使用的传感器并能够调试。

④ 查明PLC各端口地址，根据要求编写程序并调试。

3．供料单元安装与调试工作计划表

供料单元安装与调试工作计划表如表3-1所示。供料单元安装与调试时间为6h，计划时间为参考时间，请学生填写实际时间。

表3-1　工作计划表

步　骤	内　容	计划时间/h	实际时间/h	完成情况
1	制订工作计划	0.25		
2	制订安装计划	0.25		
3	项目描述和项目执行图纸程序	1		
4	写材料清单和领料	0.25		
5	机械部分安装、调试	1		
6	传感器安装、调试	0.25		
7	按照图纸进行电路安装	0.5		
8	气路安装	0.25		
9	气源、电源连接	0.25		
10	按质量要求要点检查整个设备	0.25		
11	项目各部分设备的通电通气测试	0.25		
12	对老师发现和提出的问题进行回答	0.25		
13	输入程序，进行整个装置的功能调试	0.5		
14	排除故障（依实际情况）	0.25		
15	该任务成绩评估	0.5		

4. 供料单元材料清单

供料单元材料清单如表 3–2 所示。仔细查看器件，根据所选系统及具体情况填写上表中的代号、规格、数量和产地。

表 3–2　供料单元材料清单

序　　号	代　　号	物品名称	规　　格	数　　量	备注（产地）
1		大工件装料管			
2		推料气缸			
3		顶料气缸			
4		磁性开关			
5		光电传感器			
6		PLC			
7		端子排组件			
8		急停按钮			
9		启动/停止按钮			
10		支撑板			
11		阀组			
12		工件漏斗			
13		走线槽			
14		底板			

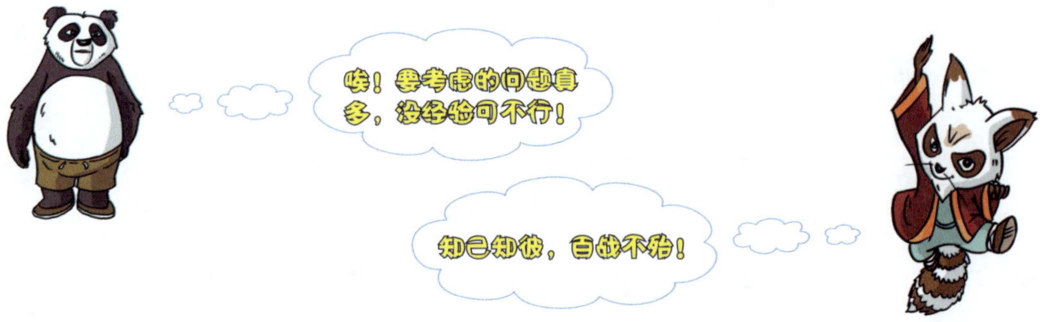

5. 供料单元安装和调试

(1) 供料单元机械部分安装步骤

① 在教师指导下，现场观察了解本单元结构，观看安装录像（见光盘中的第三篇迎战\《亚龙 335 组装简介》）。在实际观察结构时，不要用力扯导线、气管；不要拆卸元器件和其他装置；有问题及时请教指导老师。

② 开始安装时，首先把传感器支架安装在落料支撑板下方，把底座装在支撑板上，然后安装两个传感器支架，把以上整体装在落料支撑架上。注意底座出料口方向朝前，与挡料板方向一致，支撑架的横架方向是在后面，螺钉先不要拧紧，在安装气缸支撑板后再进行固定。

③ 先后在气缸支撑板上安装两个气缸，装节流阀和推料头，最后把支撑板固定在落料板支架上。

④ 把以上整体安装到底板上，将底板固定于工作台上，在工作台第四道、第十道槽口安装螺钉固定。

⑤ 安装大工件装料箱（俗称料筒或料仓）。

⑥ 安装 3 个传感器和 4 个磁性开关。

（2）供料单元机械部分调试注意

供料单元机械部分调试应该注意：

① 推料位置要通过手动调整推料气缸或者挡料板位置，调整后再固定螺栓。否则，位置不到位将引起工件推偏。

② 磁性开关的安装位置可以调整，调整方法是松开磁性开关的紧定螺栓，让它延着气缸滑动，在到达指定位置后，再旋紧紧定螺栓。注意顶料气缸要把工件夹紧，行程很短，因此其上面的 2 个磁性开关几乎靠近在一起。如果磁性开关安装位置不当，会影响控制过程。

③ 底座及装料管安装光电开关，若该部分机构内没有工件，光电开关上的指示灯不亮；若在底层起有 3 个工件，底层处光电开关亮，而第 4 层处光电开关不亮；若在底层起有 4 个工件或者以上，2 个光电开关都亮。否则，须调整光电开关位置或者光强度。

④ 物料台面开有小孔，物料台下面也设有一个光电开关，工作时向上发出光线，从而透过小孔检测是否有工件存在，以便向系统提供本单元物料台有无工件的信号。在输送单元的控制程序中，就可以利用该信号状态来判断是否需要驱动机械手装置来抓取此工件。该光电开关选用圆柱形的光电接近开关（MHT15−N2317 型）。注意所用工件中心也有个小孔，在调整传感器位置时，防止传感器发出光线透过工件中心小孔而没有反射，引起误动作。在这种情况下，须将传感器位置调偏中心。

⑤ 所采用的电磁阀，带手动换向、加锁钮，有锁定（LOCK）和开启（PUSH）两个位置。用螺丝刀把加锁钮旋到在 LOCK 位置时，手控开关向下凹，不能进行手控操作。只有在 PUSH 位置，可用工具向下按，信号为“1”，等同于该侧的电磁信号为“1”；常态时，手控开关的信号为“0”。在进行设备调试时，可以使用手控开关对阀进行控制，从而实现对相应气路的控制，以改变推料缸等执行机构的控制，从而达到调试的目的。

（3）供料单元的 PLC 的 I/O 地址分配

供料单元的 PLC 的 I/O 地址分配如表 3−3 所示。

表 3−3　PLC 的 I/O 地址分配

序　号	地　址	设备符号	设备名称	设备用途
1	I0.0	1B2	磁性开关	判断顶料到位
2	I0.1	1B1	磁性开关	判断顶料复位
3	I0.2	2B1	磁性开关	判断推料到位
4	I0.3	2B2	磁性开关	判断推料复位
5	I0.4	B5	光电传感器	物料不够检测
6	I0.5	B6	光电传感器	物料有无检测
7	I0.6	B7	光电传感器	物料台物料检测
8	I0.7	START/STOP	按钮	启/停按钮
9	Q0.1	1Y	顶料电磁铁	控制顶料动作
10	Q0.2	2Y	推料电磁铁	控制推料动作

（4）生产工艺流程与程序

在自动连续控制模式下，在料仓中有工件，各个执行机构都在初始位置情况下，当按下启/停按钮时，供料单元执行机构中，顶料气缸的活塞杆推出，压住次下层工件，推出气缸将把存放在料仓中的工件推出到挡料板。在推料气缸返回后，顶料气缸返回，料仓中的工件下移。只要料仓中有工件，挡料板工件被取走，此工作就继续。在运行过程中，料仓中无工件或者挡料板工件没有用手取走时，停止运行；当再次按下启/停按钮时，供料单元应该在完成当前的工作循环后停止运行，并且各个执行机构应该回到初始状态。

在启动前，供料单元的执行机构如果不在初始位置，料仓中无工件，不允许启动。料仓中工件少于4个时，可设计提示报警。工艺流程图如图3–5所示。

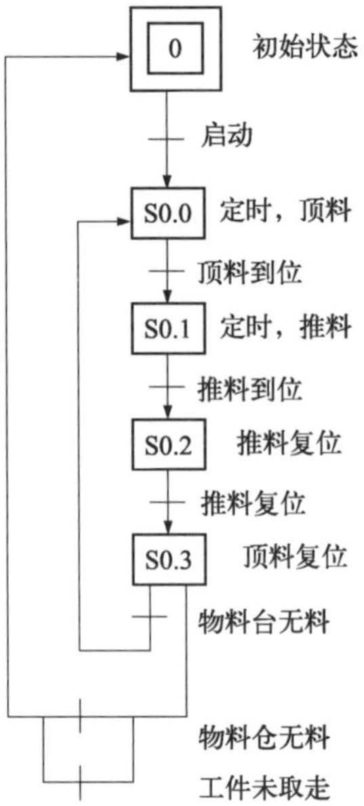

图3–5　自动连续控制工艺流程图

在编写满足控制要求、满足安全要求的控制程序时，首先要了解设备的基本结构；其次要清楚各个执行结构之间的准确动作关系，也就是清楚生产工艺；再次要考虑安全、效率等因素；最后才是通过编程实现控制功能。动连续控制程序如图3–6各图所示。

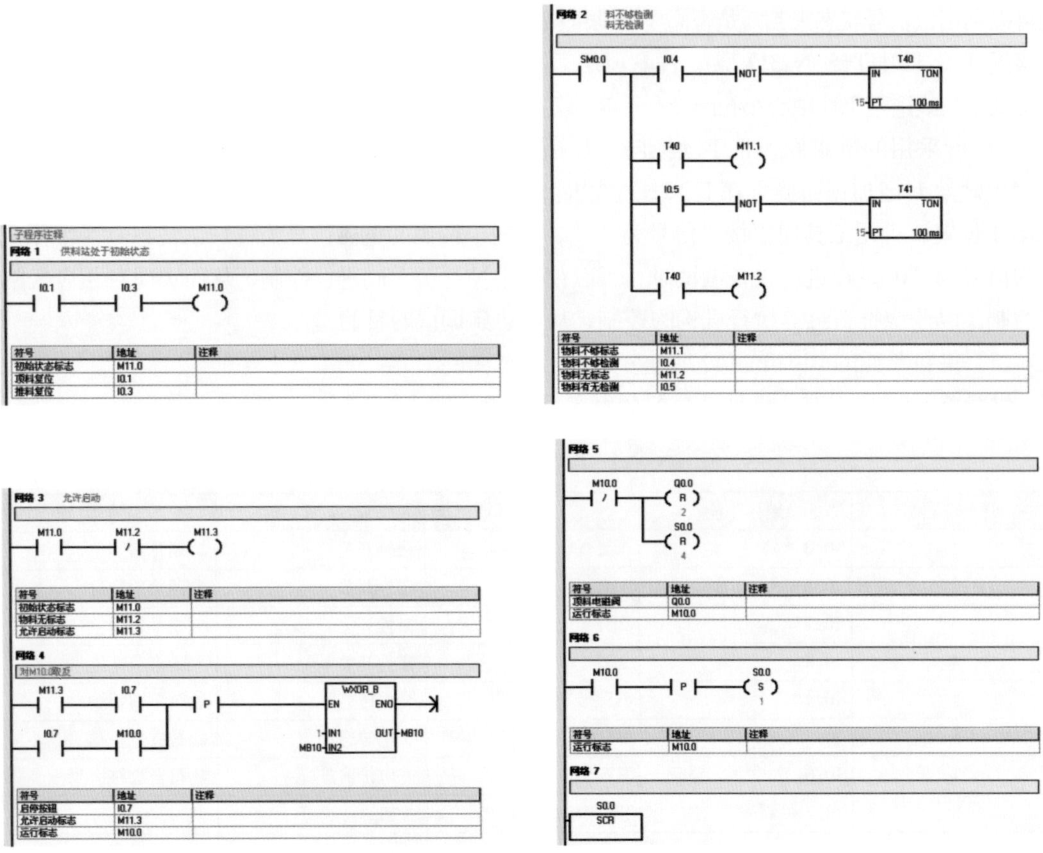

图3–6　自动连续控制程序图

图 3–6　自动连续控制程序图（续）

（5）调试运行

在编写、传输、调试程序过程中，进一步了解掌握设备调试的方法、技巧及注意点，培养严谨的作风。

① 在下载、运行程序前，必须认真检查程序。在检查程序时，重点检查各个执行机构之间是否会发生冲突，采用了什么样措施避免冲突，同一执行机构在不同阶段所做的动作是否区分开。

② 只有在认真、全面检查了程序且程序无误时，才可以运行程序并进行实际调试，不可以在不经过检查的情况下直接在设备上运行所编写的程序，如果程序存在问题，很容易造成设备损毁和人员伤害。

③ 在调试过程中，仔细观察执行机构的动作，并且在表 3–4 中做实时记录（有动作填“1”，无动作添“0”），作为分析的依据，从而分析程序可能存在的问题。如果程序能够实现预期的控制功能，则应进行多次运行，检查运行的可靠性并进行程序优化。

④ 总结经验，把调试过程中遇到的问题、解决的方法记录下来。

⑤ 在运行过程中，应该时刻注意现场设备的运行情况，一旦发生执行机构相互冲突事件，应及时采取措施，如急停、切断执行机构控制信号、切断气源或切断总电源等，以避免造成设备的损毁。评分标准如表 3–5 所示。

表 3–4　调试运行记录表

观察项目 / 结果 / 操作步骤	光电开关	光电开关	光电开关	推料气缸	顶料气缸	推料气缸	磁性开关	顶料气缸	磁性开关
	B6	B5	B7	2Y	1Y	1B1	1B2	2B1	2B2
料筒放入 4 个工件									
按启动钮，顶料到位									
推料到位									
推料复位									
顶料复位									
顶料到位									

表 3–5　评分表

______学年 评　分　表		工 作 形 式 □个人　□小组分工　□小组	实际工作时间 __________	
训练项目	训 练 内 容	训 练 要 求	学生自评	教师评分
供料单元	1．工作计划和图纸 20 分 ——工作计划 ——材料清单 ——气路图 ——电路图 ——程序清单	气路、电路绘制有错误，每处扣 3 分；电路图符号不规范，每处扣 1 分，最多扣 5 分。		
	2．机械安装及装配工艺 20 分	装配未能完成，扣 10 分；装配完成，但有紧固件松动现象，每处扣 1 分。		
	3．连接工艺 20 分 ——电路连接工艺 ——气路连接及工艺	端子连接，插针压接不牢或超过 2 根导线，每处扣 1 分，端子连接处没有线号，每处扣 0.5 分，两项最多扣 5 分；电路接线没有绑扎或电路接线凌乱，扣 2 分；气路连接有漏气现象，每处扣 1 分；气缸节流阀调整不当，每处扣 1 分；气管没有绑扎或气路连接凌乱，扣 2 分。		
	4．测试与功能 30 分 ——夹料功能 ——送料功能 ——整个装置全面检测	启动 / 停止方式不按控制要求，扣 5 分；运行测试不满足要求，每处扣 4 分；工件送料测试时，推出位置明显偏差，每处扣 3 分；传感器调试不当，每处扣 4 分；磁性开关调试不当，每处扣 2 分。		
	5．职业素养与安全意识 10 分	现场操作安全保护符合安全操作规程；工具摆放、包装物品、导线线头等的处理符合职业岗位的要求；团队中有分工有合作，配合紧密；遵守纪律，尊重教师，爱惜设备和器材，保持工位的整洁。		

知识、技能归纳

通过训练熟悉了供料单元的结构，亲身实践了解气动控制技术、传感器技术、PLC 控制技术的应用，并且在一个单元中将其有机融合在一起，体验了机电一体化控制技术具体应用的实际例子。在本次实践过程中，掌握了工作的方法，培养了严谨的工作作风。

工程素质培养

① 料仓中工件少于 4 个时，B5 传感器会有什么反应？如何在程序中提示报警？如果报警信号通过 Q0.4 输出亮 2s 熄 2s 的信号，如何设计程序？

② 如果增加 PLC 一个输入点，如何完成单循环控制与手动单步控制？

③ 在对本单元进行安装时，安装的难度体现在哪里？关键的调试点在哪里？

任务二　加工单元的安装与调试

加工单元的实物图如图 3-7 所示。

图 3-7　加工单元实物图

套路二的要点：根据加工单元功能进行气动、控制电路设计，并按照正确的步骤进行安装与调试。

子任务一　初步认识加工单元

加工单元的功能是指把待加工的工件从物料台移送到加工区域冲压气缸的正下方，在完成对工件的冲压加工后，把加工好的工件重新送回物料台的过程。图 3-8 所示为加工单元。

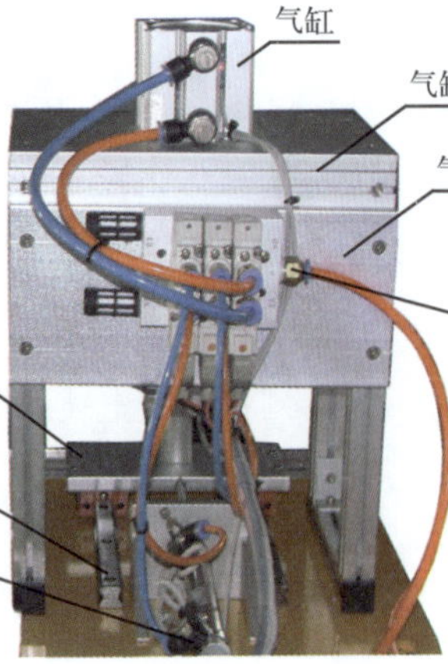

（a）背视图

（b）前视图

图 3–8　加工单元

物料台用于固定被加工件，并把工件移到加工（冲压）机构正下方进行冲压加工。其主要由气动手爪、气动手指、物料台伸缩气缸、线性导轨及滑块、磁感应接近开关、漫射式光电传感器等组成。物料台及滑动机构如图 3–9 所示。

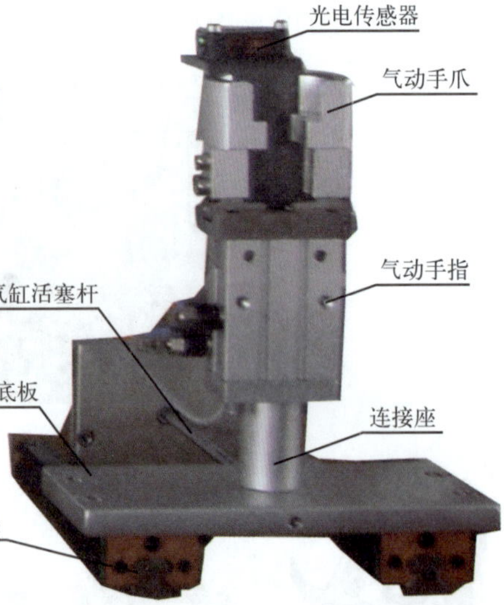

图 3–9　物料台及滑动机构

移动物料台在系统正常工作后的初始状态为伸缩气缸伸出，物料台气动手爪张开的状态，当输送机构把物料送到物料台上，物料检测传感器检测到工件后，PLC 控制程序驱动气动手指将工件夹紧→物料台回到加工区域冲压气缸下方→冲压气缸活塞杆向下伸出冲压工件→完成冲压动作后向上缩回→物料台重新伸出→到位后气动手指松开，最后完成工件加工工序，并向系统发出加工完成信号，为下一次工件到来加工做准备。

在移动物料台上安装一个漫射式光电开关。若物料台上没有工件，则漫射式光电开关均处于常态；若物料台上有工件，则光电开关动作，表明物料台上已有工件。该光电传感器的输出信号送到加工单元 PLC 的输入端，用以判别物料台上是否有工件需进行加工；当加工过程结束后，物料台伸出到初始位置。

移动物料台上安装的漫射式光电开关选用 CX–441 型放大器内置型光电开关（细小光束型）。移动物料台伸出和返回到位的位置是通过调整伸缩气缸上两个磁性开关位置来定位的。要求缩回位置位于加工冲头正下方；伸出位置应与整体状态下的输送单元的抓取机械手装置配合，确保输送单元的抓取机械手能顺利地把待加工工件放到该物料台上。

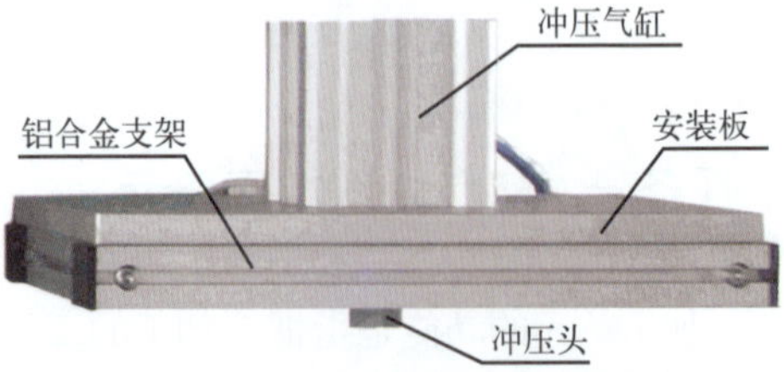

图 3–10　加工（冲压）机构

加工机构用于对工件进行冲压加工。其主要由冲压气缸、冲压头、安装板、铝合金支架等组成。加工（冲压）机构如图 3–10 所示。

当工件到达冲压位置，即伸缩气缸活塞杆缩回到位，冲压头伸出对工件进行加工，完成加工动作后冲压头缩回，为下一次冲压做准备。冲压头根据工件的要求对工件进行冲压加工，冲压头安装在冲压缸头部。安装板用于安装冲压气缸，对冲压气缸进行固定。

子任务二　加工单元的控制

首先，对加工单元的控制进行简单介绍。

1. 气动控制

加工单元的气动手爪、物料台伸缩气缸和冲压气缸均用 3 个二位五通的带手控开关的单电控电磁阀控制，3 个控制阀集中安装在带有消声器的汇流板组成。冲压气缸控制电磁阀所配的快速接头口径较大，这是由于冲压气缸对气体的压力和流量要求比较高，冲压气缸的配套气管较粗的缘故。这三个阀分别对冲压气缸、物料台手爪气缸和物料台伸缩气缸的气路进行控制，以改变各自的动作状态。

电磁阀所带手控开关有锁定（LOCK）和开启（PUSH）两种位置。在进行设备调试时，使手控开关处于开启位置，可以使用手控开关对阀进行控制，从而实现对相应气路的控制，以改变对冲压缸等执行机构的控制，达到调试的目的。

本工作单元气动控制回路的工作原理如图 3-11 所示。1B1 和 1B2 为安装在冲压气缸的两个极限工作位置的磁感应接近开关，2B1 和 2B2 为安装在物料台伸缩气缸的两个极限工作位置的磁感应接近开关，3B1 和 3B2 为安装在手爪气缸工作位置的磁感应接近开关。1Y1、2Y1 和 3Y1 分别为控制冲压气缸、物料台伸缩气缸和手爪气缸的电磁阀的电磁控制端。

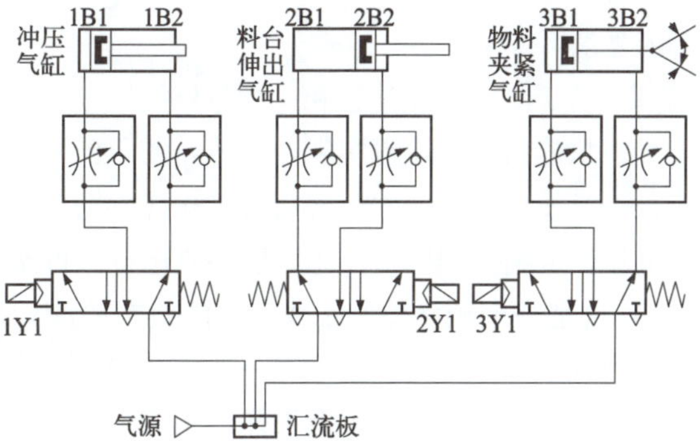

图 3-11　气动控制回路工作原理图

当气源接通时，料台伸出气缸的初始状态是在伸出位置。这点应在进行气路安装时予以注意。

2. 加工单元的PLC控制

(1) PLC 的 I/O 接线

本单元中，传感器信号（1 个光电开关信号、5 个磁性开关信号）应占用 6 个输入点，留出 2 个点提供给急停按钮和启/停按钮作为本地主令信号,则所需的PLC I/O点数为8点输入/3点输出,选用西门子S7–222 AC/DC/RLY主单元,共8点输入和6点继电器输出,加工单元的I/O接线图如图3–12所示。

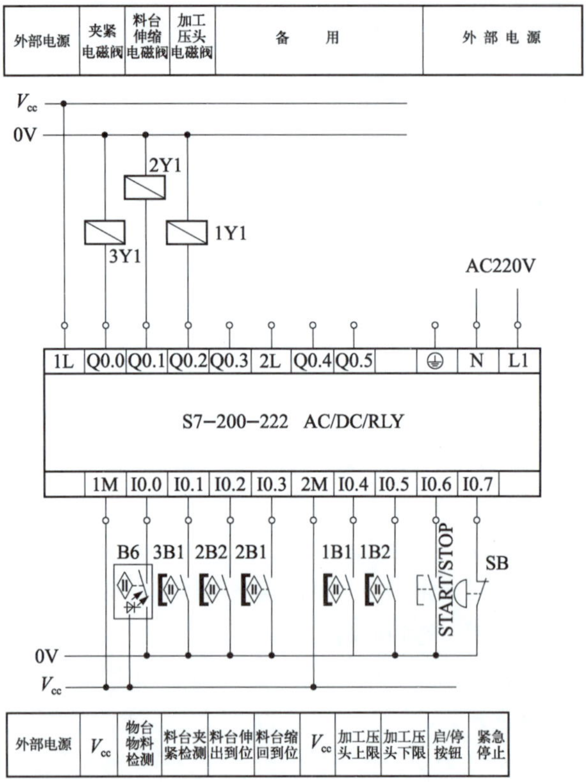

图3–12 加工单元PLC的I/O接线图

(2) 加工单元控制工艺要求

① 在加工单元中,提供一个启动/停止按钮和一个急停按钮。与供料单元同样,如果需要有启动和停止两种主令信号,只能由软件编程实现。本单元的急停按钮是当本单元出现紧急情况下提供的局部急停信号,一旦发生情况,本单元所有机构应立即停止运行,直到急停解除为止,一旦急停解除则恢复工作,直到本周期工作完成后停止运行。再次运行需要重新启动。

② 加工单元的工艺过程也是一个顺序控制:物料台的物料检测传感器检测到工件后,机械手指夹紧工件→物料台回到加工区域冲压气缸下方→冲压头向下伸出冲压工件→完成冲压动作后向上缩回→物料台重新伸出→到位后机械手指松开,完成工件加工工序。

子任务三 加工单元技能训练

1. 加工单元训练目标

按照加工单元工艺要求,先按计划进行机械安装与调试,再分别设计手动单步控制、单周期控制和自动连续控制程序,并分别对其进行调试。计划在6h内完成该训练。

2. 加工单元训练要求

① 熟悉加工单元的功能及结构组成，并能正确安装。

② 能够根据控制要求设计气动控制回路原理图，安装执行器件并调试。

③ 安装所使用的传感器并能调试。

④ 查明 PLC 各端口地址，根据要求编写程序，并调试。

3. 安装与调试工作计划表

安装与调试工作计划表如表 3–6 所示，加工单元安装与调试时间计划为 6h，该时间为参考时间，请学生填写实际时间。

表 3–6　工作计划表

步　骤	内　容	计划时间 /h	实际时间 /h	完 成 情 况
1	整个练习的工作计划	0.5		
2	制定安装计划	0.5		
3	线路描述和项目执行图纸	1		
4	写材料清单和领料	0.5		
5	机械部分安装	1		
6	传感器安装	0.5		
7	气路安装	1		
8	电路安装	2		
9	连接各部分器件	2.5		
10	按质量要求要点检查整个设备	1		
11	项目各部分设备的测试	2		
12	对老师发现和提出的问题进行回答	1		
13	整个装置的功能调试	1		
14	如果必要：排除故障	1		
15	该任务成绩的评估	0.5		

4. 加工单元材料清单

加工单元材料清单如表 3–7 所示。请仔细查看器件，根据所选系统及具体情况填写上表中的规格、数量、产地等。

表 3–7　加工单元材料清单

序　号	代　号	物 品 名 称	规　格	数　量	备注（产地）
1		PLC			
2		物料台			
3		滑动机构			
4		加工（冲压）机构			
5		电磁阀组			
6		接线端口			
7		急停按钮			
8		启动 / 停止按钮			
9		底板			

5．加工单元安装与调试

（1）加工单元机械部分安装步骤

① 在教学现场结合安装好的实物观看光盘第三篇迎战\《亚龙 335 组装简介》，培养自己的观察能力。例如，学生在观察气动控制回路的组成情况时，可通过观察到有无节流阀、气缸的进排气推断气动控制回路；通过手动操作控制阀，控制气缸动作，观察执行机构的动作特征；认识所使用的传感器的类型、安装位置、作用及和 PLC 的接口地址；查明 PLC 的接口地址和输入 / 输出控制信号。

② 在工作台上，先安装支架，再安装上下气缸的安装板，然后安装气阀安装板。

③ 将导轨固定在导轨滑板上后，再按顺序安装前后气缸、气爪、气缸支架后，整体连接到气缸滑块上，最后将传感器安装板安装到手爪气缸上。

（2）调试注意点

① 导轨一定要灵活，否则须调整导轨固定螺钉或滑板固定螺钉。

② 气缸位置要安装正确，否则进行调试。

③ 传感器位置和灵敏度要调整正确，以免产生误动作。

（3）供料单元的 PLC 的 I/O 地址分配

供料单元的 PLC 的 I/O 地址分配如表 3–8 所示。

表 3–8 加工单元的 PLC 的 I/O 地址分配

序号	地址	设备符号	设备名称	设备用途
1	I0.0	B6	光电传感器	物台物料检测
2	I0.1	3B1	磁性开关	物台夹紧检测
3	I0.2	2B2	磁性开关	物台伸出到位
4	I0.3	2B1	磁性开关	物台缩回到位
5	I0.4	1B1	磁性开关	加工压头上限
6	I0.5	1B2	磁性开关	加工压头下限
7	I0.6	STAR/STOP	按钮开关	启 / 停按钮
8	I0.7	SB	按钮开关	急停
9	Q0.0	3Y1	夹紧电磁铁	控制夹紧动作
10	Q0.1	2Y1	物台伸缩电磁铁	控制物台伸缩动作
11	Q0.2	1Y1	加工压头电磁铁	控制加工压头动作

（4）生产工艺过程与程序

加工单元在作为独立设备工作时，采用 PLC 控制。为了让学生很快熟悉并且调试好该设备，根据工艺控制要求，设计了单步控制、单周期控制和连续控制方式。3 种程序见光盘第三篇迎战\《各单站程序》\加工站。其流程分别如图 3–13、图 3–14 和图 3–15 所示。

① 单步控制流程如图 3–13 所示。

② 单周期控制流程图 3–14 所示。

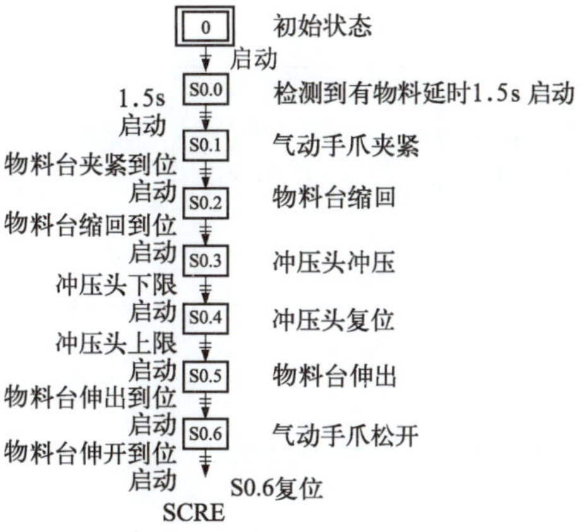

图 3–13　单步控制流程

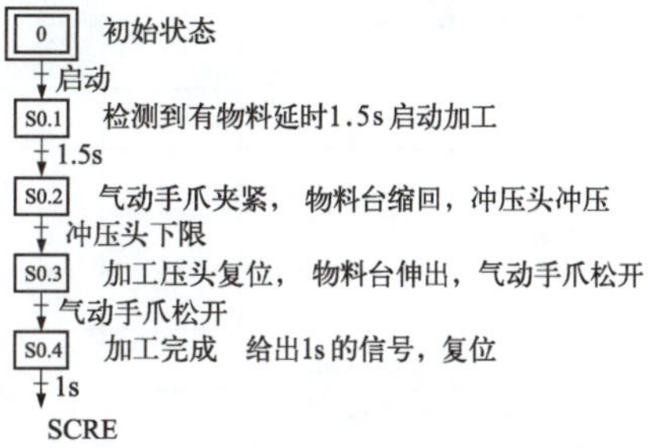

图 3–14　单周期控制流程

③ 连续控制流程如图 3–15 所示。

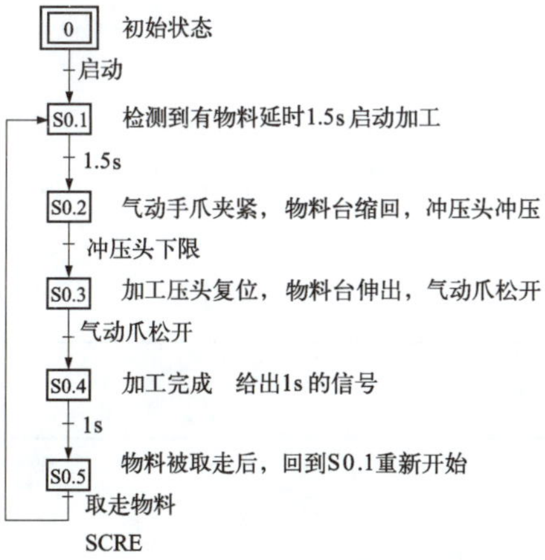

图 3–15　连续控制流程

（5）调试运行

在编写传输、调试控制程序过程中，进一步了解掌握设备调试的方法、技巧及注意点，培养严谨的作风。

① 在下载、运行程序前，必须认真检查程序。在检查程序时，重点检查各个执行机构之间是否会发生冲突，如何采用措施避免冲突，同一执行机构在不同阶段所做的动作是否区分开了。

② 只有在认真、全面检查了程序，并保证无误后，才可以运行程序，先进行单步控制实际调试，成功后再进行单周期控制和连续控制方式的实际调试。

切不可在不经过检查的情况下直接在设备上运行所编写的程序，如果程序存在问题，很容易造成设备损毁和人员伤害。

③ 在调试过程中，仔细观察执行机构的动作，并且在调试运行记录表 3–9 中做好实时记录，作为分析的依据，来分析程序可能存在的问题。

表 3-9　调试运行记录表

结果 观察项目 操作步骤	光电开关 B6	伸缩气缸 2Y1	冲压气缸 1Y1	顶料气缸 3Y1	顶料气缸磁性开关 3B1	伸缩气缸磁性开关 2B1	伸缩气缸磁性开关 2B2	冲压气缸磁性开关 1B1	冲压气缸磁性开关 1B2
初始状态									
启动									
物料台的物料									
机械手指夹紧工件									
物料台回到加工区域冲压气缸下方									
冲压气缸向下伸出冲压工件									
冲压动作后向上缩回									
物料台重新伸出									
到位后机械手指松开的顺序									

④ 总结经验，把调试过程中遇到的问题、解决的方法记录下来。评分标准如表 3-10 所示。

⑤ 在运行过程中，应时刻注意现场设备的运行情况，一旦发生执行机构相互冲突事件，应该及时采取措施，如急停、切断执行机构控制信号、切断气源和切断总电源等，以避免造成设备的损毁。

表 3-10　评分表

<table>
<tr><td colspan="2">______学年
评　分　表</td><td>工 作 形 式
□个人　□小组分工　□小组</td><td colspan="2">实际工作时间
______</td></tr>
<tr><td>训练项目</td><td>训 练 内 容</td><td>训 练 要 求</td><td>学生自评</td><td>教师评分</td></tr>
<tr><td>供料单元</td><td>1．工作计划和图纸 20 分
——工作计划
——材料清单
——气路图
——电路图
——程序清单</td><td>气路、电路绘制有错误，每处扣 3 分；电路图符号不规范，每处扣 1 分，最多扣 5 分。</td><td></td><td></td></tr>
<tr><td rowspan="3">供料单元</td><td>2．部件安装与连接 20 分</td><td>在规定时间内装配未能完成，扣 10 分；装配完成，但有紧固件松动现象，每处扣 1 分。</td><td></td><td></td></tr>
<tr><td>3．连接工艺 20 分
——电路连接工艺
——气路连接及工艺
——机械安装及装配工艺</td><td>端子连接、插针压接不牢或超过 2 根导线，每处扣 2 分，端子连接处没有线号，每处扣 1 分，两项最多扣 10 分；电路接线没有绑扎或电路接线凌乱，扣 2 分；气路连接未完成或有错，每处扣 2 分；气路连接有漏气现象，每处扣 2 分；气缸节流阀调整不当，每处扣 2 分；气管没有绑扎或气路连接凌乱，扣 2 分。</td><td></td><td></td></tr>
<tr><td>4．测试与功能 30 分
——夹料功能
——送料功能
——整个装置全面检测</td><td>3 种控制方式各 10 分。在每种控制方式下，启动/停止方式不按控制要求，扣 2 分；运行测试不满足要求，每处扣 1 分；工件送料测试，但推出位置明显偏差，每处扣 1 分。</td><td></td><td></td></tr>
</table>

续表

____学年 评 分 表		工 作 形 式 □个人 □小组分工 □小组	实际工作时间 ________	
训练项目	训 练 内 容	训 练 要 求	学生自评	教师评分
供料单元	5. 职业素养与安全意识 10 分	现场操作安全保护符合安全操作规程；工具摆放、包装物品、导线线头等的处理符合职业岗位的要求；团队有分工有合作，配合紧密；遵守纪律，尊重教师，爱惜设备和器材，保持工位的整洁。		

知识、技能归纳

亲手体验安装加工站，通过 3 种方式调试加工站，实践到了气动执行器如何在 PLC 命令下工作、传感器对物体的反应、PLC 控制方式的灵活多样，并有机融合在一起。

工程素质培养

能用增加输入点的方法，在 1 个程序中包含单步控制、单周期控制和连续控制 3 种方式，并用输入点来切换控制方式吗？

任务三 装配单元的安装与调试

装配单元可以模拟两个物料装配过程，并通过旋转工作台模拟物流传送过程。图 3–16 所示为装配单元实物图。

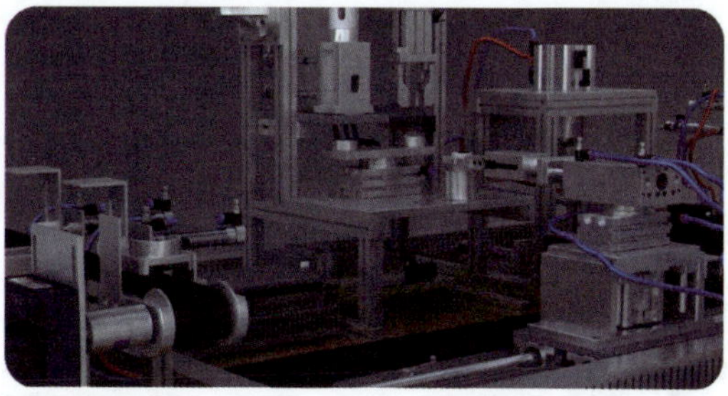

图 3–16 装配单元实物图

学习这个套路要注意以下招式：根据装配单元功能进行气动、控制电路设计，并按照正确步骤进行安装与调试。

子任务一　初步认识装配单元

装配单元是指将该生产线中分散的两个物料进行装配的过程，即完成将料仓中的小圆柱工件装入物料台上的半成品工件中心孔的过程，小圆柱工件如图 3–17（黑、白两种颜色）所示。装配的过程见光盘第三篇 \ 自动线全图，或观看自动线模拟运行。

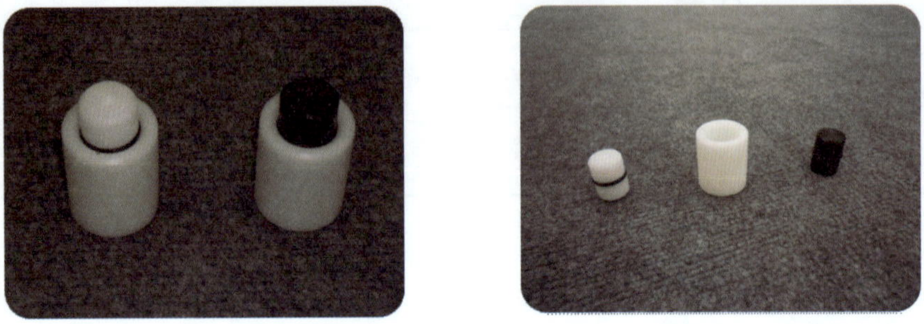

图 3–17　小圆柱工件

装配单元总装实物图如 3–18 所示。该单元的基本工作过程是：料仓中的物料在重力作用下自动下落，在两直线气缸的共同作用下，分别对底层相邻两物料夹紧与松开，完成对连续下落的物料的分配，被分配的物料按指定的路径落入位置转换装置，摆台完成 180° 位置变换后，由前后移动气缸、上下移动气缸和气动手指所组成的机械手夹持并位移，再插入已定位的半成品工件中。

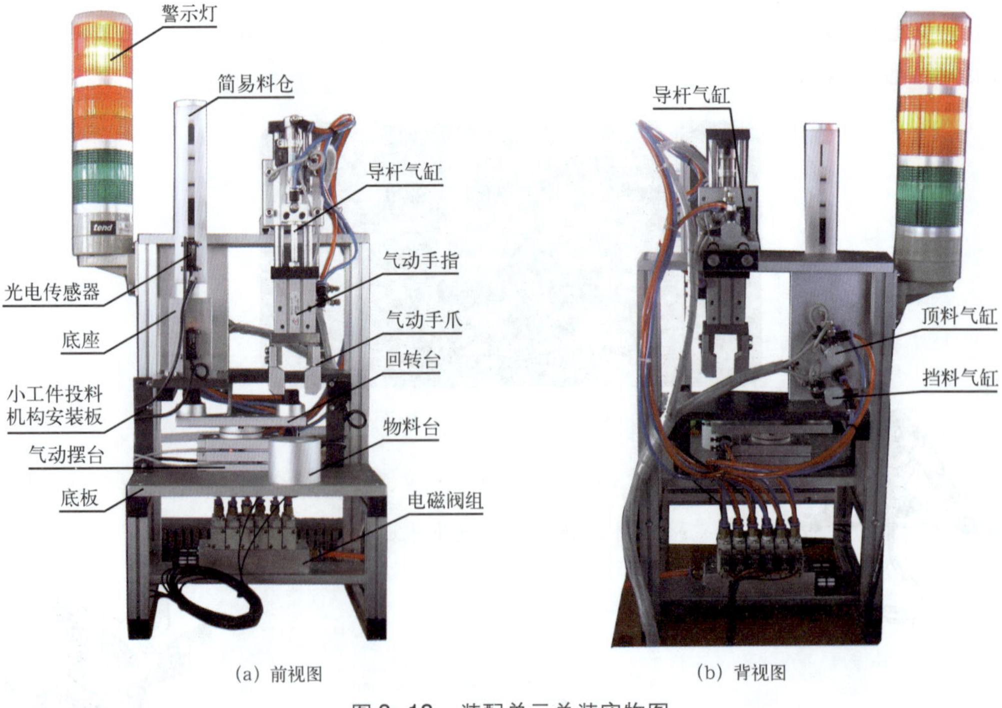

图 3–18　装配单元总装实物图

1. **结构组成**

装配单元的结构组成：简易料仓，供料机构，回转物料台，机械手，半成品工件的定位机构，气动系统及其阀组，信号采集及其自动控制系统，以及用于电器连接的端子排组件，整条生产线状态指示的信号灯和用于其他机构安装的铝型材支架及底板，传感器安装支架等其他附件。

2. **简易料仓**

简易料仓是由塑料圆棒加工而成，它直接插装在供料机构的连接孔中，并在顶端放置加强金属环，用以防止空心塑料圆柱的破损。物料竖直放入料仓的空心圆柱内，由于两者之间有一定的间隙，使其能在重力作用下自由下落。

为了能在简易料仓缺料时即时报警，在料仓的外部安装漫反射光电传感器（CX−441 型），并在料仓塑料圆柱上纵向铣槽，以使光电传感器的红外光斑能可靠照射到被检测的物料上。如图 3−19 所示。简易料仓中的物料外形一致，但颜色分为黑色和白色，光电传感器的灵敏度应调整到能检测出黑色物料为准则。

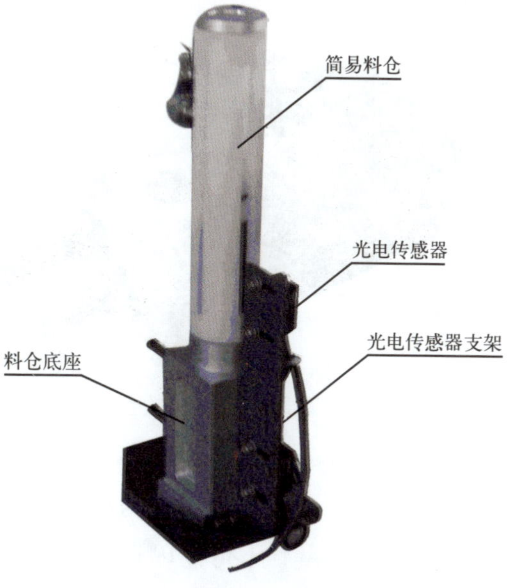

图 3−19　简易料仓实物外观

3. **供料机构**

其动作过程是由上下位置安装，水平动作的两直线气缸在 PLC 的控制下完成的。其初始位置是：上面的气缸处于活塞杆缩回位置，下面的气缸处于活塞杆伸出位置，从而使因重力下落的物料被阻挡，因此称为挡料气缸。系统通电并正常运行后，当回转物料台旁的光电传感器检测到回转物料台需要物料，上面的气缸在电磁阀的作用下将活塞杆伸出，把次下层的物料顶住，使其不能下落，故上面的气缸又称为顶料气缸。这时，挡料气缸活塞杆缩回，物料掉入回转物料台的料盘中，然后挡料气缸复位伸出，顶料气缸缩回，次下层物料下落，为下一次分料作好准备。在两直线气缸上均装有检测活塞杆伸出与缩回到位的磁性开关，用于动作到位检测，当系统正常工作并检测到活塞磁钢的时候，磁性开关的红色指示灯点亮，并将检测到的信号传送给控制系统的 PLC。

4. **回转物料台**

该机构由气动摆台和料盘构成，如图 3–20 所示，气动摆台可驱动料盘旋转 180°，并将摆动到位的信号通过磁性开关传送给 PLC，在 PLC 的控制下，实现有序、往复的循环动作。

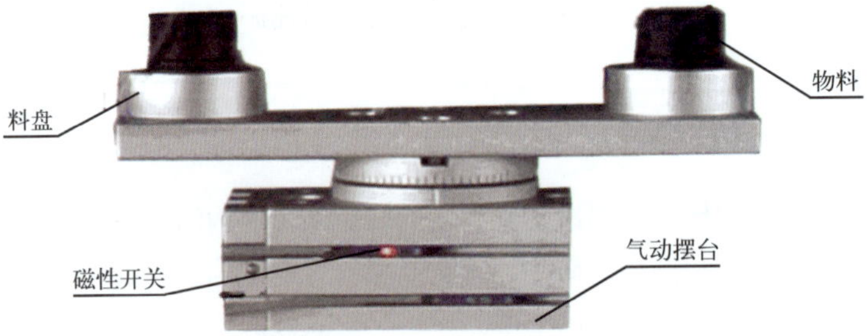

图 3–20　回转物料台的结构

回转物料台的主要器件是气动摆台，它是由直线汽缸驱动齿轮齿条实现回转运动，回转角度能在 0° ~ 90° 和 0° ~ 180° 之间任意调整，而且可以安装磁性开关，检测旋转到位信号，多用于方向和位置需要变换的机构，如图 3–21 所示。

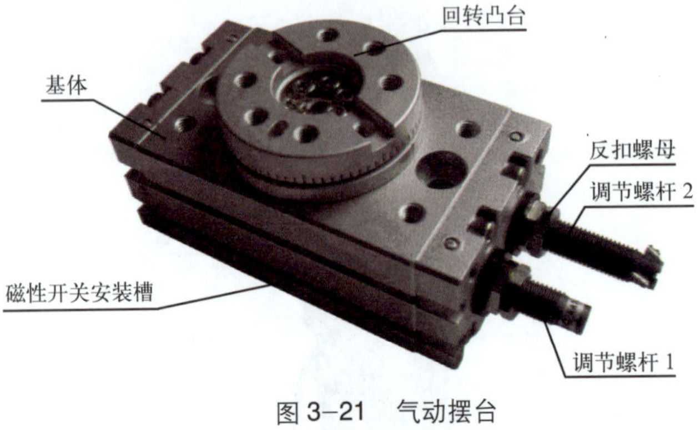

图 3–21　气动摆台

本例所使用的气动摆台的摆动回转角度能在 0° ~ 180° 范围任意调整。当需要调节回转角度或调整摆动位置精度时，应首先松开调节螺杆上的反扣螺母，通过旋入和旋出调节螺杆，从而改变回转凸台的回转角度，调节螺杆 1 和调节螺杆 2 分别用于左旋和右旋角度的调整。

当调整好摆动角度后，应将反扣螺母与基体反扣锁紧，防止调节螺杆松动，造成回转精度降低。

回转到位的信号是通过调整气动摆台滑轨内的 2 个磁性开关的位置实现的，图 3–22 所示为调整磁性开关位置的示意图。磁性开关安装在气缸体的滑轨内，松开磁性开关的紧定螺钉，磁性开关就可以沿着滑轨左右移动。确定开关位置后，旋紧紧定螺钉，即可完成其位置的调整。

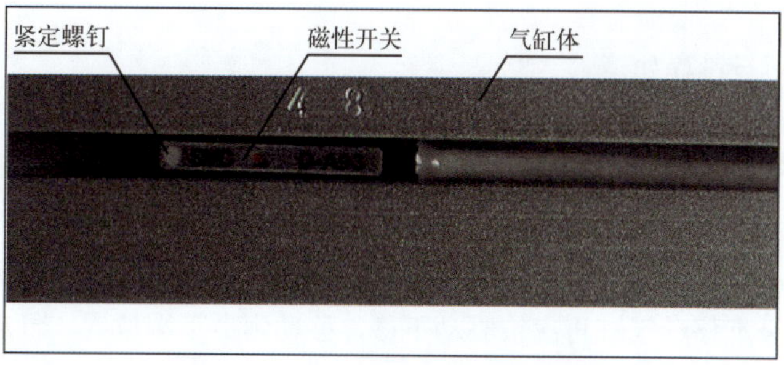

图 3–22　磁性开关位置调整示意

5．装配机械手

装配机械手是整个装配单元的核心。当装配机械手正下方的回转物料台上有物料，且半成品工件定位机构传感器检测到该机构有工件时，装配机械手从初始状态开始执行装配操作过程。装配机械手整体外形如图 3–23 所示。

装配机械手装置是一个三维运动的机构，它由水平方向移动和竖直方向移动的 2 个导杆气缸和气动手指组成。

导杆气缸外形如图 3–24 所示。该气缸由直线运动气缸、双导杆和其他附件组成。

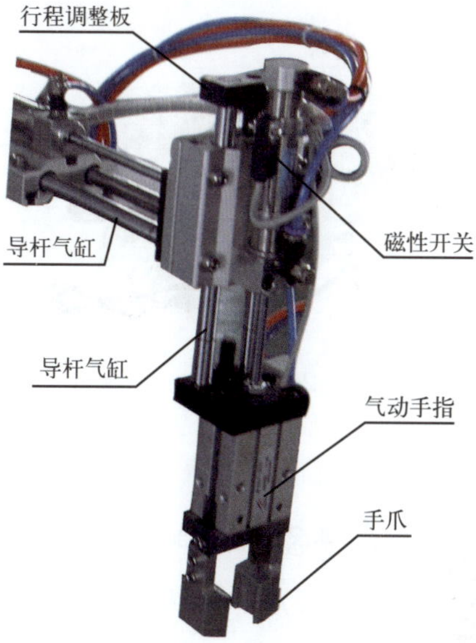

图 3–23　装配机械手的整体外形

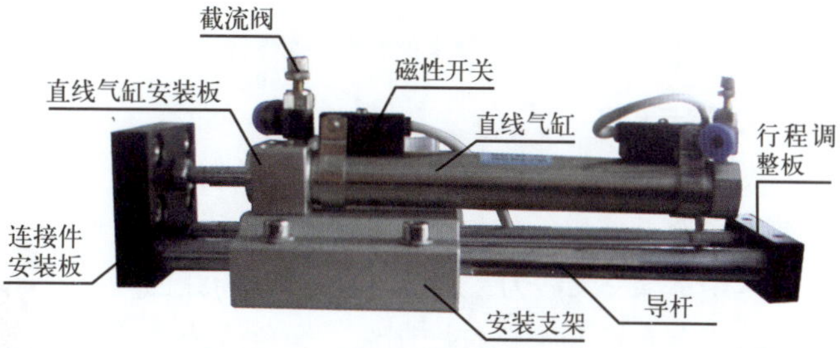

图 3–24　导杆气缸

安装支架用于导杆导向件的安装和导杆气缸整体的固定，连接件安装板用于固定其他需要连接到该导杆气缸上的物件，并将两导杆和直线汽缸活塞杆的相对位置固定，当直线气缸的一端接通压缩空气后，活塞被驱动作直线运动，活塞杆也一起移动，被连接件安装板固定到一起的两导杆也随活塞杆伸出或缩回，从而实现导杆气缸的整体功能。安装在导杆末端的行程调整板用于调整该导杆气缸的伸出行程。具体调整方法是松开行程调整板上的紧定螺钉，让行程调整板在导杆上移动，当达到理想的伸出距离以后，再完全锁紧紧定螺钉，完成行程的调节。

装配机械手的运行过程如下：

PLC 驱动与竖直移动气缸相连的电磁换向阀动作，由竖直移动带导杆气缸驱动气动手指向下移动完成，到位后，气动手指驱动手爪夹紧物料，并将夹紧信号通过磁性开关传送给 PLC，在 PLC 控制下，竖直移动气缸复位，被夹紧的物料随气动手指一并提起，离开回转物料台的料盘，当提升到最高位后，水平移动气缸在与之对应的换向阀的驱动下，活塞杆伸出，移动到气缸前端位置后，竖直移动气缸再次被驱动下移，移动到最下端位置，气动手指松开，经短暂延时，竖直移动气缸和水平移动气缸缩回，装配机械手恢复初始状态。

在整个装配机械手动作过程中，除气动手指松开到位无传感器检测外，其余动作的到位信号检测均采用与气缸配套的磁性开关，将采集到的信号输入 PLC，由 PLC 输出信号驱动电磁阀换向，使由气缸及气动手指组成的装配机械手按程序自动运行。

6. 半成品工件的定位机构（物料台）

输送单元运送来的半成品工件直接放置在该机构的物料定位孔中，由定位孔与工件之间的较小的间隙配合实现定位，从而完成准确的装配动作，以确保定位精度，如图 3–25 所示。

7. 电磁阀组

装配单元的阀组由 6 个二位五通单电控电磁换向阀组成，如图 3–26 所示。这些阀分别对物料分配、位置变换和装配动作气路进行控制，以改变各自的动作状态。

图 3–25　半成品定位机构（物料台）

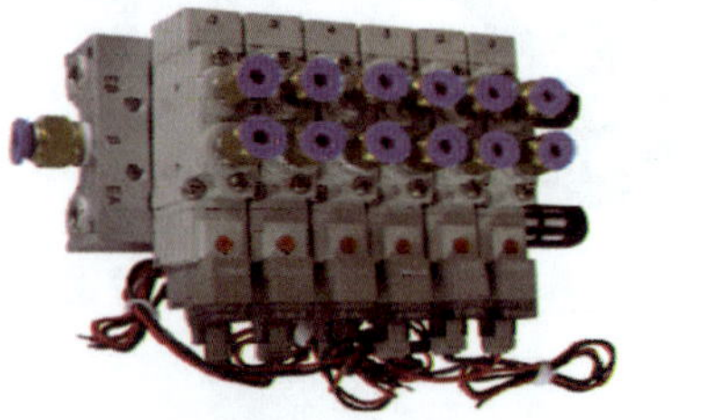

图 3–26　装配单元的阀组

8. 警示灯

本工作单元上安装有红、黄、绿三色警示灯，起到为整个系统警示的作用。警示灯有五根引出线，其中黄绿交叉线为“地线”、红色线为红色灯控制线、黄色线为黄色灯控制线、绿色线为绿色灯控制线、黑色线为信号灯公共控制线。接线如图 3–27 所示。

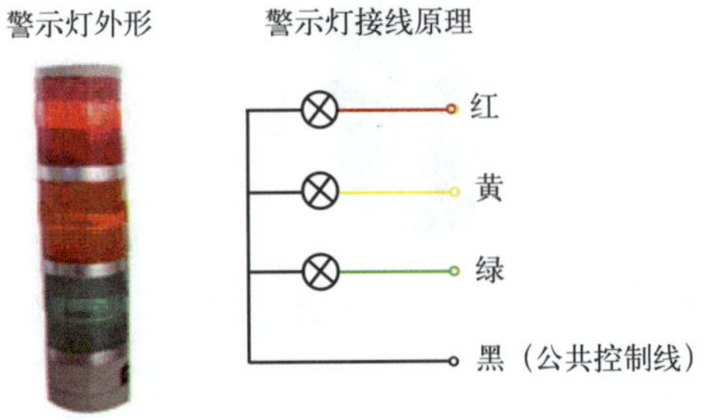

图 3–27　警示灯及其接线

子任务二 装配单元的控制

1．气动控制回路

图 3–28 是装配单元气动控制回路图，在进行气路连接时，应注意各气缸的初始位置，其中，挡料气缸在伸出位置，手爪提升气缸在提起位置。

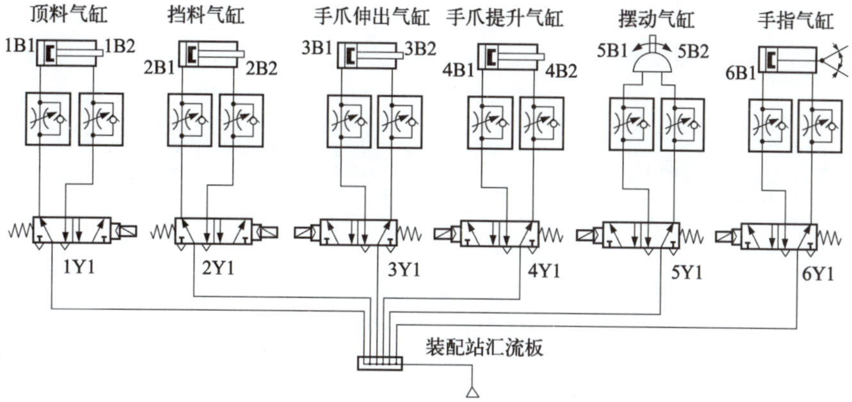

图 3–28　装配单元气动控制回路

2．装配单元的PLC控制

（1）PLC 的选型和 I/O 接线原理

装配单元使用了 11 个传感器（4 个光电开关、1 个光纤传感器、6 个磁性开关）及 6 个电磁阀，故选用西门子 S7–226 AC/DC/RLY 主单元，共 24 点输入，16 点输出。实际使用为 18 点输入（包括急停按钮和启动 / 停止按钮信号），9 点输出。

PLC 的输入端和输出端接线图分别如图 3–29、图 3–30 所示。

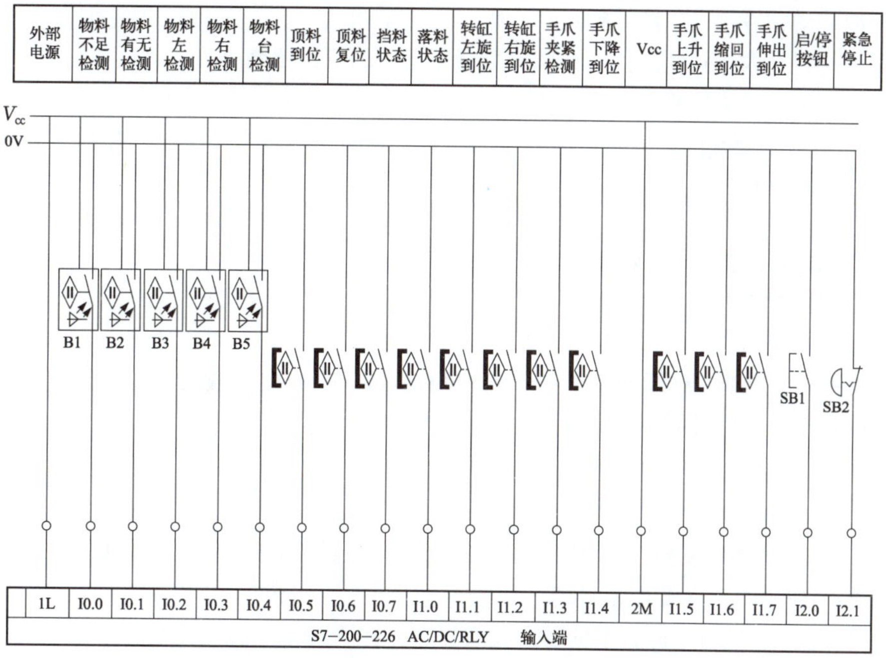

图 3–29　装配单元 PLC 的输入端接线原理图

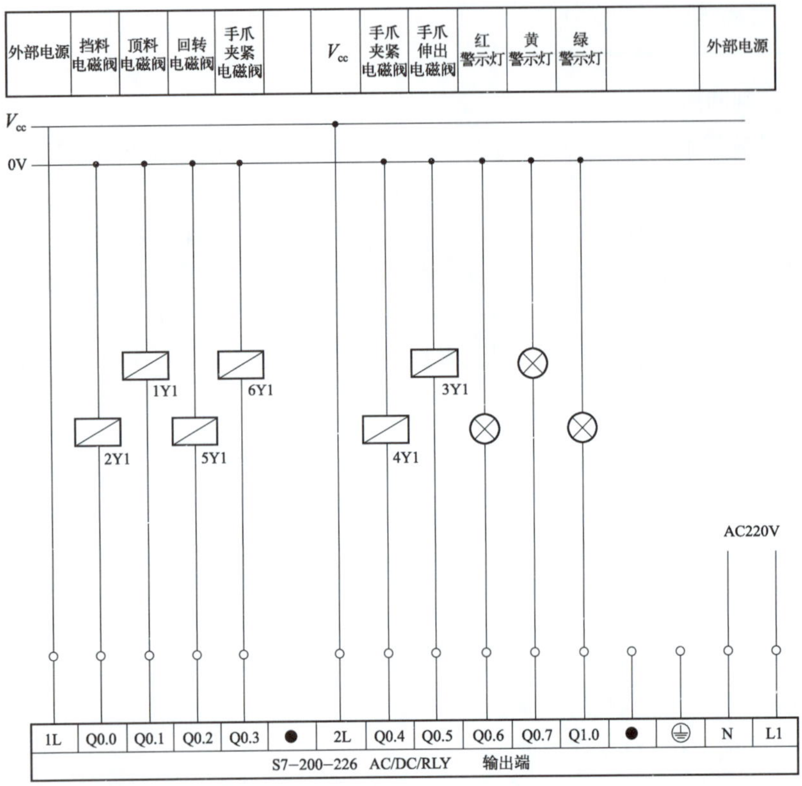

图 3-30　装配单元 PLC 的输出端接线原理图

（2）装配单元的编程

由装配单元的工艺过程可以看出，控制程序可分为 4 部分：

① 响应启动、停止、急停等指令。

② 实现把料仓内小圆柱工件送到装配机械手下面的下料控制。

③ 实现装配机械手抓取小圆柱工件，放入大工件中的控制。

④ 装配单元上安装的红、黄、绿三色警示灯，在整个系统中起警示的作用，具体动作方式由本单元 PLC 程序控制输出。

子任务三　装配单元技能训练

1. 装配单元训练目标

按照本例单步控制、单周期控制和连续控制要求，在 6h 内完成机械、传感器、气路安装与调试，并进行 PLC 程序设计与调试。

2. 训练要求

① 熟悉装配单元的功能及结构组成，并且能够进行正确安装与调试。

② 能够根据控制要求设计气动控制回路原理图，安装气动执行器件并调试。

③ 安装所使用的传感器并能调试。

④ 查明 PLC 各端口地址，根据要求编写程序，并调试。

3. 安装与调试工作计划表

安装与调试工作计划表如表 3-11 所示。装配单元安装与调试总时间为 6h，请学生填写计划时间和实际时间等。

表 3-11　工作计划表

步　骤	内　容	计划时间 /h	实际时间 /h	完 成 情 况
1				
2				
3				
4				
5				
6				
7				
8				
9				
10				
11				
12				
13				
14				
15				

4. 装配单元材料清单

材料清单如表 3-12 所示。请仔细查看器件，根据所选系统及具体情况填写上表中的规格、数量、产地。

表 3-12　供料单元材料清单

序　号	代　号	物 品 名 称	规　格	数　量	备注（产地）
1		简易料仓			
2		供料机构			
3		回转物料台			
4		装配机械手			
5		定位机构			
6		光电传感器			
7		PLC			
8		端子排组件			
9		急停按钮			
10		启动停止按钮			
11		支撑板			
12		阀组			
13		工件漏斗			
14		走线槽			
15		底板			

5. 装配单元安装和调试

(1) 装配单元机械部分安装步骤

① 在教学现场仔细观察实物，并观看光盘中第三篇\亚龙 335 组装简介。

② 在工作台上，先安装支架，在支架上安装小工件投料机构安装板后，安装物料仓库。

③ 把 3 个气缸安装成一体后，整体安装到支架上。

④ 把回转台安装在旋转气缸上后，整体安装到旋转气缸底板上。

⑤ 把以上整体装在底板上。

(2) 装配单元机械部分安装调试时应注意

① 铝形材要对齐。

② 导杠气杠行程要调整恰当。

③ 气动摆台要调整到 180°，并且与回转物料台平行。

④ 挡料气缸和顶料气缸位置要适当。

⑤ 传感器位置与灵敏度调整适当。

(3) 装配单元的 PLC 的 I/O 地址分配

装配单元的 PLC 的 I/O 地址分配如表 3–13 所示。

表 3–13　PLC 的 I/O 地址分配

序　　号	地　　址	设 备 编 号	设 备 名 称	设 备 用 途
1	I0.0	B1	光电传感器	物料不足检测
2	I0.1	B2	光电传感器	物料有无检测
3	I0.2	B3	光电传感器	物料左检测
4	I0.3	B4	光电传感器	物料右检测
5	I0.4	B5	光电传感器	物料台检测
6	I0.5	1B1	磁性开关	顶料到位检测
7	I0.6	1B2	磁性开关	顶料复位检测
8	I0.7	2B1	磁性开关	挡料状态检测
9	I1.0	2B2	磁性开关	落料状态检测
10	I1.1	5B1	磁性开关	回转缸左旋到位
11	I1.2	5B2	磁性开关	回转缸右旋到位
12	I1.3	6B1	磁性开关	手爪夹紧检测
13	I1.4	4B1	磁性开关	手爪下降到位
14	I1.5	4B2	磁性开关	手爪上伸到位
15	I1.6	3B1	磁性开关	手爪缩回到位
16	I1.7	3B2	磁性开关	手爪伸出到位
17	I2.0	SB1	启 / 停按钮	启 / 停按钮
18	I2.1	SB2	按钮	急停
19	Q0.0	2Y1	电磁铁	挡料
20	Q0.1	1Y1	电磁铁	顶料
21	Q0.2	5Y1	电磁铁	回转
22	Q0.3	6Y1	电磁铁	手爪夹紧
23	Q0.4	4Y1	电磁铁	手爪下降

续表

序　　号	地　　址	设 备 编 号	设 备 名 称	设 备 用 途
24	Q0.5	3Y1	电磁铁	手爪伸出
25	Q0.6		红警示灯	报警显示
26	Q0.7		黄警示灯	报警显示
27	Q1.0		绿警示灯	报警显示

(4) 生产工艺与程序

装配单元在作为独立设备工作时，采用 PLC 控制。为了能很快熟悉并掌握调试该设备的方法，根据工艺控制要求（见光盘中第三篇迎战\装配站图片），设计了单步控制、单周期控制和连续控制方式。3 种程序见光盘第三篇迎战\《各单站程序》\装配站。其流程分别如图 3-31、图 3-32 和图 3-33 所示。

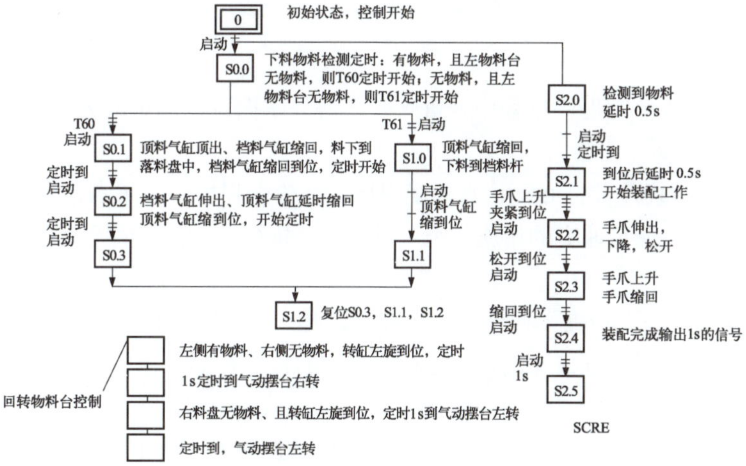

图 3-31　单步生产流程

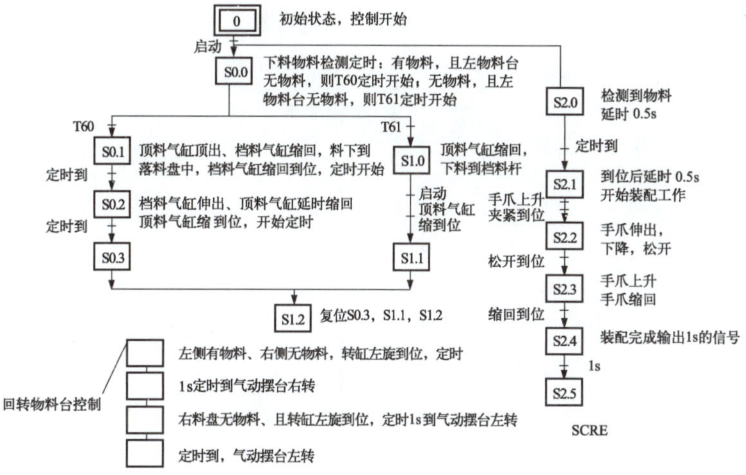

图 3-32　单周期生产流程

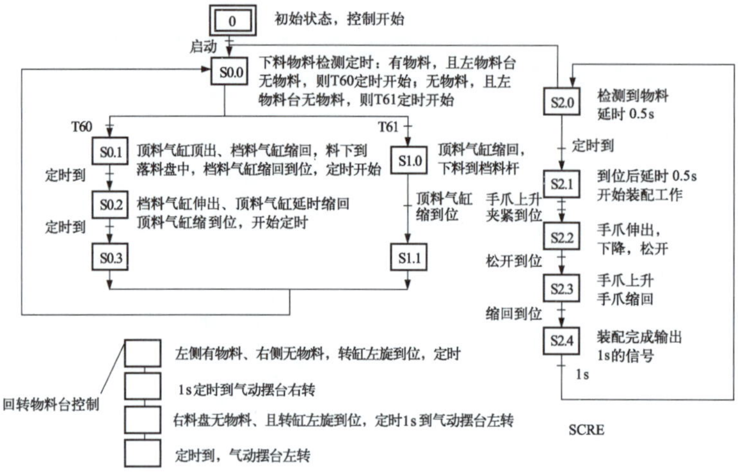

图 3–33　连续周期生产流程

（5）调试运行

在编写传输、调试控制程序过程中，进一步了解、掌握设备调试的方法、技巧及注意点，培养严谨的作风。

① 在下载、运行程序前，必须认真检查程序。在检查程序时，重点检查：各个执行机构之间是否会发生冲突，避免冲突的措施是否可行，同一执行机构在不同阶段所做的动作是否能够区分开。

② 只有在认真、全面检查了程序，并检查无误时，才可以运行程序，进行实际调试，不可以在不经过检查的情况下直接在设备上运行所编写的程序，如果程序存在问题，很容易造成设备损毁和人员伤害。

③ 在单步程序、单周期程序和连续控制程序调试过程中，仔细观察执行机构的动作，并将调试运行记录填写在表 3–14 中，作为分析的依据，并分析程序可能存在的问题。

表 3–14　调试运行记录表

观察项目 / 结果 / 操作步骤	光电开关（物料左检测）B3	光电开关（物料右检测）B4	光电开关（料仓有无）B2	光电开关（料仓满）B1	光纤（料台检测）B5	手爪气缸 6Y1	挡料气缸 2Y1	回转气缸 5Y1	顶料气缸 1Y1	水平导杠气缸 3Y1	上下导杠气缸 4Y1

续表

观察项目 结果 操作步骤	光电开关（物料左检测）B3	光电开关（物料右检测）B4	光电开关（料仓有无）B2	光电开关（料仓满）B1	光纤（料台检测）B5	手爪气缸 6Y1	挡料气缸 2Y1	回转气缸 5Y1	顶料气缸 1Y1	水平导杠气缸 3Y1	上下导杠气缸 4Y1

④ 总结经验，把调试过程中遇到的问题、解决的方法记录下来。

⑤ 在运行过程中，应在现场时刻注意设备的运行情况，一旦发生执行机构相互冲突事件，应该及时采取措施，如急停、切断执行机构控制信号、切断气源或切断总电源等，以避免造成设备的损毁。评分标准如表 3–15 所示。

表 3–15　评分表

<table>
<tr><td colspan="2">______学年
评　分　表</td><td>工　作　形　式
□个人　□小组分工　□小组</td><td colspan="2">实际工作时间
______</td></tr>
<tr><td>训练项目</td><td>训　练　内　容</td><td>训　练　要　求</td><td>学生自评</td><td>教师评分</td></tr>
<tr><td rowspan="5">装配单元</td><td>1．工作计划和图纸 20 分
——工作计划
——材料清单
——气路图
——电路图
——程序清单</td><td>气路、电路绘制有错误，每处扣 2 分；主电路绘制有错误，每处扣 3 分；电路图符号不规范，每处扣 1 分，最多扣 5 分。</td><td></td><td></td></tr>
<tr><td>2．部件安装与连接 20 分</td><td>装配未能完成，扣 10 分；装配完成，但有紧固件松动现象，扣 1 分。</td><td></td><td></td></tr>
<tr><td>3．连接工艺 20 分
——电路连接工艺
——气路连接及工艺
——机械安装及装配工艺</td><td>端子连接，插针压接不牢或超过 2 根导线，每处扣 1 分，端子连接处没有线号，每处扣 1 分；两项最多扣 5 分。电路接线没有绑扎或电路接线凌乱，扣 2 分；气路连接未完成或有错，每处扣 2 分；气路连接有漏气现象，每处扣 1 分；气缸节流阀调整不当，每处扣 1 分；气管没有绑扎或气路连接凌乱，扣 2 分。</td><td></td><td></td></tr>
<tr><td>4．测试与功能 30 分
——夹料功能
——送料功能
——整个装置全面检测</td><td>三种控制方式各 10 分。在任一控制方式中，启动 / 停止方式不按控制要求，扣 1 分；运行测试不满足要求，每处扣 2 分；工件送料测试，但推出位置明显偏差，每处扣 1 分。</td><td></td><td></td></tr>
<tr><td>5．职业素养与安全意识 10 分</td><td>现场操作安全保护符合安全操作规程；工具摆放、包装物品、导线线头等的处理符合职业岗位的要求；团队有分工有合作，配合紧密；遵守纪律，尊重教师，爱惜设备和器材，保持工位的整洁。</td><td></td><td></td></tr>
</table>

知识、技能归纳

通过训练熟悉了装配单元的结构，亲身实践气动机械手功能、回转气缸控制特点、多种类型传感器功能以及PLC出色控制技术的融合能力，体验了机电一体化技术的生命力。

工程素质培养

想想！装配单元上安装的红、黄、绿三色警示灯，是对整个系统起警示作用的，在本单元控制中，应如何使用警示灯？

任务四　分拣单元的安装与调试

分拣单元全貌图如图 3–34 所示。

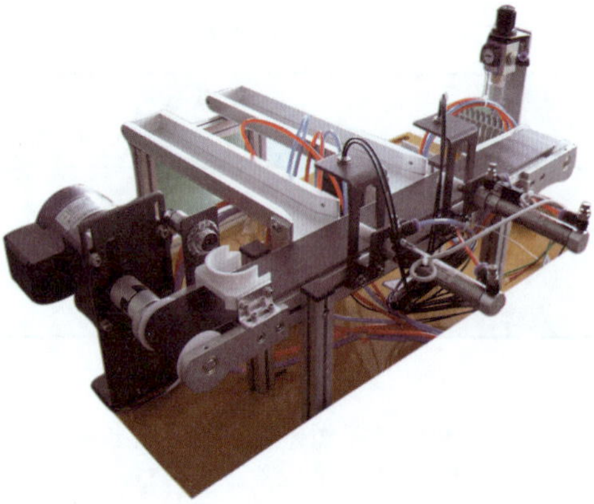

图 3–34　分拣单元实物的全貌

在这个套路中你需要练就一下功夫：根据分拣单元功能进行气动、控制电路设计，并按照正确步骤进行安装与调试。

子任务一　初步认识分拣单元

分拣单元是自动线中的最末单元，完成对上一单元送来的已加工、装配完的工件的分拣工作，并使不同颜色的工件从不同的料槽分流。当输送站送来工件放到传送带上并为入料口光电传感器检测到时，即启动变频器，工件开始送入分拣区进行分拣。图 3–35 所示为分拣单元实物图。

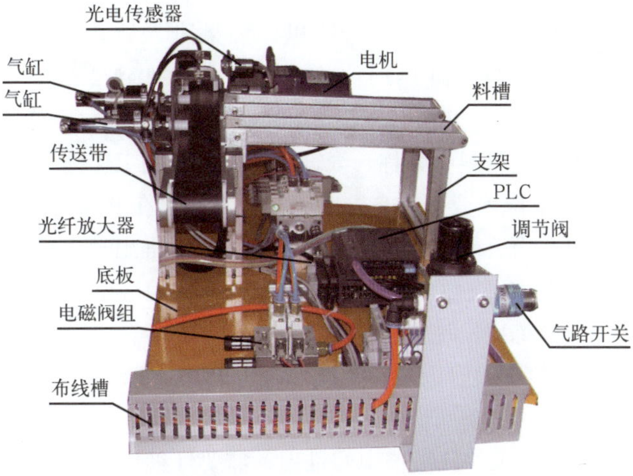

图 3–35　分拣单元实物

1. 分拣单元的结构组成

分拣单元的结构组成如图 3–36 所示。其主要结构包括：传送和分拣机构，传动机构，变频器模块，电磁阀组，接线端口，PLC 模块，底板等。

传送和分拣机构如图 3–36 所示，其功能为传送已经加工、装配好的工件，由光纤传感器检测到并进行分拣。它主要由传送带、物料槽、推料（分拣）气缸、漫射式光电传感器、光纤传感器、磁感应接近式传感器、电动机、光纤安装支架、底板、传送带紧张机构、工件导向件等组成。

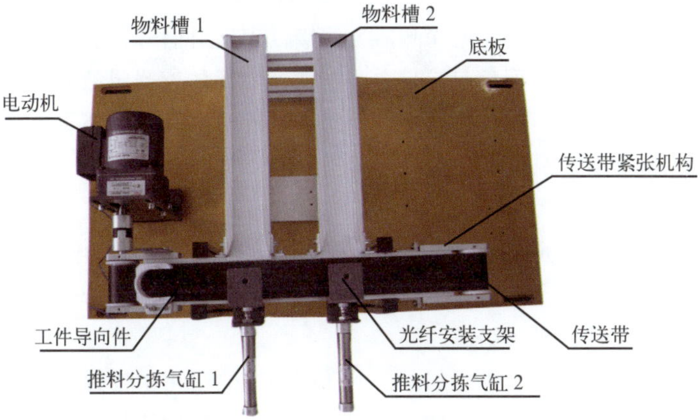

图 3–36　传送和分拣机构

传送带将机械手输送过来加工好的工件进行传输，使其输送至分拣区。工件导向件用来纠偏机械手输送过来的工件。两条物料槽分别用于存放加工好的黑色工件和白色工件。

传送和分拣的工作过程：本单元的功能是完成从装配站送来的装配好的工件进行分拣的工作。当输送站送来工件放到传送带上并为入料口漫射式光电传感器检测到时，其将信号传输给 PLC，通过 PLC 的程序启动变频器，电动机运转驱动传送带工作，把工件带进分拣区，如果进入分拣区工件为白色，则检测白色物料的光纤传感器动作，作为 1 号槽推料气缸启动信号，将白色料推到 1 号槽里，如果进入分拣区工件为黑色，检测黑色的光纤传感器作为 2 号槽推料气缸启动信号，将黑色料推到 2 号槽里。自动生产线的加工结束。

在每个料槽的对面都装有推料（分拣）气缸，把分拣出的工件推到对应的料槽中。在两个推料（分拣）气缸的前极限位置分别装有磁感应接近开关，在 PLC 的自动控制可根据该信号来判别分拣气缸当前所处位置。当推料（分拣）气缸将物料推出时磁感应接近开关动作输出信号为“1”，反之输出信号为“0”。

在安装和调试传送、分拣机构时须注意：

① 分拣单元的两个气缸安装时需注意两点：一是安装位置，应使工件从料槽中间被推入；二是要注意安装是否水平，否则有可能推翻工件。

② 为了准确且平稳地把工件从滑槽中间推出，需要仔细地调整两个推料（分拣）气缸的位置和气缸活塞杆的伸出速度。

③ 在传送带入料口位置装有漫射式光电传感器，用以检测是否有工件输送过来进行分拣。有工件时，漫射式光电传感器将信号传输给 PLC，用户 PLC 程序输出启动变频器信号，从而驱动三相减速电动机启动，将工件输送至分拣区。

该光电开关灵敏度的调整以能在传送带上方检测到工件为准，过高的灵敏度会引入干扰。

④ 在传送带上方分别装有两个光纤传感器，光纤传感器由光纤检测头、光纤放大器两部分组成，放大器和光纤检测头是分离的两个部分，光纤检测头的尾端部分分成两条光纤，使用时分别插入放大器的两个光纤孔。

光纤式光电接近开关的放大器的灵敏度调节范围较大。当光纤传感器灵敏度调得较低时，对于反射性较差的黑色物体，光电探测器无法接收到反射信号；而对于反射性较好的白色物体，光电探测器就可以接收到反射信号。反之，若调高光纤传感器灵敏度，则即使对反射性较差的黑色物体，光电探测器也可以接收到反射信号。从而可以通过调节灵敏度判别黑白两种颜色物体，将两种物料区分开，从而完成自动分拣工序。

2. 传动机构

传动机构如图 3–37 所示。其采用三相减速电动机，用于拖动传送带从而输送物料。它主要由电动机安装支架、电动机、联轴器、传送带轮固定板、传送带轮、导向件、电动机安装支架、传感器安装架、传送带等组成。

三相电动机是传动机构的主要部分，电动机转速的快慢由变频器来控制，其作用是带动传送带从而输送物料。电动机安装支架用于固定电动机。联轴器用于把电动机的轴和输送带主动轮的轴连接起来，从而组成一个传动机构。

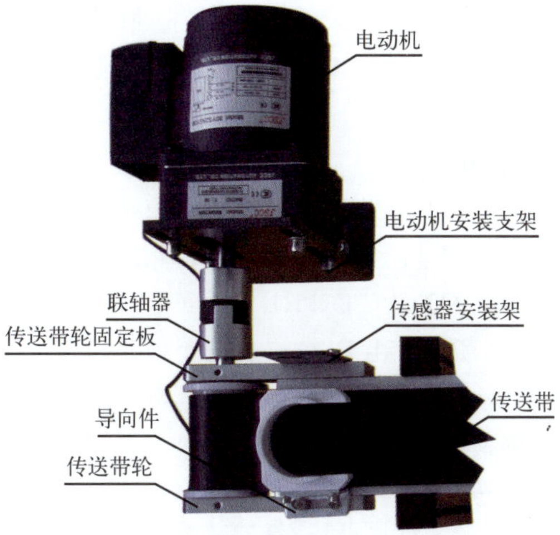

图 3–37　传动机构

在安装和调整传动机构时，要注意如下两点：

① 传动机构安装基线（导向器中心线）与输送单元滑动导轨中心线重合。

② 电动机的轴应和输送带主动轮的轴重合。

子任务二　分拣单元的控制

1. 气动控制回路

本单元气动控制回路的工作原理如图 3–38 所示。图中 1A 和 2A 分别为分拣气缸 1 和分拣气缸 2。1B1 为安装在分拣气缸 1 的前极限工作位置的磁感应接近开关，2B1 为安装在分拣气缸 2 的前极限工作位置的磁感应接近开关。1Y1 和 2Y1 分别为控制分拣气缸 1 和分拣气缸 2 的电磁阀的电磁控制端。

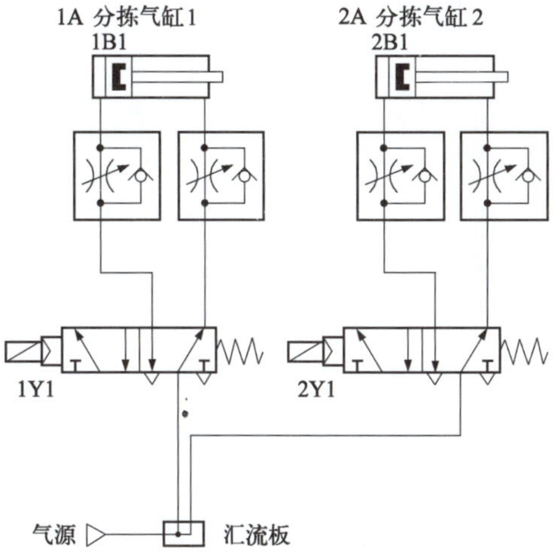

图 3–38　分拣单元气动控制回路工作原理图

分拣单元的电磁阀组只使用了两个由二位五通的带手控开关的单电控电磁阀，它们安装在汇流板上。这两个阀分别对白料推动气缸和黑料推动气缸的气路进行控制，以改变各自的动作状态。

2. 分拣单元的PLC控制及编程

传感器信号占用5个输入点（1个光电、2个光纤、2个磁性开关），留出2个点提供给急停按钮和启/停按钮作本地主令信号，共需7点输入；输出点数为3个，其中1个输出点提供给变频器使用。选用西门子S7-222 AC/DC/RLY主单元，共8点输入和6点继电器输出，供料单元的I/O接线图如图3-39所示。由PLC来进行变频器的启动/停止操作、物料颜色属性的判别以及相应推出操作。在物料被推出，推杆伸出运动可能产生干扰信号，使得推出操作反复进行，为此应采取相应的屏蔽措施。

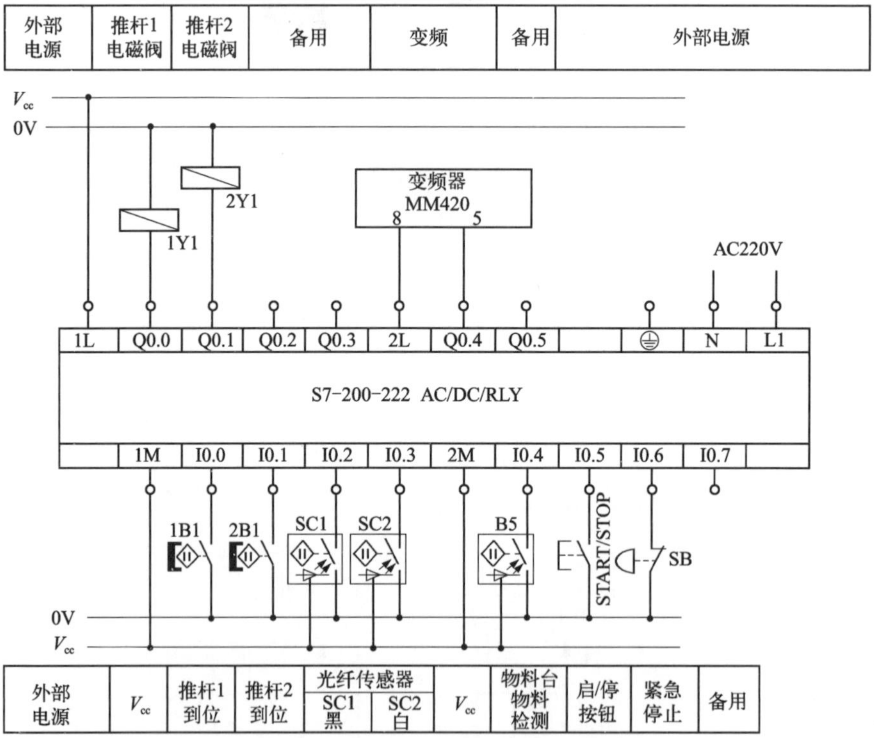

图3-39 分拣单元PLC的I/O接线图

如果希望增加变频器的控制点数，可把Q0.4和Q0.5分配给分拣气缸电磁阀，而把Q0.0～Q0.2分配给变频器的5、6、7号控制端子使用。

分拣单元与前述几个单元电气接线方法有所不同，该单元的变频器模块是安装在抽屉式模块放置架上的。因此，该单元PLC输出到变频器控制端子的控制线，须首先通过接线端口连接到实训台面上的接线端子排上，然后用安全导线插接到变频器模块上。同样，变频器的驱动输出线也须首先用安全导线插接到实训台面上的接线端子排插孔侧，再由接线端子排连接到三相交流电动机。

分拣单元需要完成在传送带上把不同颜色的工件从不同的滑槽分流的功能。为了使工件能准确地推出来，光纤传感器灵敏度的调整、变频器参数（运转频率、斜坡下降时间等）的设置以及软件编程中定时器设定值的设置等，应相互配合。

子任务三　分拣单元技能训练

1. 分拣单元训练目标

按照分拣单元功能要求，先按计划进行机械安装与调试，设计手动单步控制程序和自动连续运行程序，并对其进行调试。计划在 4h 内完成。

2. 训练要求

① 熟悉分拣单元的功能及结构组成，并正确安装。

② 能够根据控制要求设计气动控制回路原理图，安装气动执行器件并调试。

③ 安装所使用的传感器并能调试。

④ 查明 PLC 各端口地址，根据要求编写程序，并调试。

3. 安装与调试工作计划表

安装与调试工作计划表如表 3-16 所示，分拣单元安装与调试总时间为 4h，请学生根据自己实际情况填写。

表 3-16　安装与调试工作计划表

步　骤	内　容	计划时间 /h	实际时间 /h	完 成 情 况
1				
2				
3				
4				
5				
6				
7				
8				
9				
10				
11				
12				
13				
14				
15				

4. 分拣单元材料清单

分拣单元材料清单如表 3-17 所示，请同学仔细查看器件，根据所选系统及具体情况填写上表中的规格、数量、产地等内容。

表 3–17　供料单元材料清单

序　号	代　号	物品名称	规　格	数　量	备注（产地）
1					
2					
3					
4					
5					
6					
7					
8					
9					
10					

5. 分拣单元的安装与调试

（1）分拣单元机械部分安装步骤

① 在教学现场结合实物观看光盘第三篇迎战\《亚龙 335 组装简介》，培养自己的观察能力。

② 在工作台上，先把支架、传送带定位安装后，再整体安装到底板上。

③ 安装传感器支架、气缸。

④ 安装物料槽，同时根据气缸位置调整到与物料槽支架两边的平衡。

⑤ 安装电动机。

⑥ 调试位置，将 2 个气缸调整到物料槽中间。

请学生独立完成调试项目，并填写表 3–18。

表 3–18　调试项目表

调试项目	调试注意点
两个气缸调试	
传动机构调试	
光电开关调试	
光纤传感器调试	
变频器设定与调试	

（2）分拣单元的 PLC 的 I/O 地址分配

分拣单元的 PLC 的 I/O 地址分配如表 3–19 所示。

表 3–19　PLC 的 I/O 地址分配

序　号	地　址	设备名称	设备名称	设备用途
1	I0.0	1B1	磁性开关	判断推杠 1 到位
2	I0.1	2B1	磁性开关	判断推杠 2 到位
3	I0.2	SC1	光纤传感器	判断黑色
4	I0.3	SC2	光纤传感器	判断白色
5	I0.4	B5	光电传感器	物料台物料检测
6	I0.5	START/STOP	按钮	启 / 停按钮
7	I0.6	SB	按钮	急停按钮
8	Q0.0	1Y1	电磁铁	控制推杠 1 动作
9	Q0.1	2Y1	电磁铁	控制推杠 2 动作
10	Q0.4	5 控制端	变频器	控制变频器启停

(3) 生产工艺流程与程序

作为独立设备被控制时，需要有工件，其可通过人工方式放置黑白两种颜色工件的方法来解决，只要工件放置在工件导向件处既可。采用单循环控制和自动控制 2 种方式。2 种控制程序见光盘第三篇迎战 \《各单站程序》\ 分拣站。其流程分别如图 3–40 所示。

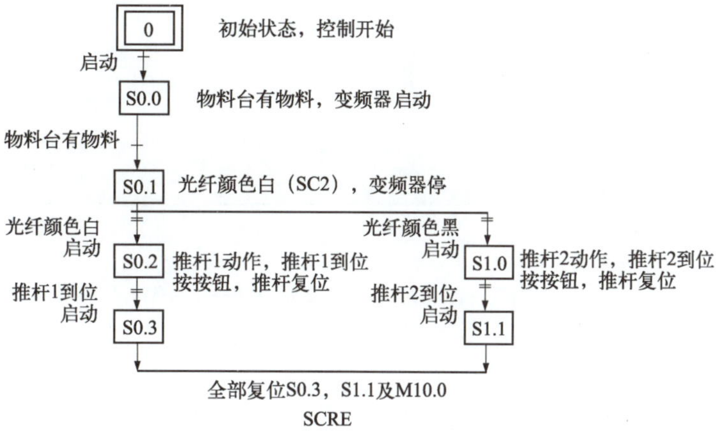

图 3–40　分拣站控制流程图

(4) 调试运行

在编写传输、调试控制程序过程中，进一步了解掌握设备调试的方法、技巧及注意点，培养严谨的作风。

① 在下载、运行程序前，必须认真检查程序。在检查程序时，重点检查：各个执行机构之间是否会发生冲突，如何采用措施避免冲突，同一执行机构在不同阶段所做的动作是否能够区分开。

② 只有在认真、全面检查了程序，并确保无误后，才可以运行程序，进行实际调试，不可以在不经过检查的情况下直接在设备上运行所编写的程序，如果程序存在问题，很容易造成设备损毁和人员伤害。

③ 在调试过程中，仔细观察执行机构的动作，并且在调试运行记录表中做好实时记录，作为分析的依据，从而分析程序可能存在的问题。如果程序能够实现预期的控制功能，则应多运行几次，检查运行的可靠性，并进行程序优化。

④ 总结经验，把调试过程中遇到的问题、解决的方法记录下来，如表 3–20 所示。

表 3–20　自动运行模式下调试记录表

观察项目 / 结果 / 操作步骤	光纤 1 黑检	光纤 2 白检	光电传感器	电动机	气缸 1	气缸 2	气缸 1 磁性开关	气缸 2 磁性开关
	SC1	SC2	B5		1Y1	2Y1	1B1	2B1
按启动 / 停止钮								
放置黑工件								
放置白工件								
放置白工件								
按下急停								
复位急停								
再按启动 / 停止钮								

⑤ 在运行过程中，应时刻注意现场设备的运行情况，一旦发生执行机构相互冲突事件，应该及时采取措施，如急停、切断执行机构控制信号、切断气源和切断总电源等，以避免造成设备的损毁。评分标准如表 3–21 所示。

表 3–21　评分表

____学年 评　分　表		工 作 形 式 □个人　□小组分工　□小组	实际工作时间 ____	
训练项目	训练内容	训练要求	学生自评	教师评分
分拣单元	1. 工作计划和图纸 20 分 ——工作计划 ——材料清单 ——气路图 ——电路图 ——程序清单	气路、电路绘制有错误，每处扣 2 分；主电路绘制有错误，每处扣 3 分；电路图符号不规范，每处扣 1 分，最多扣 5 分。		
	2. 部件安装与连接 20 分	装配未能完成，扣 10 分；装配完成，但有紧固件松动现象，每处扣 1 分。		
	3. 连接工艺 20 分 ——电路连接工艺 ——气路连接及工艺 ——机械装配工艺	端子连接，插针压接不牢或超过 2 根导线，每处扣 1 分；端子连接处没有线号，每处扣 1 分；两项最多扣 5 分。电路接线没有绑扎或电路接线凌乱，扣 2 分；气路连接未完成或有错，每处扣 2 分；气路连接有漏气现象，每处扣 1 分；气缸节流阀调整不当，每处扣 1 分；气管没有绑扎或气路连接凌乱，扣 2 分。		
	4. 测试与功能 30 分 ——夹料功能 ——送料功能 ——整个装置全面检测	每种控制方式 15 分。在任一控制方式中，启动 / 停止方式不按控制要求，扣 2 分；运行测试不满足要求，每处扣 2 分；工件送料测试，但推出位置明显偏差，每处扣 2 分。		
	5. 职业素养与安全意识 10 分	现场操作安全保护符合安全操作规程；工具摆放、包装物品、导线线头等的处理符合职业岗位的要求；团队有分工有合作，配合紧密；遵守纪律，尊重教师，爱惜设备和器材，保持工位的整洁。		

知识、技能归纳

通过训练熟悉了分拣单元的结构，学生亲身实践了变频器控制方式，了解光纤传感器功能、PLC 出色控制技术。

工程素质培养

想想！如果工件是金属和非金属材料，应采用什么传感器来进行区分？如何来对 2 种工件进行计数？

任务五　输送单元的安装与调试

输送单元是自动生产线中最为重要同时也是承担任务最为繁重的工作单元。该单元的主

要任务驱是动抓取机械手装置精确定位到指定单元的物料台，在物料台上抓取工件，把抓取到的工件输送到指定地点后放下。见光盘 / 第三篇迎战 / 自动线模拟运行图，或者输送单元图片。

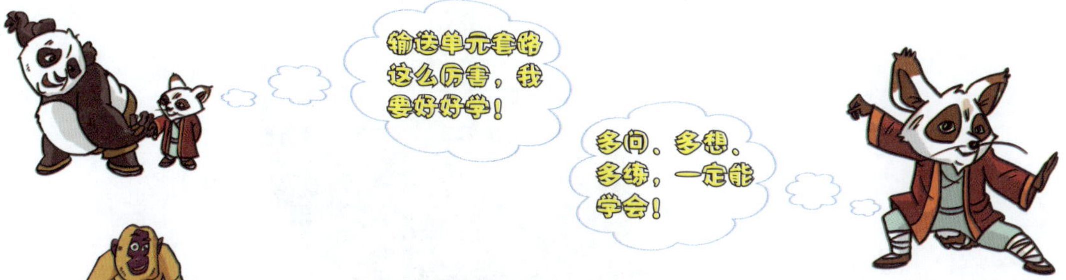

输送单元套路的套路秘诀在于：根据输送单元功能进行气动、控制电路设计，并按照正确步骤进行安装与调试。

子任务一　初步认识输送单元

输送单元由抓取机械手装置、步进电动机传动组件、PLC 模块、按钮 / 指示灯模块和接线端子排等部件组成如图 3-41 所示。参见光盘 / 第三篇迎战 / 输送单元图片。

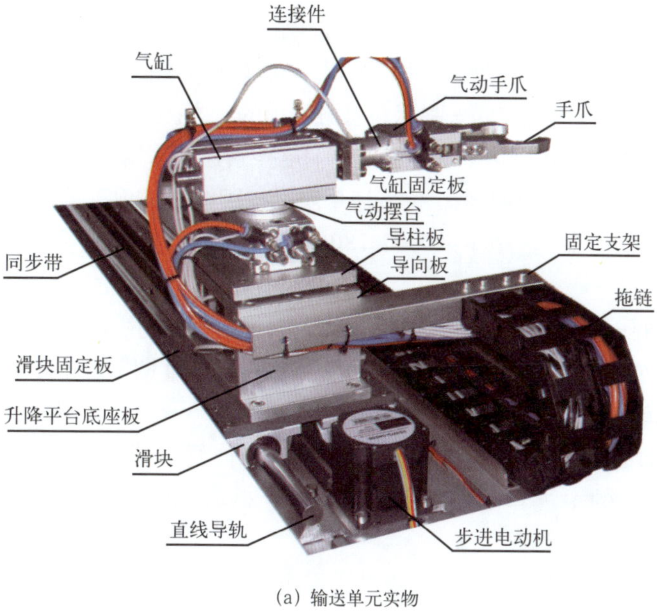

(a) 输送单元实物

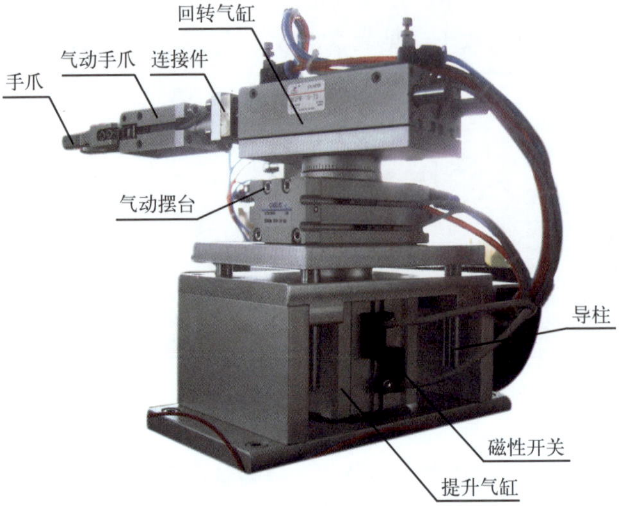

(b) 抓取机械手实物

图 3–41　输送单元的抓取机械手实物

1．抓取机械手装置

抓取机械手装置是一个能实现 4 个自由度运动（即升降、伸缩、气动手指夹紧 / 松开和沿垂直轴旋转的四维运动）的工作单元，该装置整体安装在步进电动机传动组件的滑动溜板上，在传动组件带动下整体作直线往复运动，定位到其他各工作单元的物料台，然后完成抓取和放下工件的功能，如图 3–36 所示。其具体构成如下：

① 气动手爪：双作用气缸由 1 个二位五通双向电控阀控制，带状态保持功能用于各个工作站抓物搬运。双向电控阀工作原理类似双稳态触发器即输出状态由输入状态决定，如果输出状态确认了即使无输入状态双向电控阀一样保持被触发前的状态。

② 双杆气缸：双作用气缸由 1 个二位五通单向电控阀控制，用于控制手爪伸出缩回

③ 回转气缸：双作用气缸由 1 个二位五通单向电控阀控制，用于控制手臂正反向 90° 旋转，气缸旋转角度可以任意调节范围 0° ～ 180°，调节通过节流阀下方两颗固定缓冲器进行调整。

④ 提升气缸：双作用气缸由 1 个二位五通单向电控阀控制，用于整个机械手提升和下降。

以上气缸运行速度快慢由进气口节流阀调整进气量进行速度调节。

2．步进电动机传动组件

步进电动机传动组件用以拖动抓取机械手装置作往复直线运动，完成精确定位的功能。图 3–42 是该组件的主视和俯视示意图。图中，抓取机械手装置已经安装在组件的滑动溜板上。

传动组件由步进电动机、同步轮、同步带、直线导轨、滑动溜板、拖链和原点开关、左、右极限开关组成。

步进电动机由步进电动机驱动器驱动，通过同步轮和同步带带动滑动溜板沿直线导轨作往复直线运动。从而带动固定在滑动溜板上的抓取机械手装置作往复直线运动。

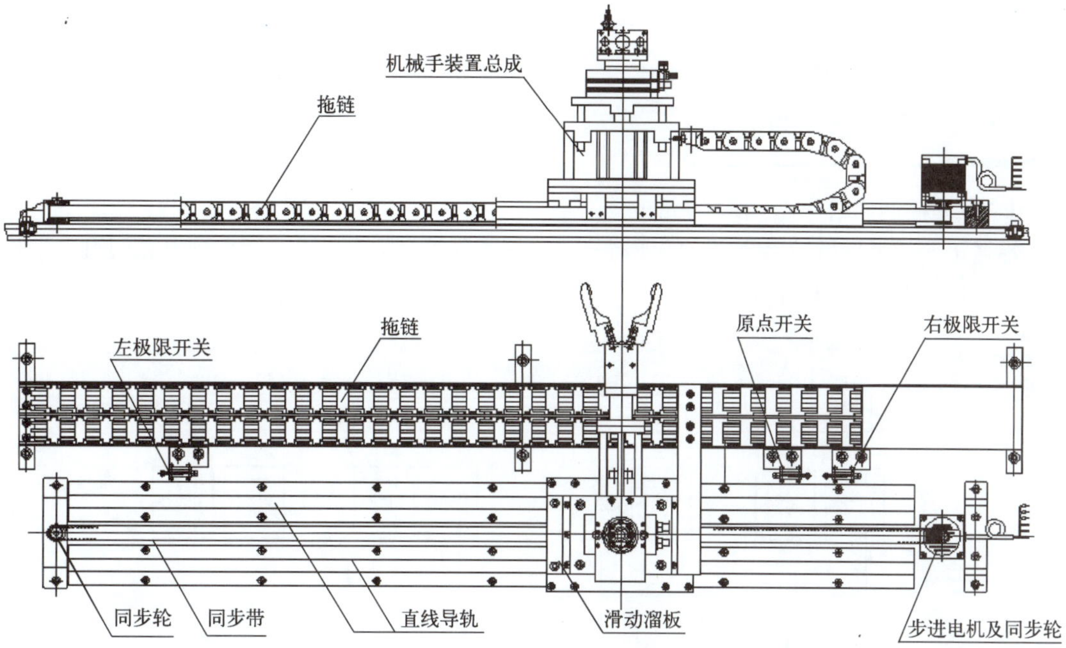

图 3–42　步进电动机传动组件的正视和俯视示意图

抓取机械手装置上所有气管和导线沿拖链敷设，进入线槽后分别连接到电磁阀组和接线端子排组件上。

原点开关用以提供直线运动的起始点信号。左、右极限开关则用以提供越程故障时的保护信号：当滑动溜板在运动中越过左或右极限位置时，极限开关会动作，从而向系统发出越程故障信号。

按钮 / 指示灯模块放置在抽屉式模块放置架上，模块上安装的所有元器件的引出线均连接到面板上的安全插孔，面板布置如图 3–43 所示。

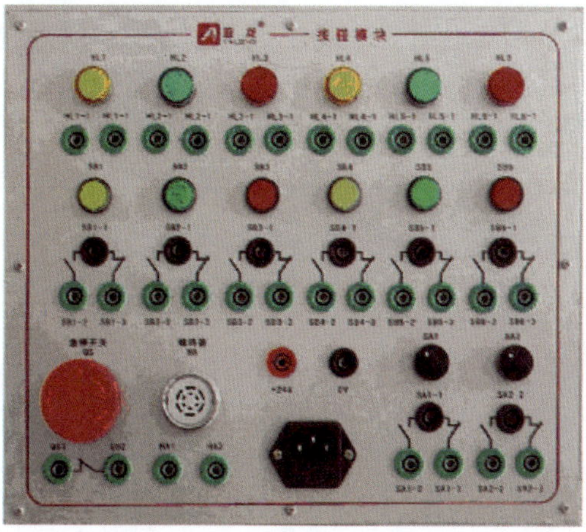

图 3–43　按钮 / 指示灯模块

① 按钮 / 开关：急停按钮 1 只，转换开关 2 只，复位按钮黄、绿、红各 1 只，自锁按钮黄、绿、红各 1 只。

② 指示灯 / 蜂鸣器：24V 指示灯黄、绿、红各 2 只，蜂鸣器 1 只。

③ 开关稳压电源：DC 24 V/6 A、12 V/2 A 各一组。

子任务二 输送单元的控制

1. 气动控制回路

输送单元的抓取机械手装置上的所有气缸连接的气管沿拖链敷设，插接到电磁阀组上，其气动控制回路如图 3-44 所示。

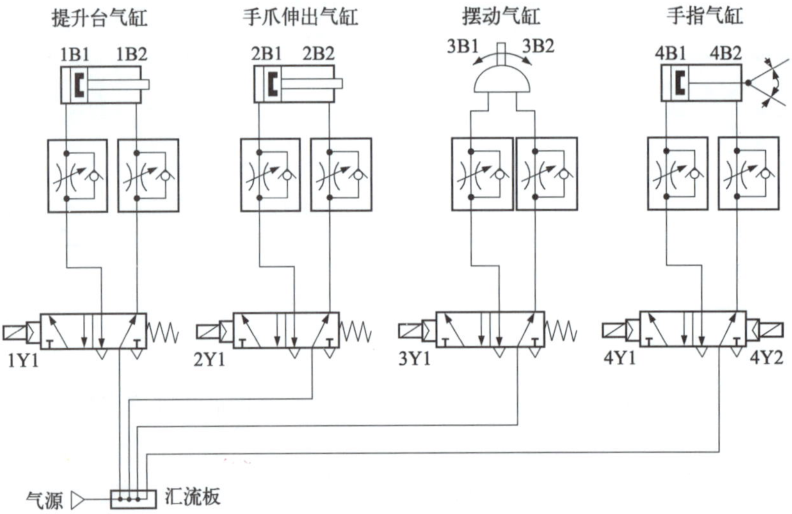

图 3-44 气动控制回路原理图

在气动控制回路中，驱动气动手指气缸的电磁阀采用的是二位五通双电控电磁阀，其外形如图 3-45 所示。

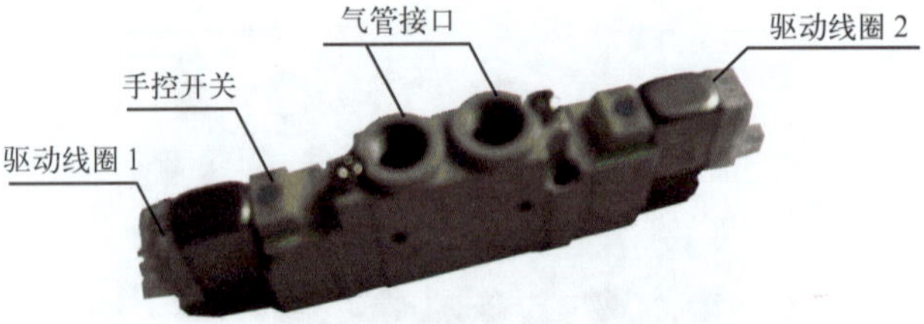

图 3-45 双电控电磁阀示意图

双电控电磁阀与单电控电磁阀的区别在于，对于单电控电磁阀，在无电控信号时，阀心在弹簧力的作用下会被复位，而对于双电控电磁阀，当两端都无电控信号时，阀心的位置是取决于前一个电控信号。

注意：双电控电磁阀的两个电控信号不能同时为“1”，即在控制过程中不允许两个线圈同时得电，否则，可能会造成电磁线圈烧毁。当然，在这种情况下阀心的位置是不确定的。

2. 输送单元的PLC控制

输送单元所需的 I/O 点较多。其中，输入信号包括来自按钮 / 指示灯模块的按钮、开关等主令信号，单元各构件的传感器信号等；输出信号包括输出到抓取机械手装置各电磁阀的控制信号和输出到步进电动机驱动器的脉冲信号和驱动方向信号；此外还须考虑在需要时输出信号到按钮 / 指示灯模块的指示灯、蜂鸣器等，以显示本单元或系统的工作状态。

由于需要输出驱动步进电动机的高速脉冲，PLC 应采用晶体管输出型。

基于上述考虑，选用西门子 S7−226 DC/DC/DC 型 PLC，共 24 点输入，16 点晶体管输出。PLC 安装在模块盒中。PLC 的引出线都连接面板上的安全插孔处。面板上每一输入插孔旁都设有一个钮子开关，该开关的 2 根引出线分别连接到 PLC 输入端的公共参考点和相应的输入点，开关接通时，该输入点为 ON，可以用于程序调试。须注意的是，在调试后需要把开关扳回 OFF 位置，以免影响正常程序的运行。

接线原理图如图 3−46 所示。在接线图中输入端连接了一些开关和按钮，输出端连接了一些指示灯和蜂鸣器。

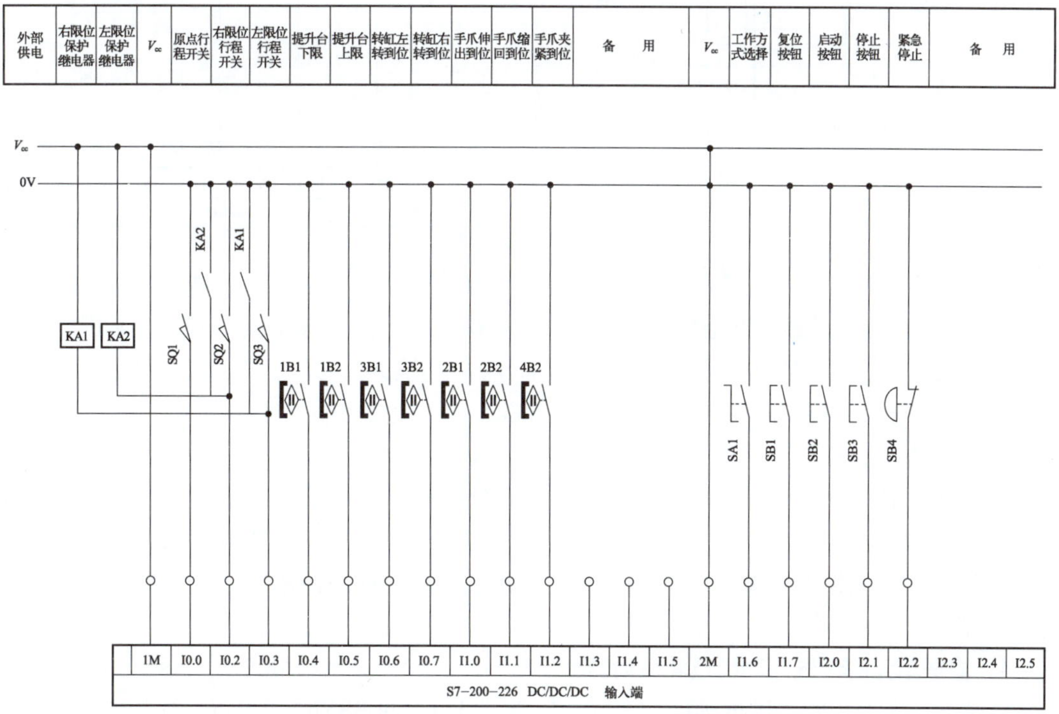

图 3−46 输送单元 PLC 的输入端接线图

由图 3−46 可见，PLC 输入点 I0.1 和 I0.2 分别与右、左极限开关 SQ2 和 SQ3 相连接，并且还与两个中间继电器 KA1 和 KA2 相连。当发生右越程故障时，右极限开关 SQ2 动作，其常开触点接通，I0.1 为 0V 电平，越程故障信号输入到 PLC，与此同时，继电器 KA1 动作，它的常闭触点将断开步进电动机驱动器的脉冲输入回路，强制停止发出脉冲。同样，KA2 是在发生左越程故障时起强制停发脉冲的作用。

可见，继电器 KA1 和 KA2 的作用是硬联锁保护。目的是防范由于程序错误引起冲极限故障而造成设备损坏。输送单元 PLC 的输出端接线图如图 3–47 所示。

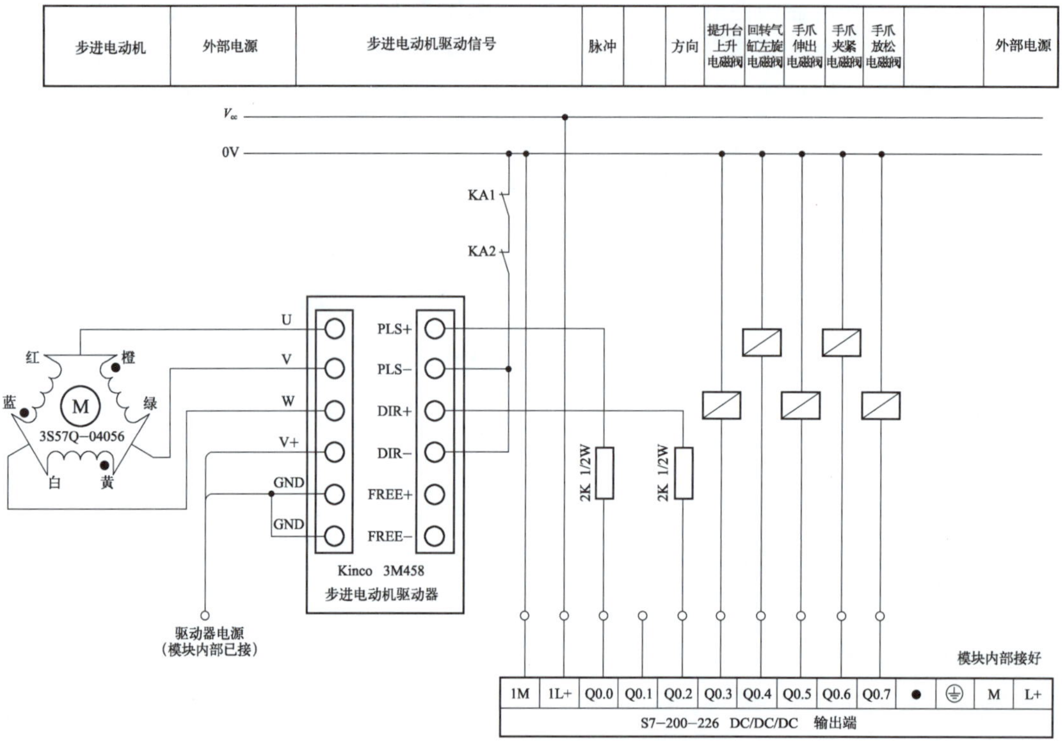

图 3–47 输送单元 PLC 的输出端接线图

输送单元的电气接线与其他单元不同，PLC 与按钮 / 指示灯 / 直流电源模块、步进电动机驱动器模块间的接线是通过安全导线插接的，而 PLC 与该单元的传感器、气动电磁阀等的接线则是用安全导线插接到接线端子排上的安全插孔上，再由接线端子排引出的。

3．输送单元的控制要求

输送站抓取机械手装置控制和步进电动机定位控制，控制基本上是顺序控制：步进电动机驱动抓取机械手装置从某一起始点出发，到达某一个目标点，然后抓取机械手按一定的顺序操作，完成抓取及放下工件的任务。因此输送单元程序控制的关键是步进电动机的定位控制。

4．输送单元的步进电动机及其驱动器

输送单元所选用的步进电动机是 Kinco 三相步进电动机 3S57Q–04056，与之配套的驱动器为 Kinco 3M458 三相步进电动机驱动器。见光盘 / 第三篇迎战 / 输送单元图片。

3S57Q–04056 部分技术参数如表 3–22 所示。

表 3–22 3S57Q-04056 部分技术参数

参 数 名 称	步距角	相电流（A）	保持扭矩	阻尼扭矩	电动机惯量
参 数 值	1.8°	5.8A	1.0Nm	0.04Nm	0.3kg.cm^2

子任务三　输送单元的技能训练

1. 输送单元训练目标

按照本站单步位置控制流程、单周期位置控制流程、周期位置控制流程控制要求，在6h内完成机械、传感器、气路安装与调试，进行PLC程序设计调试。

2. 训练要求

① 熟悉输送单元的功能及结构组成。

② 能够根据控制要求设计气动控制回路原理图，安装气动执行器件并调试。

③ 安装所使用的传感器并且能够调试。

④ 查明PLC各端口地址，根据要求编写程序，并对其进行调试。

3. 安装与调试工作计划表

安装与调试工作计划表如表3–23所示。

表3–23　安装与调试工作计划表

步　骤	内　容	计划时间/h	实际时间/h	完成情况
1				
2				
3				
4				
5				
6				
7				
8				
9				
10				

4. 输送单元材料清单

输送单元材料清单如表3–24所示。

表3–24　输送单元材料清单

序　号	代　号	物品名称	规　格	数　量	备注（产地）
1					
2					
3					
4					
5					
6					
7					
8					
9					
10					

5．输送单元安装与调试

（1）机械安装过程

① 在工作台上，将安装支架、运输带定位完成后，把该整体安装到底盘上。

② 安装传感器支架、气缸和支架。

③ 安装 2 个气缸。

④ 安装料槽，并调整气缸位置，使物料槽支架两边平衡。

⑤ 安装电动机，调整气缸到物料槽中间。

（2）输送单元的 PLC 的 I/O 地址分配

输送单元的 PLC 的 I/O 地址分配如表 3–25 所示。

表 3–25 输送单元的 PLC 的 I/O 地址分配

序号	地址	设备编号	设备名称	设备用途
1	I0.0	SQ1	原点行程开关	
2	I0.2	SQ2	右限位行程开关	
3	I0.3	SQ3	左限位行程开关	
4	I0.4	1B1	提升台下限	
5	I0.5	1B2	提升台上限	
6	I0.6	3B1	转缸左转到位	
7	I0.7	3B2	转缸右转到位	
8	I1.0	2B1	手爪伸出到位	
9	I1.1	2B2	手爪缩回到位	
10	I1.2	4B1	手爪夹紧状态	
11	I1.6	SA1	工作方式选择	
12	I1.7	SB1	复位按钮	
13	I2.0	SB2	启动按钮	
14	I2.1	SB3	停止按钮	
15	I2.2	SB4	紧急停止	
15	Q0.0	2K	电阻	
16	Q0.2	2K	电阻	
17	Q0.3	1Y1	提升台上升电磁铁	
18	Q0.4	3Y1	转缸左转电磁铁	
19	Q0.5	2Y1	手爪伸出电磁铁	
20	Q0.6	4Y1	手爪夹紧电磁铁	
21	Q0.7	4Y2	手爪放松电磁铁	

（3）生产工艺流程与程序

生产工艺流程与程序如图 3–48、图 3–49 和图 3–50 所示。其中单步位置控制程序，连续周期（单周期与之基本相似）位置控制程序见光盘 / 第三篇迎战 / 各站程序。

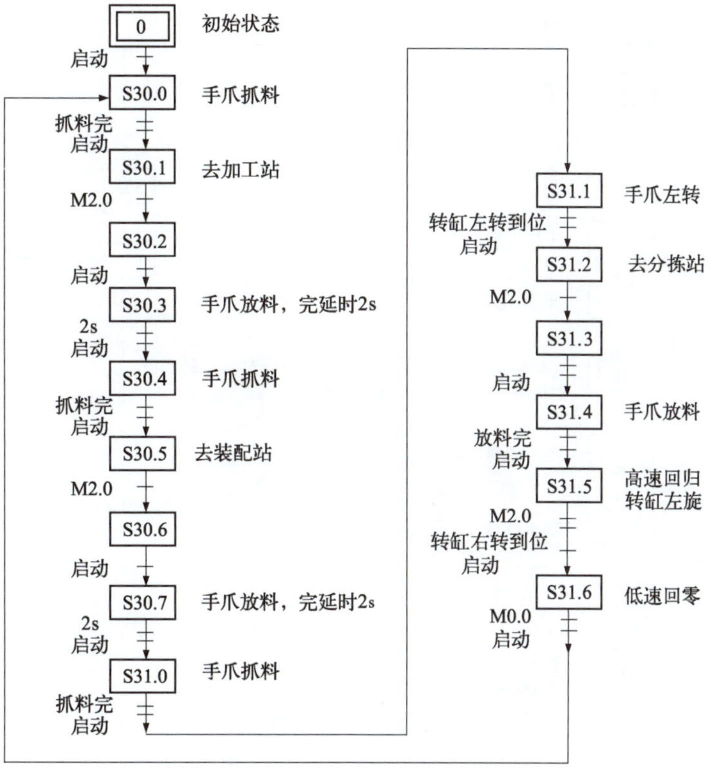

图 3-48　输送单元单步位置控制流程

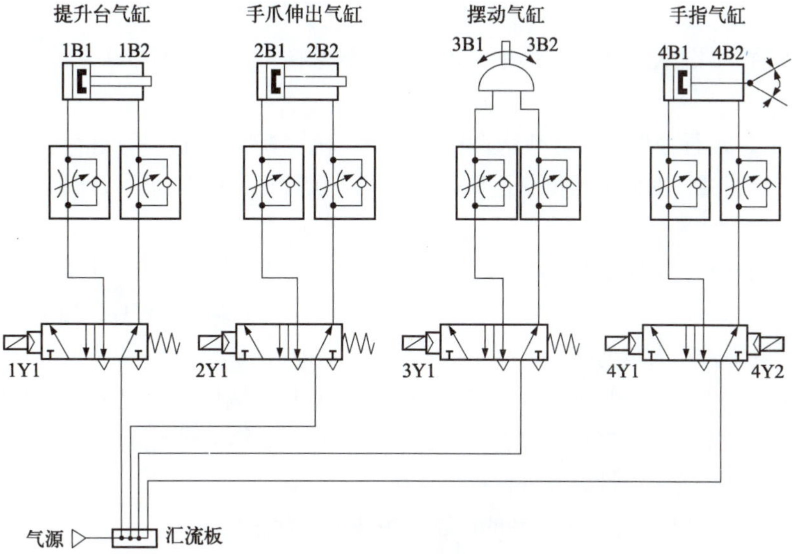

图 3-49　输送单元单周期位置控制流程

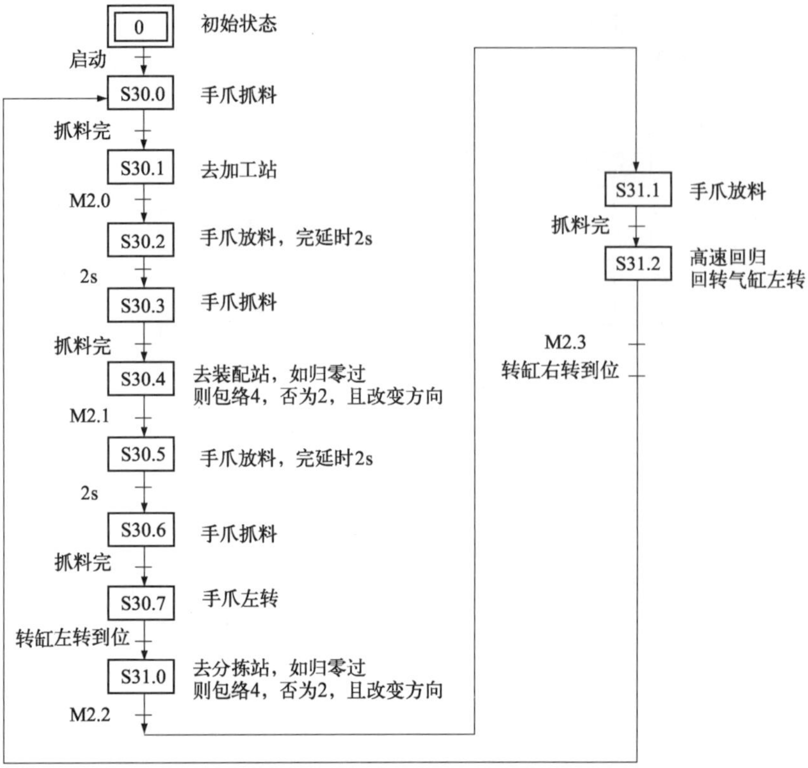

图 3–50　连接周期控制流程图

（4）调试运行

在编写传输、调试控制程序过程中，进一步了解掌握设备调试的方法、技巧及注意点，培养严谨的作风。

① 在下载、运行程序前，必须认真检查程序。在检查程序时，重点检查：各个执行机构之间是否会发生冲突，如何采用措施避免冲突，同一执行机构在不同阶段所做的动作是否能够区分开。

② 只有在认真、全面检查了程序，并且再也查不出错误的时候，才可以运行程序，进行实际调试，不可以在不经过检查的情况下直接在设备上运行所编写的程序，如果程序存在问题，很容易造成设备损毁和人员伤害。

③ 在调试过程中，仔细观察执行机构的动作，并且在调试运行记录表中做好实时记录，作为分析的依据，来分析程序可能存在的问题。如果程序能够实现预期的控制功能，则应该多运行几次，检查运行的可靠性以及进行程序优化。

④ 总结经验，把调试过程中遇到的问题、解决的方法记录下来。

⑤ 在运行过程中，应该时刻注意现场设备的运行情况，一旦发生执行机构相互冲突事件，应该及时采取措施，如急停、切断执行机构控制信号、切断气源和切断总电源等，以避免造成设备的损毁。调试运行记录表与表 3–26 所示，评分表如表 3–27 所示。

表 3-26　调试运行记录表

结果＼观察项目 操作步骤	旋转缸	气爪	提升缸	伸出缸	气爪磁性开关	伸出缸磁性开关		旋转缸磁性开关		提升缸磁性开关	
								0	09		

表 3-27　评分表

<table>
<tr><td colspan="2">______学年
评　分　表</td><td>工　作　形　式
□个人　□小组分工　□小组</td><td colspan="2">实际工作时间
__________</td></tr>
<tr><td>训练项目</td><td>训 练 内 容</td><td>训 练 要 求</td><td>学生自评</td><td>教师评分</td></tr>
<tr><td rowspan="5">分拣单元</td><td>1. 工作计划和图纸 20 分
——工作计划
——材料清单
——气路图
——电路图
——程序清单</td><td>电路绘制有错误，每处扣 2 分；机械手装置运动的限位保护未没有设置或绘制有错误，扣 4 分；主电路绘制有错误，每处扣 2 分；电路图符号不规范，每处扣 1 分，最多扣 5 分。</td><td></td><td></td></tr>
<tr><td>2. 部件安装与连接 20 分</td><td>装配未能完成，扣 10 分；装配完成，但有紧固件松动现象，扣 3 分。</td><td></td><td></td></tr>
<tr><td>3. 连接工艺 20 分
——电路连接工艺
——气路连接及工艺
——机械安装及装配工艺</td><td>端子连接，插针压接不牢或超过 2 根导线，每处扣 1 分；端子连接处没有线号，每处扣 2 分；两项最多扣 3 分电路；接线没有绑扎或电路接线凌乱，扣 2 分；机械手装置运动的限位保护未接线或接线错误扣 3 分；气路连接未完成或有错，每处扣 2 分；气路连接有漏气现象，每处扣 1 分；气缸节流阀调整不当，每处扣 1 分；气管没有绑扎或气路连接凌乱，扣 2 分。</td><td></td><td></td></tr>
<tr><td>4. 测试与功能 30 分
——夹料功能
——送料功能
——整个装置全面检测</td><td>启动/停止方式不按控制要求，扣 1 分；运行测试不满足要求，每处扣 2 分；工件送料测试，但推出位置明显偏差，每处扣 2 分。</td><td></td><td></td></tr>
<tr><td>5. 职业素养与安全意识 10 分</td><td>现场操作安全保护符合安全操作规程；工具摆放、包装物品、导线线头等的处理符合职业岗位的要求；团队有分工有合作，配合紧密；遵守纪律，尊重教师，爱惜设备和器材，保持工位的整洁。</td><td></td><td></td></tr>
</table>

知识、技能归纳

通过训练熟悉了输送站的结构与功能，亲身实践了解机械手技术、PLC 控制步进电动机技术，并使这些技术融会贯通。

工程素质培养

收集伺服电动机控制知识，其能够用来代替步进电动机控制吗？如果能，应如何做？

第四篇 项目决战——自动线安装与调试

在前面我们已经了解到第二篇项目备战中核心技术以及第三篇项目挑战中自动线各分站设备安装和各分站PLC程序设计的知识，现在以YL–335A自动线为例进行自动线整体的安装与调试。YL–335A自动线有5个工作站，包括：供料站、加工站、装配站、分拣站以及输送站。5个工作站的位置由自动线安装任务书确定，从而体现了YL–335A自动线较强的柔性。

1. 竞赛任务书

本次竞赛使用的是YL–335A自动生产线。该自动生产线是由供料、加工、装配、分拣和输送等五个工作站组成。输送单元作为主站，其他单元作为从站，各工作站均设置了一台PLC承担其控制任务。PLC之间通过RS–485串行通信实现互连，构成一主从分布式的控制系统。

自动生产线的工作目标：

① 将供料站料仓内的工件送往加工站的物料台。

② 完成加工操作后，把加工好的工件送往装配站的物料台。

③ 把装配站料仓内的白色和黑色两种不同颜色的小圆柱工件嵌入到物料台上的工件中。

④ 完成装配后的成品送往分拣站，按照小圆柱颜色的不同分拣输出，完成一次生产周期。

2．竞赛注意事项

① 进行电气接线时，各工作站的启动 / 停止按钮应接入。编程时，允许使用启动 / 停止按钮作为单站动作调试用或作为网络故障时单站工作控制用，但不列入控制要求。

② 选手应在试卷指定页内完成输送单元的电气控制电路设计图、分拣单元变频器主电路和控制电路设计图。

③ 选手将最终的 PLC 程序存放在“D:\2008 自动线 \XX”文件夹下(XX 为工位号)。选手的试卷用工位号标识，不得写上姓名或与身份有关的信息（竞赛时每组发放两套试题，选手将所有答案集中写在其中一套上，并在试卷的封面上标明“答卷”，两套试题一并收回)。

④ 比赛中如出现下列情况时另行扣分。

- 调试过程中由于撞击造成抓取机械手不能正常工作，扣 15 分。
- 选手认定器件有故障时，可提出更换。经裁判测定器件完好时，每次扣 3 分，器件确实损坏则每更换一次补时 3 分钟。

⑤ 由于错误接线等原因引起 PLC、步进电动机及驱动器、变频器和直流电源损坏，取消竞赛资格。

3．工作任务

（1）设备安装

分别完成 YL-335A 自动生产线的供料、加工、装配、分拣站和输送站的组成元器件装配工作，并把这些工作站安装到 YL-335A 的工作台上。

（2）气路连接

根据自动生产线工作目标对各生产站气动元件的动作要求和控制要求，正确设计、连接气路以达到使用要求。本条生产线使用一台外接气源。

（3）电路设计和电路连接

① 根据生产线工作任务的控制要求，设计输送站的电气控制电路。要求满足精确定位的运动要求，同时具有满行程限位保护，并根据所设计的电路图正确连接电路。

② 按照组委会给定的各单元 I/O 分配表，连接供料、加工和装配站控制电路。对于分拣站，按照给定 I/O 分配表预留给变频器的 I/O 端子，设计和连接变频器主电路和控制电路以及气动元件的控制电路。

③ 根据该生产线五个生产站一主从分布式的网络控制要求，连接各单元的 PLC 通信网络。

（4）程序编制和程序调试

① 根据该生产线正常生产的动作要求和特殊情况下的动作要求，编写各生产单元的 PLC 控制程序，设置输送站步进电动机驱动器参数及分拣站的变频器参数。

② 调整各生产站的机械部件、气动元件、检测元件的位置，调试所编写的 PLC 控制程序，满足设备的生产和控制要求。

4. 制订工作计划表

要完成的工作计划如表 4–1 所示。

表 4–1　总计划表

任　务	内　容	时间分配
任务一	自动线设备安装	
任务二	自动线气路连接安装	
任务三	自动线电路设计和电路连接	
任务四	自动线程序设计	
任务五	自动线调试	

注意：比赛时间共计 8 小时，选手们应注意时间的合理分配，在完成任务时应注意合作，合理分工。

任务一　自动线设备安装

1. 工作任务内容

首先，按照元件清单清点元器件，并检测元器件质量和状态是否满足要求。按照此前进行过的自动线各生产站的安装技能训练内容。在赛会现场 YL–335A 的空白工作台上，把供料站、加工站、装配站、分拣站和输送站分别组装完毕，并按照大赛题目要求的位置安装好。注意各分站的结构组件应该按照材料清单上的内容，作到无遗漏。

具体按照图 4–1 所示的工作站安装位置图安装，并明确各生产站之间的间距尺寸。安装前后的工作站分别如图 4–2 和图 4–3 所示。

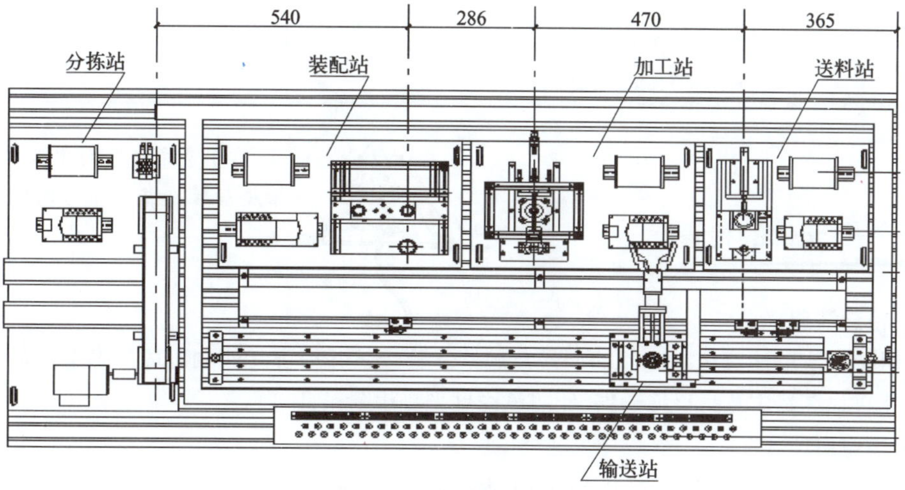

图 4–1　工作站安装位置图

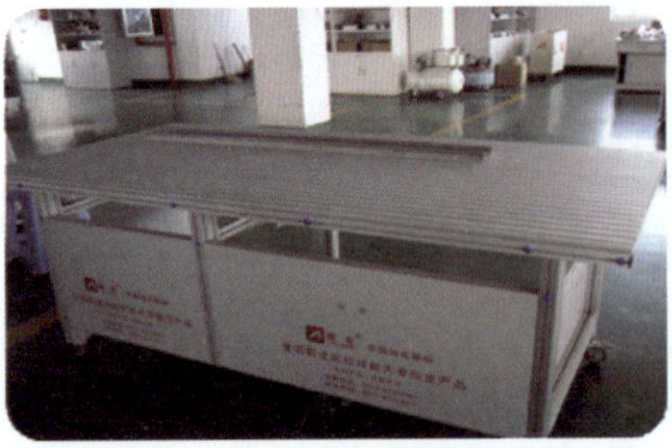

图 4–2　安装前的空白自动线工作台

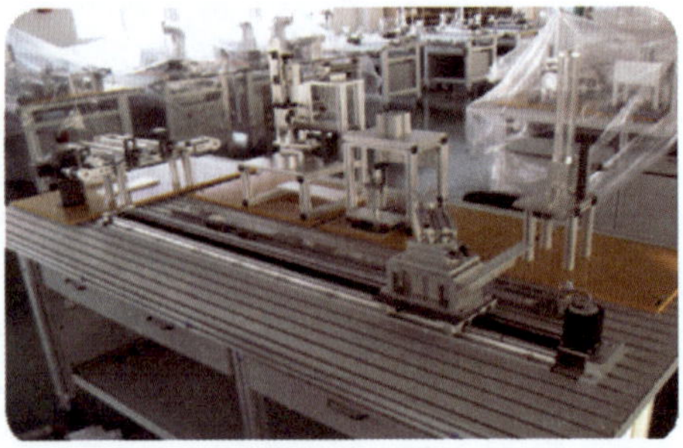

图 4–3　安装后的自动线工作台

比赛时，自动线工作台只保留了输送站的两根平行直线导轨。安装时，先将输送站在工作台上安装好，然后开始依次固定供料站、加工站、装配站。各站彼此之间的间距要以输送站气动机械手爪完全伸出的长度为基准，以气动摆台旋转 90°、垂直于导轨时的手爪中心为基准点，分别与供料站的物料台挡料导向件中心、加工站物料台气动手爪的中心、装配站物料台定位导向座中心对中，分拣站传送带导向件中心与气动摆台旋回的气动机械手爪中心对中，以此确定各分站底板的间距约为 30mm，再经微调后用地脚螺栓固定。地脚固定螺栓要先初步固定，待位置确定后再固定，要注意底板螺栓对角紧固。

2．安装工作计划

自动线安装工作计划表如表 4–2 所示。

表 4–2　自动线安装工作计划表

子　任　务	生 产 内 容	完 成 情 况
1	自动线元件检查	
2	自动线输送站的装配	
3	自动线供料站的装配	
4	自动线加工站的装配	
5	自动线装配站的装配	
6	自动线分拣站的装配	

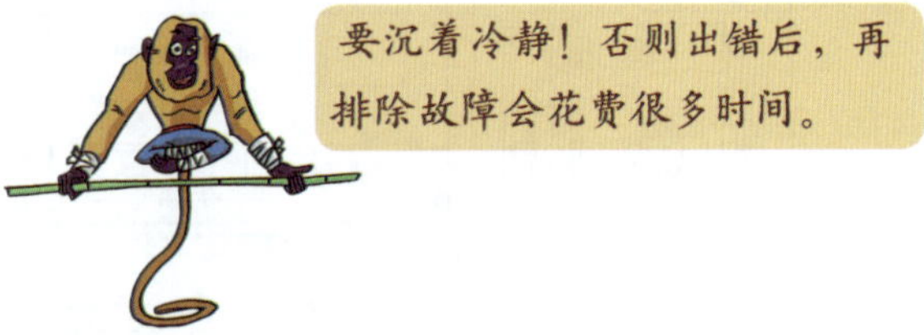

子任务一　元件的检查

1．检查清单

根据元件清单认真核对元件的型号及规格、数量，并检查元件的质量，确定其是否合格。如果元件有损坏，应及时更换。（元件清单详见光盘中附录 4–1）

2．注意事项

① 气缸的检测：使用具有 0.6MPa 压缩空气的气管，分别与气缸上两个带有节流阀的进气口接头连接，气缸的柱塞应该进出迅速、顺畅、无卡滞现象，否则，可视为不正常。

② 气缸磁性开关的检测：将磁性开关沿着气缸的缸体向缸盖移动。当接近柱塞底部时，开关上的红色指示灯应该亮起，离开这个位置时指示灯应该熄灭。注意棕色线为信号输出端。

③ 漫射式光电接近开关的检测：将光电开关通以 DC 24V 的电源，然后使其接近障碍物。当其光路被遮挡时，用电压表检测其棕色信号的输出端，此时应该有电压输出。

子任务二 自动线输送站的装配

1. 装配计划

按照第三篇项目挑战中自动线的输送站装配训练要求，完成该站的装配任务。可参考表 4–3 “自动线输送站装配计划” 所示，依次进行装配，并将装配好的输送站安装到自动线的工作台上，如图 4–4 所示。

表 4–3 自动线输送站的装配计划

步 骤	生 产 内 容	完 成 情 况
1	输送站直线导轨、齿形带的安装	
2	输送站铝合金框架结构的安装	
3	输送站汽缸的安装	
4	输送站气路电磁阀的安装	
5	输送站位置传感器的安装	
6	输送站步进电动机的安装	
7	输送站 PLC 的安装	

图 4–4 已安装在工作台上的输送站

2. 注意事项

① 在安装输送站的铝合金框架结构时，注意结构件与底板要牢固连接，并且不能把每件的安装顺序弄错。紧固内六角螺栓时，要用力适中。框架与工作台面的连接要稳固可靠。

② 气动手指、气动摆台要与框架稳固连接，位置不能弄错。气缸进的出气口要弄清。确定滑块机构安装位置准确，动作灵活。

③ 光电传感器、漫射式接近开关和磁性开关的安装位置以准确反映出动作为准。

④ 电磁阀组的安装要稳固，并且与框架的中心接近，便于气路气管的连接。

⑤ 气路汇流排的安装位置要与电磁阀组接近，便于连接。

⑥ 安装整个站连同底板重量很大，需要两位选手共同搬运，轻拿轻放。

⑦ 步进电动机的安装位置准确，拉紧同步齿形带的步进电动机轴的主动轮和从动轮要平行，运行平稳，不得空转丢步。

⑧ 输送站底板在直线导轨上的运动平稳顺滑。

⑨ 磁性开关位置定位需作调整，特别是机械手爪的磁性开关需要根据机械手所夹工件的大小进行调整；其他磁性开关按照气缸的伸缩情况调整即可。

⑩ 气缸的调整，特别是回转缸的调整，根据要求把回转缸调成可 90° 固定角度旋转的。调节方法：调节液压缓冲阀到适当角度（90°），再用缓冲阀外部螺丝锁紧。

子任务三　自动线供料站的装配

1. 装配计划

按照第三篇项目挑战中自动线的供料站装配训练要求，完成该站的装配任务。可参考表4–4“自动线供料站装配计划”依次进行装配，并将装配好的供料站安装到自动线的工作台上，如图4–5所示。

表4–4　自动线供料站装配计划

步　骤	生产内容	完成情况
1	供料站铝合金框架结构的安装	
2	供料站汽缸的安装	
3	供料站气路电磁阀的安装	
4	供料站位置传感器的安装	
5	供料站单元PLC的安装	

图4–5　已安装在工作台上的供料站

2. 注意事项

① 在安装供料站的铝合金框架结构时，注意结构件与底板要牢固连接，不能把每件的安装顺序弄乱。紧固内六角螺栓时，要用力适中。框架与工作台面的连接要稳固可靠。

② 顶料、推料气缸要与框架稳固连接，位置不能弄错。气缸的进出气口要弄清。

③ 漫射式接近开关和磁性开关的安装位置以准确反映出动作为准。

④ 电磁阀组的安装要稳固，并且与框架的中心接近，便于气路气管的连接。

⑤ 气路汇流排的安装位置要与电磁阀组接近，便于连接。

⑥ 安装整个站连同底板重量很大，需要两位选手共同搬运，轻拿轻放。

⑦ 物料台检测传感器的检测点不能和大工件中心孔对齐（因为通孔检测不到。）

⑧ 顶料气缸前限位磁性开关不是安装在气缸首端，而是安装在气缸中部左右。

子任务四　自动线加工站的装配

1. 装配计划

按照第三篇项目挑战中自动线的加工站装配训练要求，完成该站的装配任务。可参考表4–5“自动线加工站装配计划”所示，依次进行装配，并将装配好的加工站安装到自动线的工作台上，如图4–6所示。

表4–5　自动线加工站装配计划

步　骤	生产内容	完成情况
1	加工站铝合金框架结构的安装	
2	加工站汽缸的安装	
3	加工站气路电磁阀的安装	
4	加工站位置传感器的安装	
5	加工站PLC的安装	

图4–6　已安装在工作台上的加工站

2. 注意事项

① 在安装加工站的铝合金框架结构时，注意结构件与底板要牢固连接，不能把每件的安

装顺序弄乱。紧固内六角螺栓时，要用力适中。框架与工作台面的连接要稳固可靠。

② 气动手指、冲压气缸要与框架稳固连接，位置不能弄错。气缸进出气口要弄清。滑块机构安装位置准确，动作灵活。

③ 漫射式接近开关和磁性开关的安装位置以准确反映出动作为准。

④ 电磁阀组的安装要稳固，与框架的中心接近，便于气路气管的连接。

⑤ 气路汇流排的安装位置要与电磁阀组接近，便于连接。

⑥ 安装整个站连同底板重量很大，需要两位选手共同搬运，轻拿轻放。

⑦ 物料台检测传感器功率要调小一点，调大了会有不检测的现象。

子任务五　自动线装配站的装配

1. 装配计划

按照第三篇项目挑战中自动线的装配站装配训练要求，完成该站的装配任务。可参考表 4-6“自动线装配站装配计划”依次进行装配，并将装配好的装配站安装到自动线的工作台上，如图 4-7 所示。

表 4-6　自动线装配站装配计划

步骤	生产内容	完成情况
1	装配站铝合金框架结构的安装	
2	装配站汽缸的安装	
3	装配站气路电磁阀的安装	
4	装配站位置传感器的安装	
5	装配站 PLC 的安装	

图 4-7　已安装在工作台上的装配站

2. 注意事项

① 在安装装配站的铝合金框架结构时，注意结构件的要牢固连接，不能把每件的安装顺序弄乱。紧固内六角螺栓时，要用力适中。框架与工作台面的连接要稳固。

② 气动手指、气动回转台、导杆气缸、顶料挡料气缸要与框架稳固连接，位置不能弄错。气缸进出气口弄清。滑块机构安装位置准确，动作灵活。

③ 光电传感器、漫射式接近开关和磁性开关的安装位置以准确反映出动作为准。

④ 电磁阀组的安装要稳固，与框架的中心接近，便于气路气管的连接。

⑤ 气路汇流排的安装位置要与电磁阀组接近，便于连接。

⑥ 安装整个站连同底板重量很大，需要两位选手共同搬运，轻拿轻放。

⑦ 顶料气缸前限位磁性开关不是安装在气缸首端，而是安装在气缸中部左右。

⑧ 物料台检测传感器功率要调小一点，调大了会有不检测现象。

子任务六　自动线分拣站的装配

1. 装配计划

按照第三篇项目挑战中自动线的分拣站装配训练要求，完成该站的装配任务。可参考表 4-7“自动线分拣站装配计划”依次进行装配，并将装配好的分拣站安装到自动线的工作台上，如图 4-8 所示。

表 4–7　自动线分拣站装配计划

步　骤	生 产 内 容	完 成 情 况
1	分拣站传送带的安装	
2	分拣站铝合金框架结构的安装	
3	分拣站汽缸的安装	
4	分拣站气路电磁阀的安装	
5	分拣站位置传感器的安装	
6	分拣站变频调速电机的安装	
7	分拣站 PLC 的安装	

图 4–8　已安装在工作台上的分拣站

2. 注意事项

① 在安装分拣站的铝合金框架结构时，注意结构件与底板要牢固连接，不能把每件的安装顺序弄乱。紧固内六角螺栓时，要用力适中。框架与工作台面的连接要稳固。

② 推料气缸要与框架稳固连接，位置不能弄错。气缸的进出气口要弄清。

③ 光电传感器、漫射式接近开关和磁性开关的安装位置以准确反映出动作为准。

④ 电磁阀组的安装要稳固，与框架的中心接近，便于气路气管的连接。

⑤ 气路汇流排的安装位置要与电磁阀组接近，便于连接。

⑥ 大型、重量较大的元器件，需要两位选手共同搬运，轻拿轻放。

⑦ 传送带调速电动机的安装位置要准确，运行平稳。在安装和调整传动机构时，要注意如下两点：

- 传动机构安装基线（导向器中心线）与输送站滑动导轨中心线重合。
- 电动机的轴和输送带主动轮的轴重合。

⑧ 推料气缸高度，不能过高，也不能过低。

自动线设备安装考核技能评分表

自动线设备安装考核技能评分表如表 4–8 所示。

表 4–8　自动线设备安装考核技能评分表

姓名		同组		开始时间		
专业 / 班级				结束时间		
项目内容	考核要求	配分	评分标准	扣分	自评	互评
按照元件清单核对元件数量并检查元器件质量	1．正确清点元器件数量 2．正确检查元器件质量	15	1．材料清点有误扣 2 分； 2．检查元器件方法有误扣 2 分； 3．坏的元器件没检查出来扣 2 分			
供料站的装配	1．正确完成装配 2．紧固件无松动	10	1．装配未能完成，扣 6 分； 2. 装配完成,但有紧固件松动现象扣 2 分			
加工站的装配	1．正确完成装配 2．紧固件无松动	10	1．装配未能完成，扣 6 分； 2. 装配完成,但有紧固件松动现象，扣 2 分			
分拣站的装配	1．正确安装传送带及构件 2．正确安装驱动电机 3．紧固件无松动	15	1．传送带及构件安装位置与要求不符，扣 3 分； 2．驱动电动机安装不正确，引起运行时振动，扣 5 分； 3．有紧固件松动现象，扣 3 分			

续表

姓名		同组		开始时间			
专业 / 班级				结束时间			
项目内容	考核要求	配分	评分标准		扣分	自评	互评
生产线的总体安装	1．程序编制实现功能 2．操作步骤正确 3．调试成功	50	1．一个功能不实现，每处扣 10 分； 2．操作步骤错误，每处扣 5 分； 3．显示运行不正常，每处扣 5 分； 4．技术文档错误，每处扣 5 分				
职业素养与安全意识	现场操作安全保护符合安全操作规程；工具摆放、包装物品、导线线头等的处理符合职业岗位的要求；团队有分工、有合作，配合紧密；遵守赛场纪律，尊重赛场工作人员，爱惜赛场的设备和器材，保持工位的整洁	10					
教师点评：			成绩（教师）：	总成绩：			

任务二 自动线气路的连接

1．工作任务内容

根据第二篇项目备战中学到的气路知识，结合第三篇项目挑战中各单站气路连接的相关训练，根据工作任务书的控制要求完成自动线的气路连接。

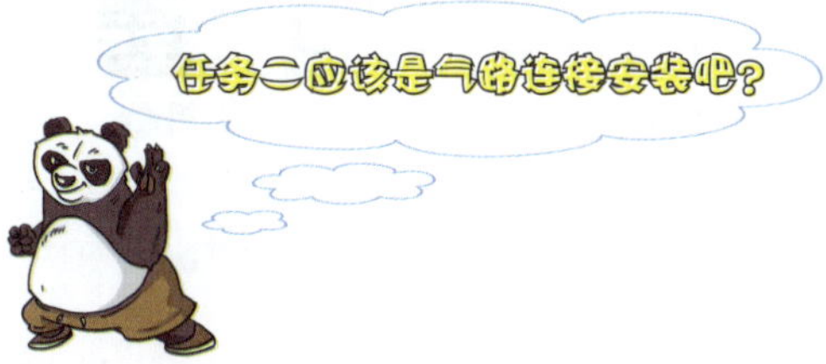

2. 气路连接工作计划

气路连接工作计划表如表 4-9 所示。

表 4-9　气路连接工作计划表

子 任 务	内　　容	完 成 情 况
1	自动线主气路连接	
2	自动线各单元气路的连接	

子任务一　自动线主气路连接

由比赛提供的系统气源开始，按气路系统原理图（见光盘中附录 4-2），用气管连接至各分站汇流排。

1. 对气路气源的要求

① 该生产线的系统气源，由一台空气压缩机提供。空压机气缸体积应该大于 80L，流量应大于 0.25m^3/s。

② 气源的气体须经过一台油水分离器三联件进行过滤，并装有快速泄压装置。

③ 自动生产线的空气工作压力为 0.6MPa，并要求气体洁净、干燥，无水分、油气、灰尘。

④ 自动生产线使用压缩空气注意安全生产，在通气前应先检查气路的气密性。在确认气路连接正确并且无泄漏的情况下，方能进行通气实验。油水分离器的压力调节旋钮要逐渐增加并注意观察压力表，增加到额定气压后压下锁紧。气流在调试之前要尽量小一点，在调试过程中，逐渐加大到合适的气流。

图 4-9 所示为气体汇流排、电磁阀组图，图 4-10 所示为主气源的空气处理原理示意图。

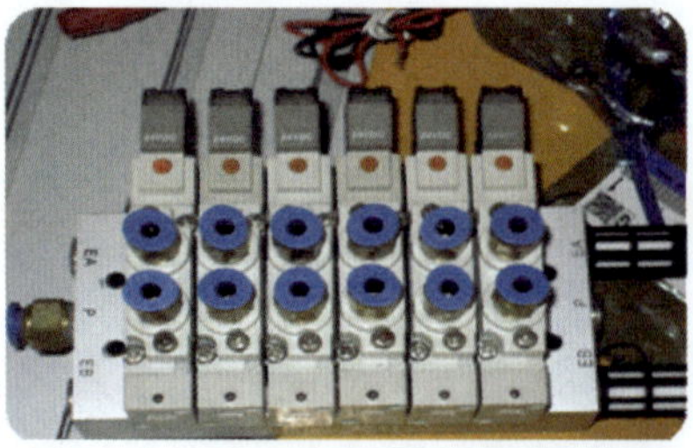

图 4-9　气体汇流排、电磁阀组图

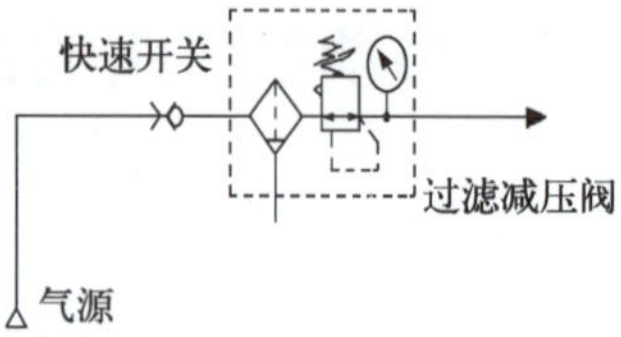

图 4-10　主气源的空气处理原理示意

2. 自动线气路的安装顺序

主气路的连接顺序如下：

① 先仔细读懂总气路图。

② 自气泵的管路出口用专用气管与油水分离器的入口连接。

③ 自油水分离器的出口与主快速三通接头的入口连接。主快速三通接头的出口之一与分别供应装配站汇流排和分拣站汇流排的次级快速三通接头 1 的入口连接；另一个站出口与分别供应供料站汇流排和加工站汇流排、输送站汇流排共用的次级快速三通接头 3 的共用次级快速三通接头 2 的入口连接。

④ 次级快速三通接头 1 的出口之一与装配站汇流排的入口连接；另一出口与分拣站汇流排的入口相连。

⑤ 次级快速三通接头 2 的出口之一与供料站汇流排的入口连接；另一出口与次级快速三通接头 3 的入口连接。

⑥ 次级快速三通接头 3 的出口之一与加工站汇流排的入口连接；另一出口与输送站汇流排入口连接。

子任务二　自动线各站的气路连接

1. 气路连接图

从汇流排开始，进行自动线各分站的气路连接。在第三篇项目挑战中已对各分站气路连接进行了充分说明，连接好的各分站：分拣站气路如图 4–11 所示；装配站气路如图 4–12 所示；供料站气路如图 4–13 所示；加工站气路如图 4–14 所示；输送站气路如图 4–15 所示。

气动控制回路作为自动线的执行机构，其逻辑控制功能由 PLC 按照工作任务书要求编程实现。

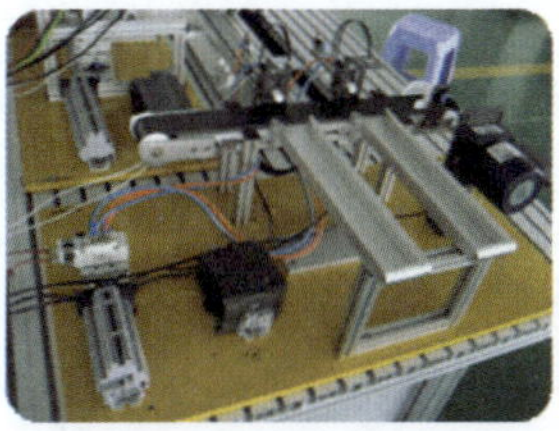

图 4–11　分拣站气路图

图 4–12　装配站气路图

图 4–13　供料站气路图

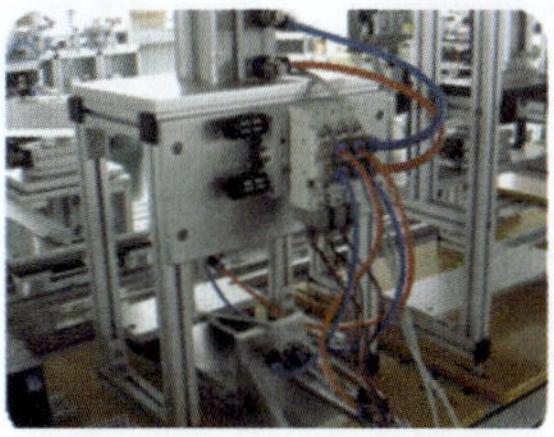

图 4–14　加工站气路图

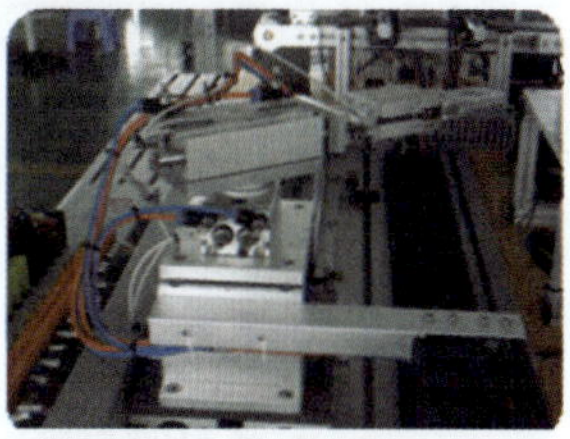

图 4–15　输送站气路图

2. 注意事项

① 气路连接时，气管一定要在快速接头中插紧，不能够有漏气现象。

② 气路连接要完全按照气路图进行。

③ 气路中的气缸节流阀调整要适当，以柱塞进出迅速、无冲击、无卡滞为宜。

④ 气路气管在连接走向时，应按序排布，均匀美观。不能交叉、打折、叠落、顺序凌乱。

⑤ 所有外露气管必须用黑色尼龙扎带进行绑扎，松紧程度以不使气管变形为宜。

⑥ 气体汇流板与电磁阀组的连接要求密封良好，无泄漏。

⑦ 调整节流阀的开度控制柱塞杆的伸出速度，以不推倒工件为准。

⑧ 回转摆台的调整，根据要求把回转缸调成可 90° 固定角度旋转的。调节方法：调节液压缓冲阀到适当角度（90°），再用缓冲阀外部螺丝锁紧。

3. 气路连接安装评分表

气路连接安装评分表如表 4–10 所示。

表 4-10　气路连接安装评分表

姓名		同组		开始时间			
专业 / 班级				结束时间			
项目内容	考核要求	配分	评分标准		扣分	自评	互评
绘制气路总图	正确绘制总气路	10 分	总气路绘制有错误，每处扣 0.5 分				
绘制各分站气路图	正确绘制各分站气路	5 分	气路绘制有误，每处扣 1 分				
从气泵出来的主气路装配	1．正确连接气路 2．气路连接无漏气现象	5	气路连接未完成或有错，每处扣 2 分 气路连接有漏气现象，每处扣 1 分				
供料站气路的装配	正确安装供料站气路	5	气缸节流阀调整不当，每处扣 1 分				
加工站气路的装配	正确安装加工站气路	5	气路连接有漏气现象，每处扣 1 分				
装配站气路的装配	正确安装装配站气路	5	气路连接有漏气现象，每处扣 1 分				
分拣站气路的装配	正确安装分拣站气路	5	气路连接有漏气现象，每处扣 1 分				
输送站气路的装配	正确安装输送站气路	10	气管没有绑扎或气路连接凌乱，扣 2 分				
按质量要求检查整个气路	气路连接无漏气现象	10	气路连接有漏气现象，每处扣 1 分				
各部分设备的测试	正确完成各部分测试	5	测试未能完成，扣 2.5 分				
整个装置的功能调试	成功完成整个装置的功能调试	10	调试未成功，扣 3 分				
如果有故障及时排除	及时排除故障	10	故障未排除，扣 3 分				
对老师发现和提出的问题进行回答	正确回答老师提出的问题	5	未能回答老师提出的问题扣 2 分				
职业素养与安全意识	现场操作安全保护符合安全操作规程；对工具摆放、包装物品、导线线头等的处理符合职业岗位的要求；团队合作有分工，有合作，配合紧密；遵守赛场纪律，尊重赛场工作人员，爱惜赛场的设备和器材，保持工位的整洁。	10					
教师点评：			成绩（教师）：	总成绩：			

任务三　电路设计和电路连接

1．工作任务内容

根据工作任务书中规定的控制要求的需要，进行自动线控制电路图的设计，并按照工作任务书中 PLC 规定的 I/O 地址连接电器器件。

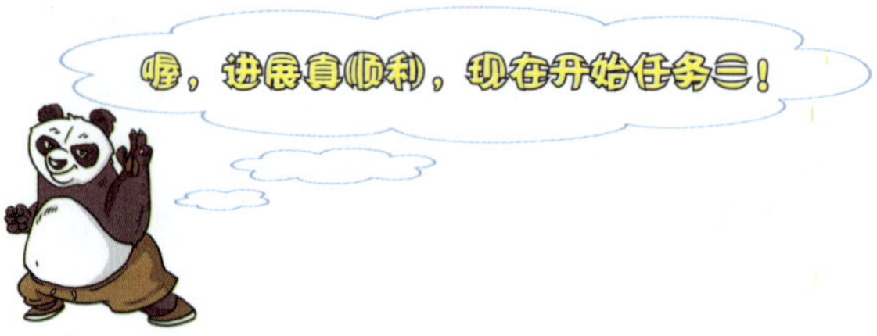

2. 电路设计和电路连接工作计划

电路设计和电路连接工作计划表如表 4–11 所示。

表 4–11 电路设计和电路连接工作计划表

子 任 务	内 容	完成情况
1	自动线电路图设计	
2	自动线各站电路的连接	

子任务一 自动线电路图设计

按照工作任务书规定完成自动线总电路的设计，总电路包括电源电路及各个分站电路（详见光盘中附录 4–3）。

子任务二 各站电路的连接

1. 供料站的电路连接

供电 / 直流电源模块实物图片如图 4–16 所示，按钮模块图片如图 4–17 所示。供料站的电路连接的注意事项如下：

① 供料站的直流工作电源，是由自动产的按钮 / 指示灯 / 直流电源模块提供，经接线端子排引到供料站上。PLC 交流 220V 电源需要单独供给，切记不能与 DC 24V 电源混淆。

② 供料站 PLC 的 I/O 接线是采用双层接线端子排连接的，端子排集中连接本站所有电磁阀、传感器等器件的电气连接线、PLC 的 I/O 端口及直流电源。

③ 上层端子用做连接 DC 24V 公共电源正、负极（V_{CC} 和 0V），连接片的作用是将各分散端子片上层端子排进行电气短接。

④ 下层端子用做信号线的连接，保险座内插装有 2A 的保险管。端口上的每一个端子旁都有数字标号，以标明端子的位地址。

⑤ 按照供料站 PLC 的 I/O 接线原理图接线时，为方便，一般应该先接下层端子，后接上层端子。要仔细辨明原理图中的端子功能标注。注意气缸磁性开关和漫射式光电接近开关的极性不能接反。

⑥ 导线线端应该处理干净，没有线芯外露，一般应该做冷压插针处理。线端应该套规定的线号。

⑦ 导线在端子上的压接，以用手稍用力外拉不动。

⑧ 导线走向应该平顺有序，不能重叠、挤压、折曲、顺序凌乱。线路应该用黑色尼龙扎带进行绑扎，以不使导线外皮变形为宜。

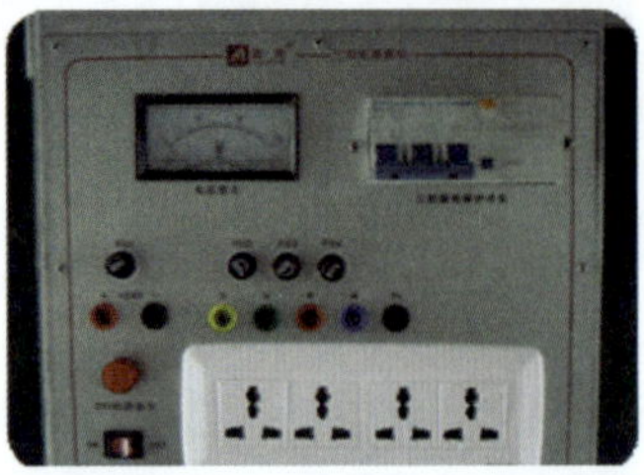

图 4–16　供电 / 直流电源模块图片

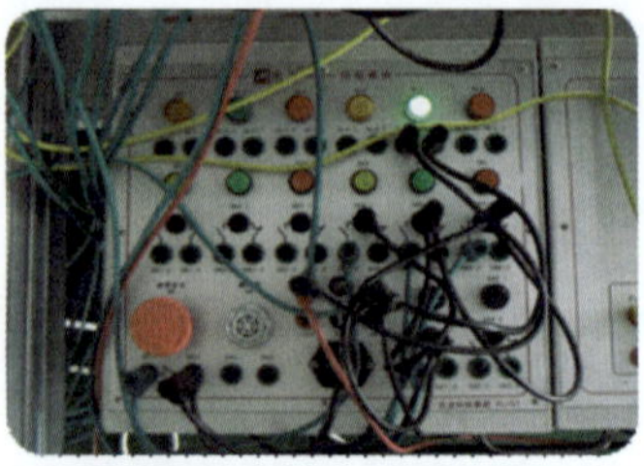

图 4–17　按钮模块图片

2．加工站的电路连接

加工站的电路连接的注意事项如下：

① 加工站的直流工作电源，是由自动生产线的按钮 / 指示灯 / 直流电源模块提供，经接线端子排引到加工站上。PLC 交流 220V 电源需要单独供给，切记不能与直流 24V 电源混淆。

② 加工站 PLC 的 I/O 接线是采用双层接线端子排连接的，端子排集中连接本站所有电磁阀、传感器等器件的电气连接线、PLC 的 I/O 端口及直流电源。

③ 上层端子用做连接 DC　24V 公共电源正、负极（V_{CC} 和 0V），连接片的作用是将各分散端子片上层端子排进行电气短接。

④ 下层端子用做信号线的连接，保险座内插装有 2A 的保险管。端口上的每一个端子旁都有数字标号，以标明端子的位地址。

⑤ 按照加工站 PLC 的 I/O 接线原理图接线时，为方便，一般应该先接下层端子，后接上层端子。要仔细辨明原理图中的端子功能标注。注意气缸磁性开关和漫射式光电接近开关的极性不能接反。

⑥ 导线线端应该处理干净，没有线芯外露，一般应该做冷压插针处理。线端应该套规定的线号。

⑦ 导线在端子上的压接，以用手稍用力外拉为宜。

⑧ 导线走向应该平顺有序，不能重叠、挤压、折曲、顺序凌乱。线路应该用黑色尼龙扎带进行绑扎，以不使导线外皮变形为宜。

3．装配站的电路连接

装配站的电路连接的注意事项如下：

① 装配站的直流工作电源，是由自动生产线的按钮 / 指示灯 / 直流电源模块提供，经接线端子排引到加工站上。PLC 交流 220V 电源需要单独供给，切记不能与直流 24V 电源混淆。

② 装配站 PLC 的 I/O 接线是采用双层接线端子排连接的，端子排集中连接本工作单元所有电磁阀、传感器等器件的电气连接线、PLC 的 I/O 端口及直流电源。

③ 上层端子用做连接 DC　24V 公共电源正、负极（V_{CC} 和 0V），连接片的作用是将各分散端子片上层端子排进行电气短接。

④ 下层端子用做信号线的连接，保险座内插装有 2A 的保险管。端口上的每一个端子旁

都有数字标号，以标明端子的位地址。

⑤ 按照装配站 PLC 的 I/O 接线原理图接线时，为方便，一般应该先接下层端子，后接上层端子。要仔细辨明原理图中的端子功能标注。注意气缸磁性开关和漫射式光电接近开关的极性不能接反。

⑥ 导线线端应该处理干净，没有线芯外露，一般应该做冷压插针处理。线端应该套规定的线号。

⑦ 导线在端子上的压接，以用手稍用力外拉为宜。

⑧ 导线走向应该平顺有序，不得重叠挤压折曲，顺序凌乱。线路应该用黑色尼龙扎带进行绑扎，以不使导线外皮变形为宜。

4. 分拣站的电路连接

分拣站变频器模块如图 4-18 所示。分拣站的电路连接的注意事项如下：

① 分拣站的直流工作电源是由自动生产线的按钮 / 指示灯 / 直流电源模块提供，经接线端子排引到分拣站上。PLC 交流 220V 电源需要单独供给，切记不能与直流 24V 电源混淆。

② 分拣站 PLC 的 I/O 接线是采用双层接线端子排连接的，端子排集中连接本站所有电磁阀、传感器等器件的电气连接线、PLC 的 I/O 端口及直流电源。

③ 上层端子用作连接 DC 24V 公共电源正、负极（V_{CC} 和 0V），连接片的作用是将各分散端子片上层端子排进行电气短接。

④ 下层端子用作信号线的连接，保险座内插装有 2A 的保险管。端口上的每一个端子旁都有数字标号，以标明端子的位地址。

⑤ 按照分拣站 PLC 的 I/O 接线原理图接线时，为方便，一般应该先接下层端子，后接上层端子。要仔细辨明原理图中的端子功能标注。注意气缸磁性开关和漫射式光电接近开关、光纤传感器的极性与信号线不能接反。

⑥ 导线线端应该处理干净，没有线芯外露，一般应该做冷压插针处理。线端应该套规定的线号。

⑦ 导线在端子上的压接，以用手稍用力外拉不动为宜。

⑧ 导线走向应该平顺有序，不得重叠、挤压、折曲、顺序凌乱。线路应该用黑色尼龙扎带进行绑扎，以不使导线外皮变形为宜。

⑨ 进行主电路接线时，变频器模块面板上的 L1、L2、L3 插孔接三相电源，三相电源线应该单独布线；3 个电动机插孔按照 U、V、W 顺序连接到三相电动机。千万不能接错电源，否则会损坏变频器。

⑩ 接地插孔一定要可靠连接保护地线。

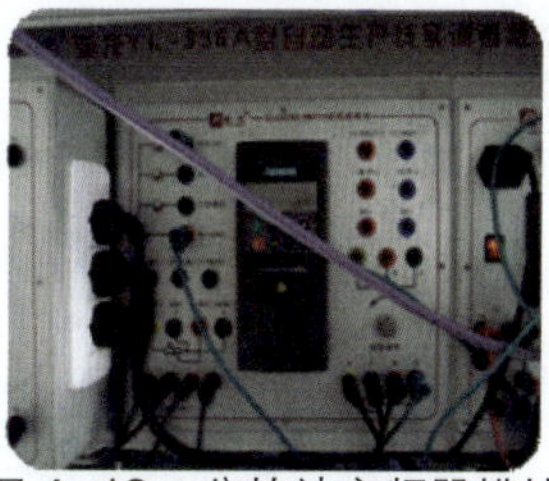

图 4-18　分拣站变频器模块

5. 输送站的电路连接

步进电动机驱动器模块如图 4-19 所示。输送站的电路连接的注意事项如下：

① 输送站的直流工作电源是由自动生产线的按钮 / 指示灯 / 直流电源模块提供。PLC 交流 220V 电源需要单独供给，切记不能与直流 24V 电源混淆。

② 输送站 PLC 的 I/O 接线是采用双层接线端子排连接的，端子排集中连接本站所有电磁阀、传感器等器件的电气连接线、PLC 的 I/O 端口及直流电源。

③ 上层端子用作连接 DC 24V 公共电源正、负极（V_{CC} 和 0V），连接片的作用是将各分散端子片上层端子排进行电气短接。

④ 下层端子用作信号线的连接，保险座内插装有 2A 的保险管。端口上的每一个端子旁都有数字标号，以标明端子的位地址。

⑤ 按照输送站 PLC 的 I/O 接线原理图接线时，为方便，一般应该先接下层端子，后接上层端子。要仔细辨明原理图中的端子功能标注。注意气缸磁性开关的极性不能接反。限位行程开关的接线要接在常闭触点上。

⑥ 导线线端应该处理干净，没有线芯外露，一般应该做冷压插针处理。线端应该套规定的线号。

⑦ 导线在端子上的压接，以用手稍用力外拉为宜。

⑧ 导线走向应该平顺有序，不得重叠、挤压、折曲、顺序凌乱。线路应该用黑色尼龙扎带进行绑扎，以不使导线外皮变形为宜。

⑨ 进行步进电动机驱动器接线时，驱动器上的 U 端与步进电动机的红色、橙色线连接；V 端与步进电机的蓝色、白色线连接；W 端与步进电动机的黄色、绿色线连接。千万不能接错电源，否则步进电动机将不会工作。接地插孔一定要可靠连接保护地线。

⑩ 输送站的电气接线与其他单元不同，PLC 与按钮 / 指示灯 / 直流电源模块、步进电动机驱动器模块间的接线是通过安全导线插接的，而 PLC 与该站的传感器、气动电磁阀等的接线则是用安全导线插接到接线端子排上的安全插孔上，再由接线端子排引出的。

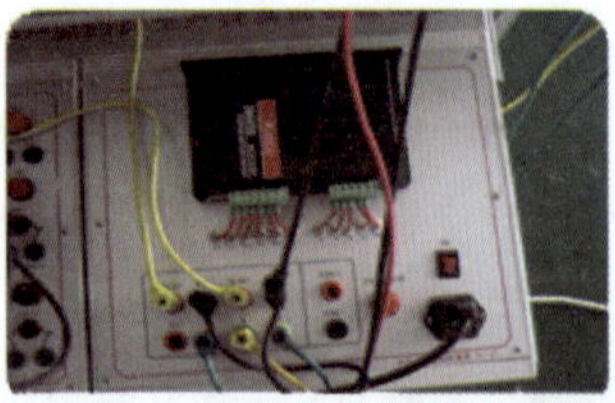

图 4–19　步进电动机驱动器模块

电路设计和电路连接安装评分表

电路设计和电路连接安装评分表如表 4–12 所示。

表 4–12　电路设计和电路连接安装评分表

姓名		同组		开始时间		
专业 / 班级				结束时间		
项目内容	考核要求	配分	评分标准	扣分	自评	互评
总电路图	1. 电路图绘制正确 2. 电路图符号规范		1. 输送站电路绘制有错误，每处扣 0.5 分 2. 机械手装置运动的限位保护没有设置或绘制有错误，扣 1.5 分 3. 变频器及驱动电动机主电路绘制有错误，每处扣 0.5 分 4. 电路图符号不规范，每处扣 0.5 分，最多扣 2 分			
5 个分站 I/O 分配图	1. I/O 分配正确 2. 电路图符号规范		1. 电路图符号不规范，每处扣 0.5 分，最多扣 2 分 2. I/O 分配错误，扣 5 分			

续表

姓名		同组		开始时间		
专业 / 班级				结束时间		
项目内容	考核要求	配分	评分标准	扣分	自评	互评
电路中注意事项	电路无故障		由于个人失误而导致电路出现故障，每处扣 1 分			
职业素养与安全意识		10	现场操作安全保护符合安全操作规程；对工具摆放、包装物品、导线线头等的处理符合职业岗位的要求；团队有分工有合作，配合紧密；遵守赛场纪律，尊重赛场工作人员，爱惜赛场的设备和器材，保持工位的整洁			
教师点评：			成绩（教师）：	总成绩：		

任务四 自动线控制程序设计

1. 工作任务内容

根据竞赛任务书的要求用网线将各分站的 PLC 连网，其次设置合理的地址分配，使 5 个分站数据能按要求进行传递。认真阅读任务书，提炼出各分站的控制要求，并绘出各站流程图；根据流程图确定出 I/O 地址分配以及辅助继电器地址；结合第二篇项目备战和第三篇项目挑战完成各分站程序设计，以实现整体协调工作。

现在需按任务书要求进行网络的组建，以实现 5 个可编程序控制器之间的数据传送；通过对 5 个分站程序的设计，能实现任务书要求的各项控制任务，具有一定拓展开发要求的程序设计能力。

2. 程序设计工作计划

程序设计工作计划如表 4–13 所示。

表 4–13 程序设计工作计划表

子 任 务	内 容	完 成 情 况
1	网络的组建	
2	输送站控制程序设计	
3	供料站控制程序设计	
4	加工站控制程序设计	
5	装配站控制程序设计	
6	分拣站控制程序设计	

子任务一　网络的组建

在 YL-335A 系统中有 5 个 PLC 分别控制 5 个控制站，因此，要想实现自动控制需将这 5 个 PLC 连网。因为按钮及指示灯模块的开关信号连接到输送站的 PLC 输入口，以提供系统的主令信号。因此，在网络中输送站是指定为主站的，其余各站均指定为从站，如图 4-20 所示。

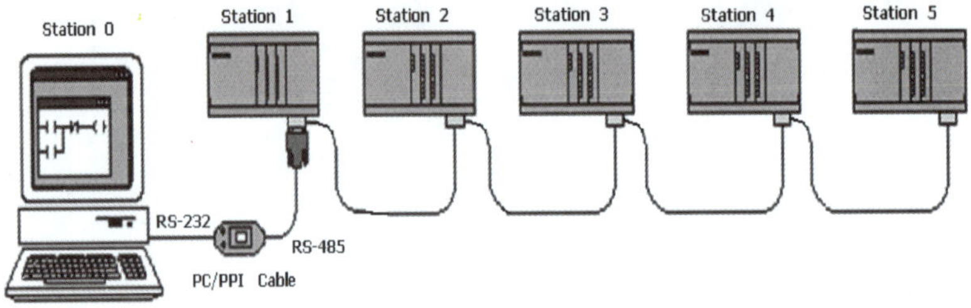

图 4-20　计算机与主站、主站与从站组网结构及信息传输示意图

YL-335A 各工作站 PLC 实现 PPI 通信组网的操作步骤如图 4-21 所示。

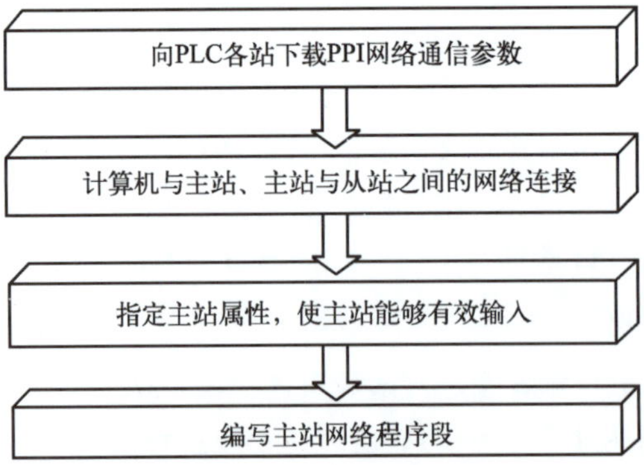

图 4-21　PPI 通信的操作步骤

1. 向 PLC 各站下载 PPI 网络通信参数

使用 PPI/RS485 编程电缆分别对 PPI 网络内每一台 PLC 进行初始化设置，主要是进行 PLC 地址和波特率的参数设置。PLC 地址一般将主站 PORT0 端口设为 1，其他从站分别为 2、3、4、5。西门子 S7-200 系列 PLC 提供两个通信端口（端口 0 和端口 1），我们只使用端口 0。把输送单元 CPU 系统块里端口 0 设置为 1 号站（主站），如图 4-22 所示。利用同样方法分别设置供料站、加工站、装配站和分拣站的 CPU 端口 0 分别为 2、3、4、5 号站。

西门子 S7-200 系列 PLC 提供了 3 种波特率可供选择，分别为 9.6kbit/s、19.2kbit/s 和 187.5kbit/s，还可根据网络状况进行选择，其原则是在确保数据正确传输的前提下，波特率越高越好。

注意：初次下载一般将波特率均设为 9.6kbit/s 或 19.2kbit/s。网络通信正常以后，再次下载程序时，可将波特率改为 187.5 kbit/s，此时每一台 PLC 的地址不可重复，并且具波特率一定要一致。否则，可能会产生通信错误或失败的现象，设备就联动不了。

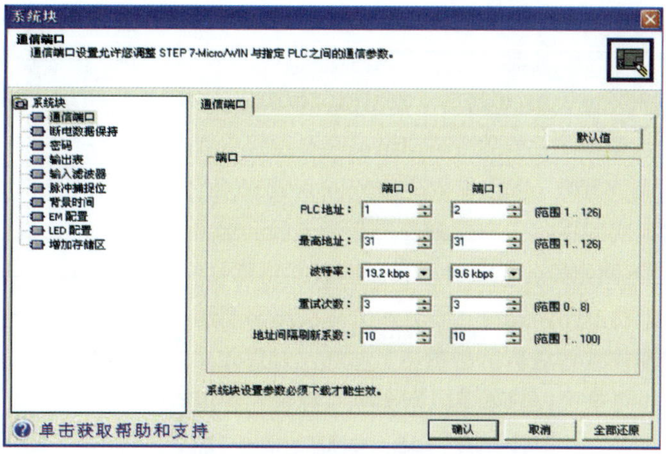

图 4-22　设置输送站 PLC 端口 0 参数

2. 计算机与主站、主站与从站之间的网络连接（硬件连接）

① 使用西门子专用的网络连接器和连接线将每台 PLC 连接成 PPI 网络。

② 将 RS-485/RS-232 PPI 编程电缆插到主站 PLC 的带编程接口的连接器上，运行 STEP7-Micro/WIN 软件，双击“通信”按钮，在弹出的“通信”对话框中，双击刷新 PC/PPI Cable，若网络通信正常，会在该窗口中显示出 PPI 网络内每一台 PLC 及其相应地址，如图 4-23 所示。

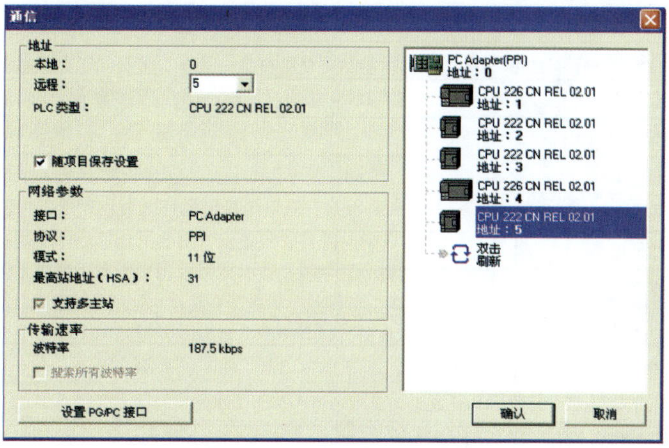

图 4-23　PPI 网络上的 5 个站

> **注意**：若通信失败或是个别 PLC 没有通信上，首先应检查通信连接线路是否正确，是否有连接松动现象；通过程序上载功能，检查相应的 PLC 地址是否冲突；波特率设置是否一致等。如果还是通信失败，我们应检查 PLC 接线，或换用其他 PLC 试试，直至通信正常为止。

3. 编写主站网络读 / 写程序段

在编写主站的网络读 / 写程序前，应预先规划好表 4-14 所示的数据。

表 4–14　网络读 / 写数据规划实例

输送站 1# 站（主站）	供料站 2# 站（从站）	加工站 3# 站（从站）	装配站 4# 站（从站）	分拣站 5# 站（从站）
发送数据的长度	2B	2B	2B	2B
从主站何处发送	VB1000	VB1000	VB1000	VB1000
发往从站何处	VB1000	VB1000	VB1000	VB1000
接收数据的长度	2B	2B	2B	2B
数据来自从站何处	VB1010	VB1010	VB1010	VB1010
数据存到主站何处	VB1200	VB1204	VB1208	VB1212

然后根据任务书的要求，确定通信数据地址如表 4–15 所示。

表 4–15　存储器的地址分配

主站发送数据区	数据含义	供料站接受区（2）	加工站接受区（3）	装配站接受区（4）	分拣站接受区（5）
地址		地址	地址	地址	地址
V1000.0	联机模式	V1000.0	V1000.0	V1000.0	V1000.0
V1000.1	系统运行	V1000.1	V1000.1	V1000.1	V1000.1
V1000.2	系统急停	V1000.2	V1000.2	V1000.2	V1000.2
V1000.3	从站复位命令	V1000.3	V1000.3	V1000.3	V1000.3
V1000.4	系统复位完成	×	×	V1000.4	×
V1000.5	推料允许	V1000.5	×	×	×
V1000.6	加工允许	×	V1000.6	×	×
V1000.7	装配允许	×	×	V1000.7	
V1001.0	分拣允许	×	×		V1001.0
V1001.1	工件不足	×	×	V1001.1	×
V1001.2	工件没有	×	×	V1001.2	×
V1001.3	工件是废品	×	×	×	V1001.3
V1001.4	分拣完成	×	V1001.4	×	×
V1200.0	供料站初始化态	V1010.0	×	×	×
V1200.1	供料站料不够	V1010.1	×	×	×
V1200.2	供料站物料无	V1010.2	×	×	×
V1200.3	供料站台物有	V1010.3	×	×	×
V1204.0	加工站初始化态	×	V1010.0	×	×
V1204.1	加工站料台物有	×	V1010.1	×	×
V1204.2	加工完成	×	V1010.2	×	×
V1204.3	工件是废品	×	V1010.3	×	×
V1208.0	装配站初始化态	×	×	V1010.0	×
V1208.2	装配站物料不够	×	×	V1010.2	×
V1208.3	装配站物料无	×	×	V1010.3	×
V1208.4	装配站料台物有	×	×	V1010.4	×
V1208.5	装配完成	×	×	V1010.5	×
V1212.0	分拣站初始化态	×	×	×	V1010.0
V1212.1	分拣完成	×	×	×	V1010.1

根据上述数据，即可编制主站的网络读 / 写程序。但更简便的方法是借助网络读写向导程序，这一向导程序可以快速简单地配置复杂的网络读 / 写指令操作，并为所需的功能提供一系列选项。一旦完成，向导将为所选配置生成程序代码。并初始化指定的 PLC 为 PPI 主站模式，同时使能网络读 / 写操作。其具体操作步骤如下：

① 启动网络读 / 写向导程序，在 STEP7 V4.0 软件命令菜单中选择“工具”→“指令导向”命令，并且在指令向导窗口中选择 NETR/NETW（网络读 / 写）选项，单击“下一步”按钮后，就会出现“NETR/NETW 指令向导”界面，如图 4–24 所示。本界面和紧接着的下一个界面，将要求用户提供希望配置的网络读 / 写操作总数、指定进行读 / 写操作的通信端口、指定配置完成后生成的子程序名称，完成这些设置后，将进入对具体每一条网络读或写指令的参数进行设置的界面。

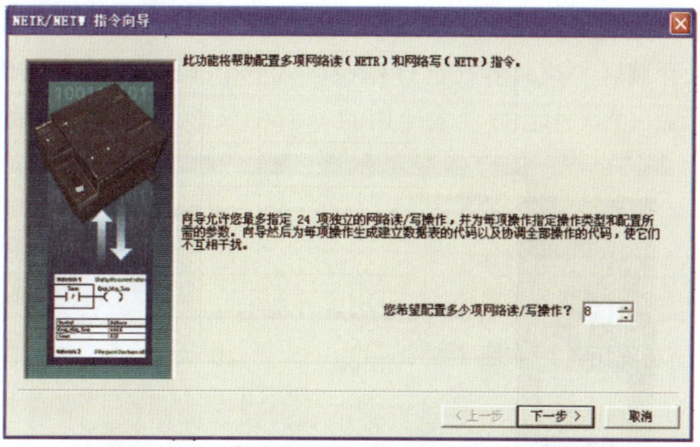

图 4–24 “NETR/NETW 指令向导”界面

② 在本例子中，8 项网络读 / 写操作如下安排：第 1 ~ 4 项为网络读操作，主站读取各从站数据。第 5 ~ 8 项为网络写操作，主站向各从站发送数据。图 4–25 所示为第 1 项操作配置界面。在该对话框中，选择 NETR 操作，按表 4–14 中供料单元（2# 从站）规划填写数据。

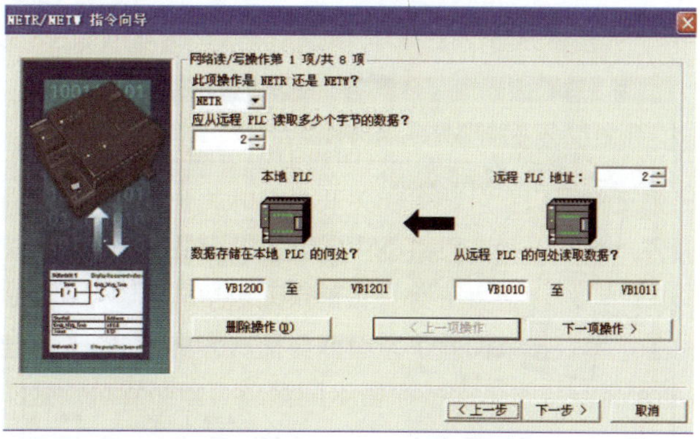

图 4–25 对供料单元的网络读操作

③ 单击“下一项操作”按钮，填写对加工站（2# 从站）读操作的参数，以此类推，直到第 4 项，完成对分拣单元（4# 从站）读操作的参数填写。再单击“下一项操作”按钮，进入第 5 项配置，第 5 ~ 8 项都是选择网络写操作，按表 4–14 所示的各站规划逐项填写数据，直至 8 项操作配置完成。图 4–26 所示是对供料站的网络写操作配置。

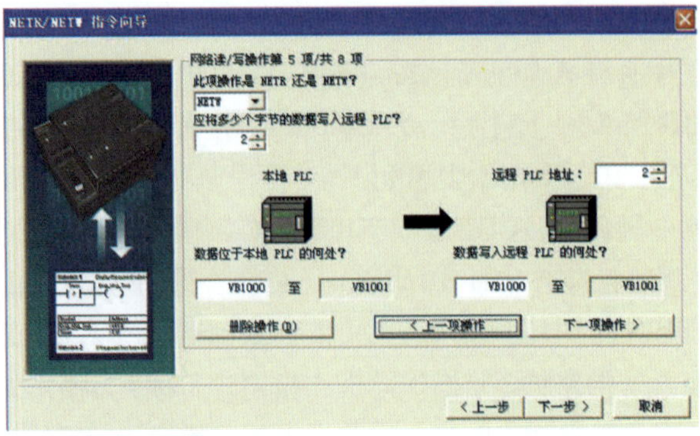

图 4-26　对供料站的网络写操作配置

④ 8 项配置完成后，单击“下一步”按钮，导向程序将要求指定一个 V 存储区的起始地址，以便将此配置放入 V 存储区。这时若在选择框中填入一个 VB 值（如 VB100），单击“建议地址”按钮，程序将自动建议一个大小合适且未使用的 V 存储区地址范围，如图 4–27 所示。

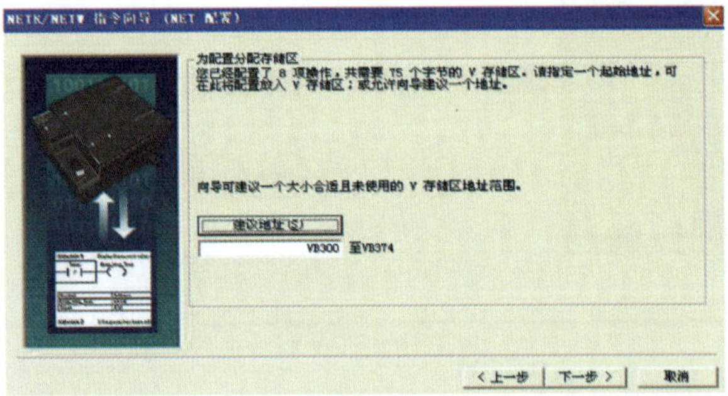

图 4–27　为配置分配存储区

⑤ 单击“下一步”按钮，全部配置完成，向导将为所选的配置生成项目组件，如图 4–28 所示。修改或确认图中各栏目后，单击“完成”按钮，借助网络读 / 写向导程序配置网络读 / 写操作的工作结束。此时，指令向导界面将消失，程序编辑器窗口将增加 NET_EXE 子程序标记。

图 4–28　生成项目组件

⑥ 要在程序中使用上面所完成的配置，须在主程序块中加入对子程序 NET_EXE 的调用。使用 SM0.0 在每个扫描周期内调用此子程序，这将开始执行配置的网络读 / 写操作。

知识、技能归纳

多个 PLC 控制的不同工作站，要想实现自动控制离不开 PLC 网络通信。PLC 网络通信的方

式有多种，串行通信是工业现场常用的方式，S7—200 PLC 的通信端口物理上是一个 RS—485 端口，默认的通信软件协议为 PPI，用户在使用网络读 / 写命令和向导程序时，必须注意两个或多个通信的 PLC 之间，通信参数的设置必须一致，在主 / 从模式下只能有一个主站。

PPI 是一种主—从协议通信，主—从站在一个令牌环网中，主站发送要求到从站，从站响应；从站不发信息，只是等待主站的要求并对要求作出响应。如果在用户程序中使能 PPI 主站模式，就可以在主站程序中使用网络读 / 写指令来读或写从站的信息。

工程素质培养

思考一下 PLC 网络连接的类型有哪些？它们分别怎么连接？通信协议有几种？怎样进行数据通信？查阅 S7—200 系统手册及相关的参考书。

子任务二 输送站控制程序设计

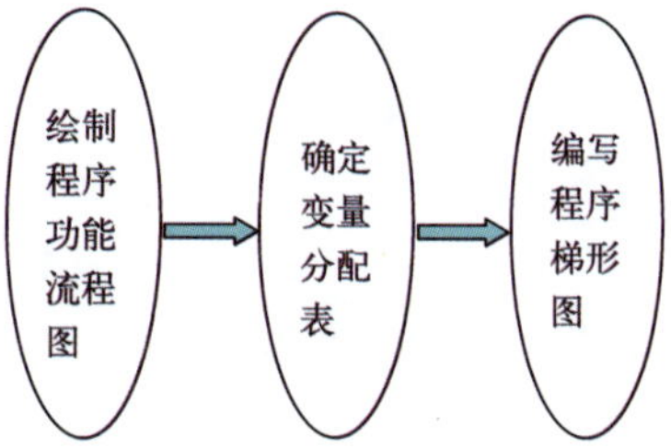

输送站控制程序设计要注意以下事项：

① 最好不要使用双线圈输出。

② 根据原则来编写程序。例如对 M0 使用了 SET M0 指令，在程序中一般也会存在 RST M0 指令。

③ 不要把所有的程序都在主程序里执行，要将主程序分解成几个子程序，以便于编写、调试阅读程序。否则，当程序到达一定的规模和复杂度时，程序阅读和调试将变得困难。

④ 编写程序时要养成注释的良好习惯。程序清晰的注释有助于程序的调试和阅读交流。没有注释的程序，是垃圾程序，阅读是困难的，并且浪费时间。

⑤ I/O 表要定义，程序段、子程序都要注释。程序段、子程序的注释最好在编写程序的时候就标注。如果编写完程序后再注释，容易忘记。

⑥ 尽量多用顺控指令来编写程序，这样程序会便于调试。

下面开始遵循上述步骤和注意事项编写各站程序。

输送站作为主站，其控制顺序要求：系统复位；机械手在供料站工件的抓取；从供料站转移到加工站；机械手在加工站放下和抓取工件；从加工站移到装配站；机械手在装配站放下和抓取工件；从装配站移到分拣站；在分拣站放下工件；抓取机械手返回原点。

输送站作为主站是整个系统的组织者，同时承担着各从站的输送任务，根据控制要求，输送站的控制程序应包括如下功能：

① 处理来自按钮 / 指示灯模块的主令信号和各从站的状态反馈信号，产生系统的控制信号，通过网络读 / 写指令，向各从站发出控制命令。

② 实现本工作站的工艺任务，包括：步进电动机的定位控制和机械手装置的抓取、放下工件的控制。

③ 处理运行中途停车后（如掉电、紧急停止等），复位到原点的操作。

上述功能可通过编写相应的子程序，在主程序中调用实现。其中，为实现步进电动机的定位控制，设计了 8 个运动包络，如表 4–16 所示。

表 4–16　步进电动机运行的运动包络

运动包络	站　点		脉冲量	移动方向
1	供料站→加工站	470mm	85600	
2	加工站→装配站	286mm	51900	
3	装配站→分拣站	235mm	43000	
4	供料站→装配站	756mm	137900	
5	供料站→分拣站	991mm	180900	
6	加工站→分拣站	521mm	95000	
7	分拣站→回零	925mm	168000+20000	DIR
0	低速回零		单速返回	DIR

1. 输送单元的控制流程

输送单元的控制流程图如图 4–29 所示。

2. I/O 及地址分配表

设计 PLC 的 I/O 及地址分配表如表 4–17。

表 4–17　I/O 及地址分配表

序号	符号名称	符号	序号	符号名称	符号
1	放料完成标志	M4.1	28	提升下限	I0.4
2	抓料完成标志	M4.0	29	提升上限	I0.5
3	工件是废品保存	M3.7	30	转缸左转限位	I0.6
4	停止命令存储	M3.6	31	转缸右转限位	I0.7
5	包络存储	VB1600	32	手抓伸到位	I1.0
6	急停复位回零脉冲	M3.5	33	手抓缩到位	I1.1
7	急停复位回零	M3.1	34	手抓夹到位	I1.2
8	上电延时回零	T97	35	工作模式切换（1= 联机；0= 单机）	I1.6
9	主站上电回零	M3.0	36	复位按钮	I1.7
10	联机模式	M3.4	37	启动按钮	I2.0
11	分拣完成保存	M2.7	38	停止按钮	I2.1
12	系统禁止启动	M2.6	39	急停按钮	I2.2
13	分拣允许	M2.4	40	脉冲	Q0.0
14	加工允许	M2.3	41	方向	Q0.2
15	装配允许	M2.2	42	提升台上升电磁阀	Q0.3
16	包络 1 完成标志	M1.0	43	回转气缸左转电磁阀	Q0.4
17	允许执行手抓控制程序	M0.7	44	手抓伸出电磁阀	Q0.5
18	系统运行	M0.6	45	手抓夹紧电磁阀	Q0.6
19	系统复位完成	M0.4	46	手抓放松电磁阀	Q0.7
20	从站复位命令	M0.3	47	通信正常	Q1.3
21	归零完成	M0.5	48	通信故障	Q1.4
22	系统上电复位	M0.2	49	供料站初始化状态	M10.0
23	系统初始化状态	M0.1	50	供料站料不够	M10.1
24	传输站初始状态	M0.0	51	供料站物料无	M10.2
25	原点限位开关	I0.0	52	供料站料台物料有	M10.3
26	右限位开关	I0.2	53	加工站初始化状态	M11.0
27	限位开关	I0.3	54	加工站料台物料有	M11.1

续表

序号	符号名称	符号	序号	符号名称	符号
55	加工完成	M11.2	60	装配站料台物料有	M12.3
56	工件是废品	M11.3	61	装配完成	M12.4
57	装配站初始化状态	M12.0	62	分拣站初始化状态	M13.0
58	装配站物料不够	M12.1	63	分拣完成	M13.1
59	装配站物料无	M12.2			

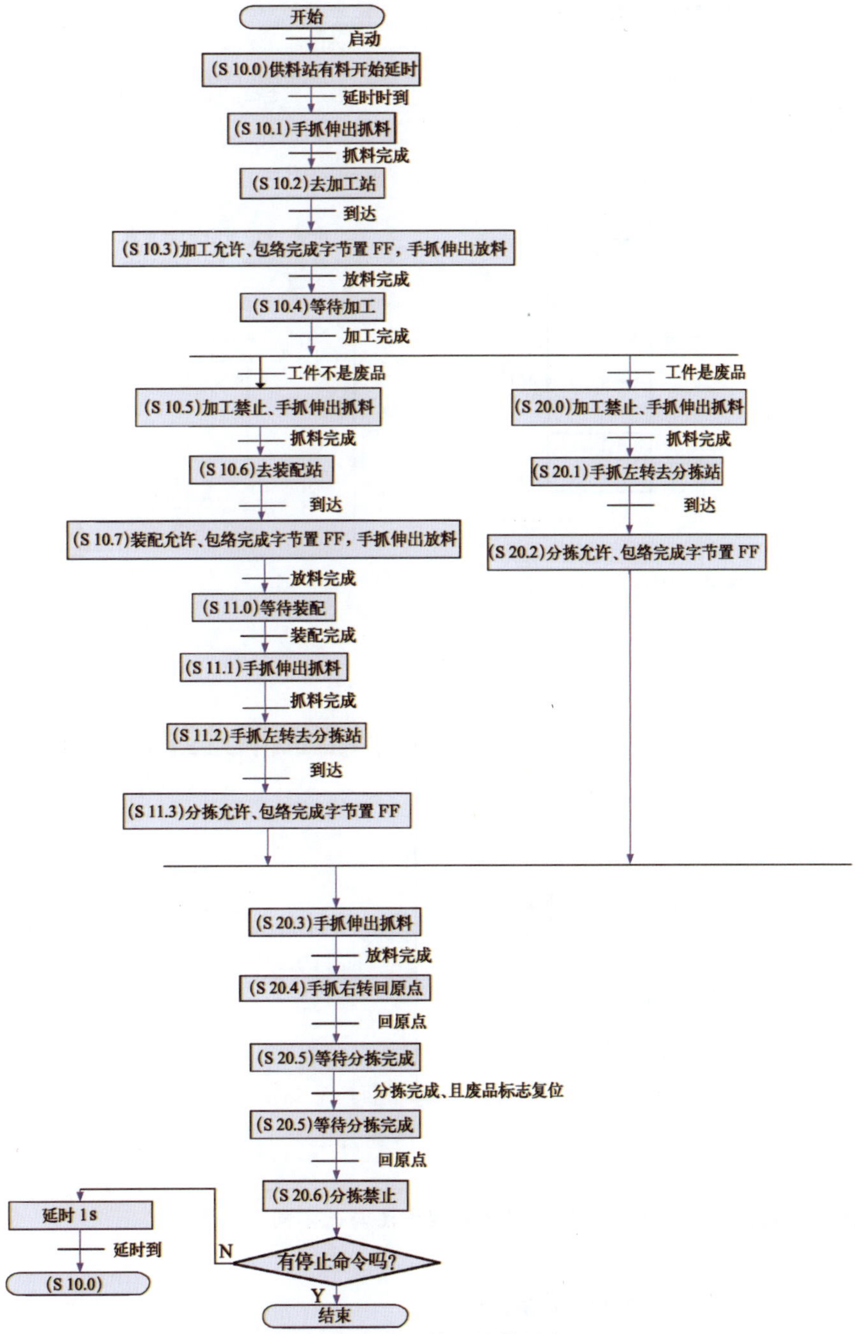

图 4−29　输送单元的控制流程

根据以上 I/0 分配图及控制流程图设计出输送站的控制程序如下 ：

3. 输送站程序设计

（1）输送站主程序

在主程序中调用复位子程序、手抓控制子程序、网络读 / 写子程序及通信处理子程序等，如图 4–30 所示。主程序编好后可编出相应的子程序。

注意：试题中增加套件数量指示。

（2）复位子程序

① 系统上电延时复位，如图 4–31 所示。

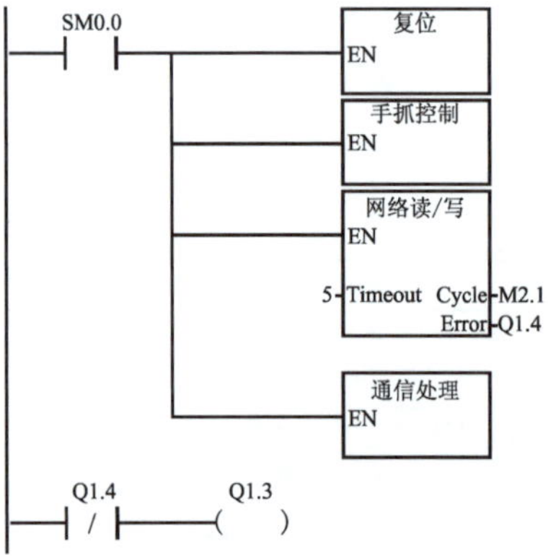

图 4–30

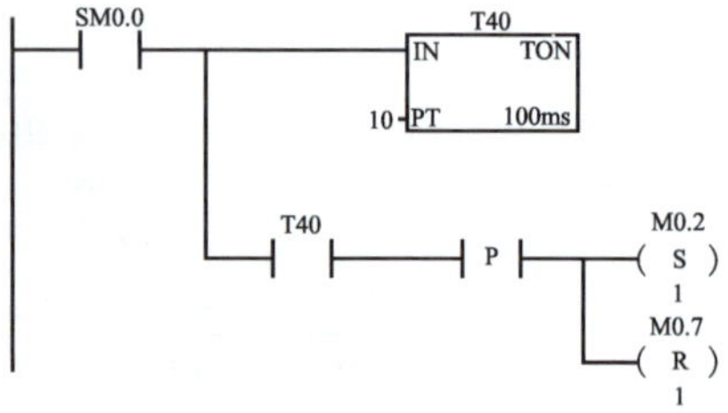

图 4–31

② 上电复位，如图 4–32 所示。

③ 输送站复位，如图 4–33 所示。

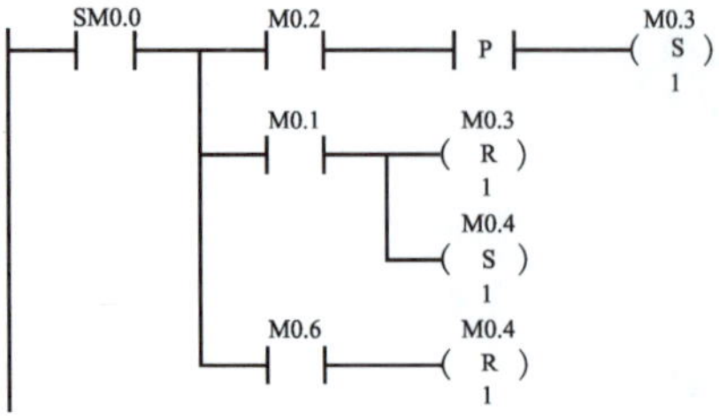

图 4–32

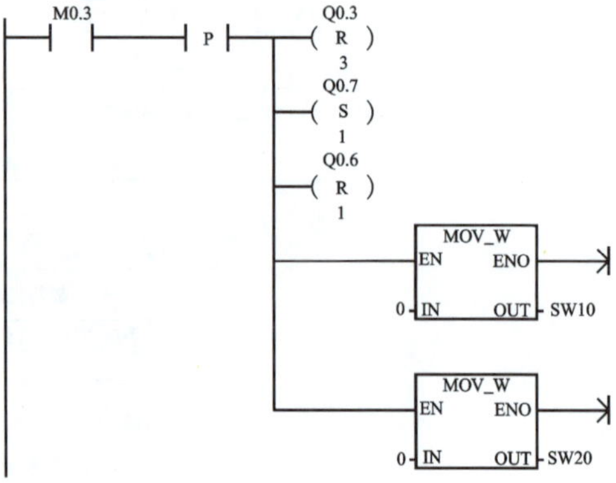

图 4–33

注意：试题在急停按下和复位后程序处理方法与此不同。

④ 输送站上电复位，如图 4–34 所示。

⑤ 上电延时回零，如图 4–35 所示。

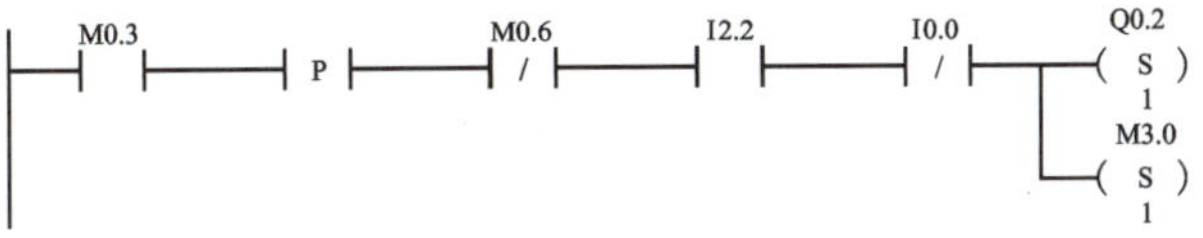

图 4–34

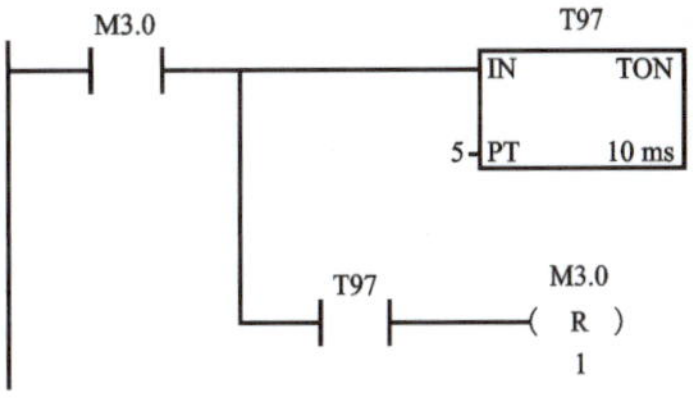

图 4–35

⑥ 如果输送站的步进电动机在运行中，急停复位后输送站回零，如图 4–36 所示。

⑦ 步进电动机停止保护控制，如图 4–37 所示。

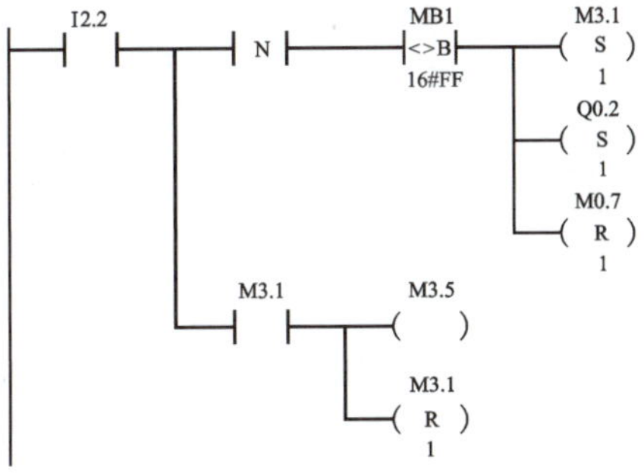

图 4–36

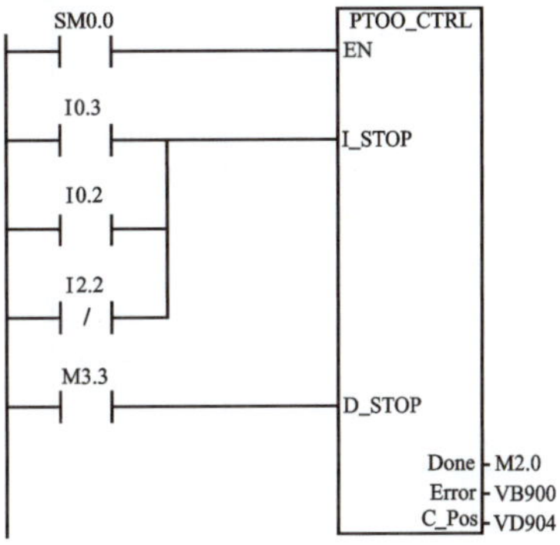

图 4–37

⑧ 回零，如图 4–38 所示。

⑨ 归零完成，到达各站的标志位复位，允许执行手抓控制子程序部分，如图 4–39 所示。

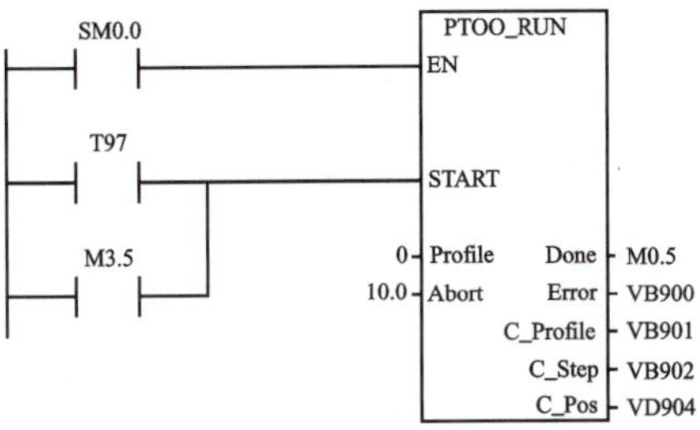

图 4–38

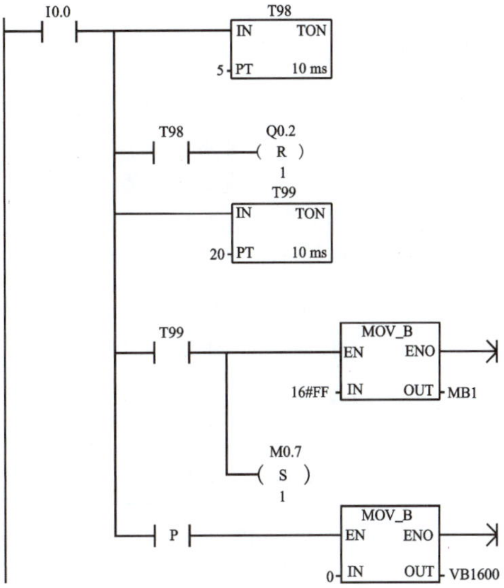

图 4–39

⑩ 输送站处于初始化状态，如图 4–40 所示。

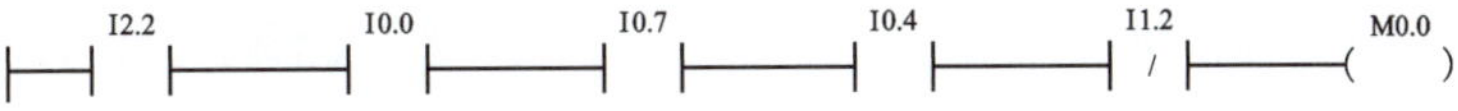

图 4–40

⑪ 系统处于初始化状态，如图 4-41 所示。

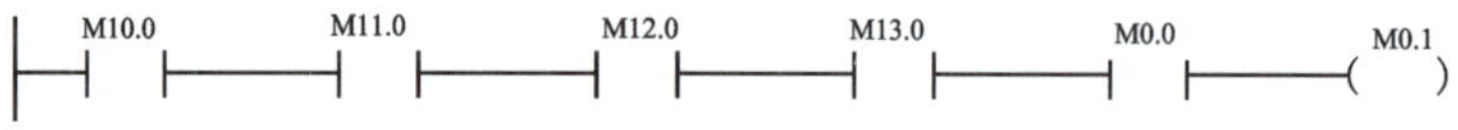

图 4-41

（3）抓料子程序

抓料子程序完成包括伸出、夹紧、上升、缩回等工作，如图 4-42 所示。

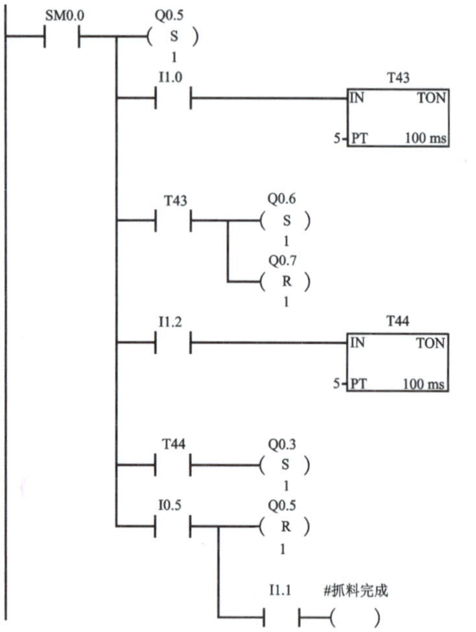

图 4-42

注意：1. 比赛题目的工件设置有限制（最多 7 套），当完成预设的套件数时，系统会自动停止。而样题没有套件数设定且没有出现异常的话，系统将会一直运行。2. 样题是先加工后装配；试题是先装配后加工。

（4）手抓控制程序

① 联机模式控制，如图 4-43 所示。

② 系统启停控制，如图 4-44 所示。

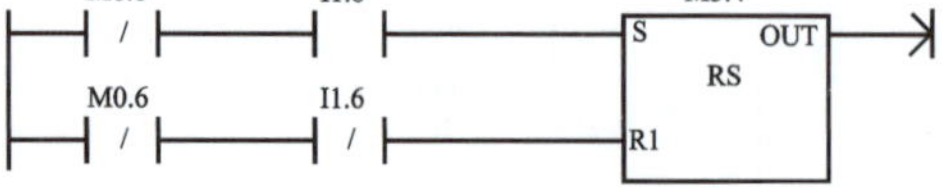

图 4-43

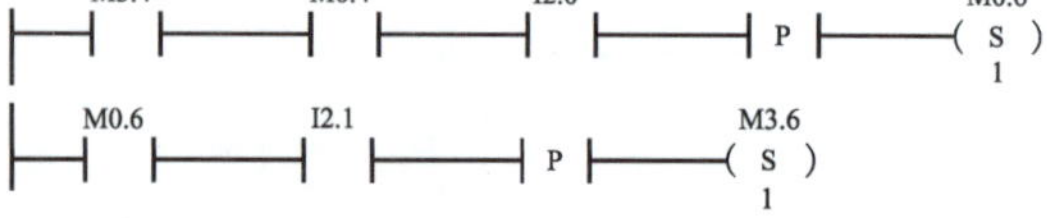

图 4-44

③ 系统停止，数据处理，分拣完成后脉冲信号保存，如图 4-45 所示。

④ 手抓电磁阀复位

a．手抓放松 0.5s 后，手抓放松电磁阀复位；手抓抓紧到位，则手抓夹紧电磁阀复位；在手抓的过程中，如果急停按钮动作，就会停止程序的执行。当检测到物料台有物料时，就给手抓发出命令去提取工件，如图 4-46 所示。

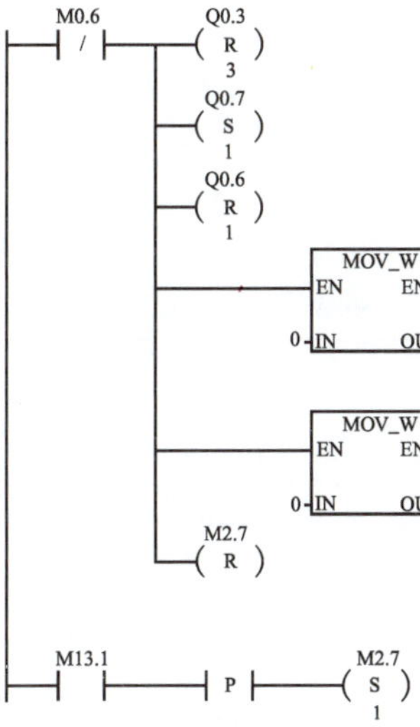

图 4-45

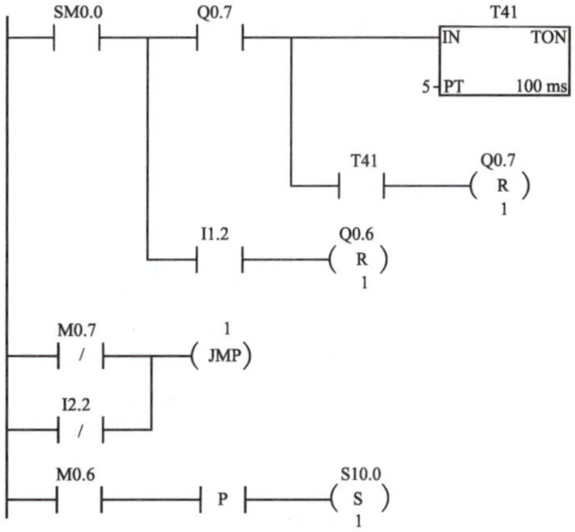

图 4-46

b．供料站物料台物料有，就进行检测定时，1s 后，转移到 S10.1，如图 4-47 所示。

c．手爪伸出、夹紧、提升到上限，抓料完成后，转到 S10.2，如图 4-48 所示。

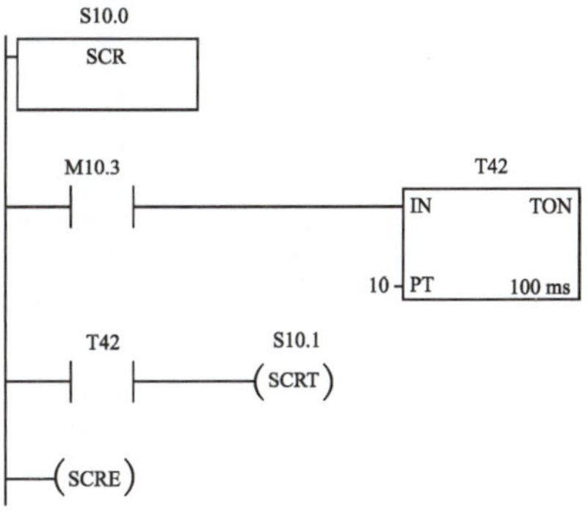

图 4-47

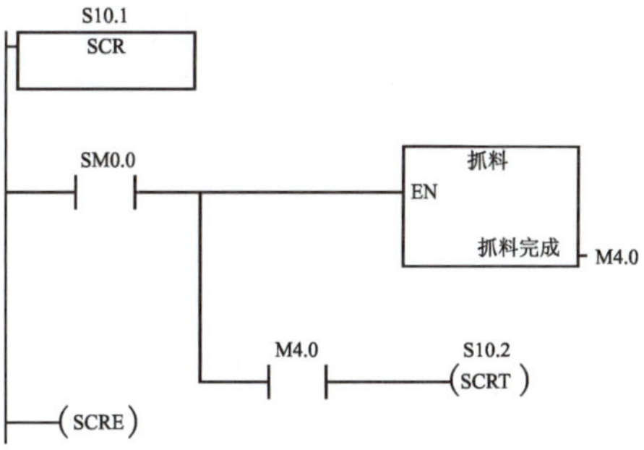

图 4-48

d．包络 1 完成后，转到加工站，此时工件加工允许，如图 4-49 所示。

e．到达加工站，手抓伸出、下降、放松、缩回，直到放料定时器发出放料完成信号，如图 4-50 所示。

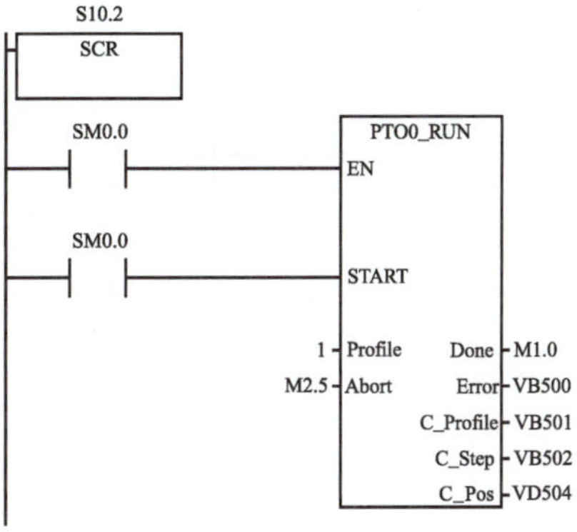

图 4-49

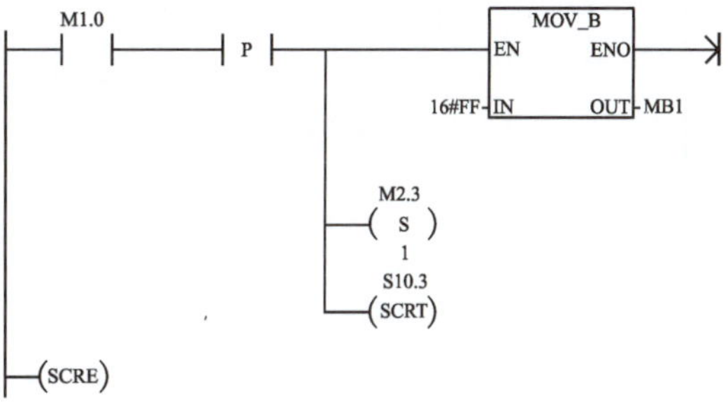

图 4-50

f．等待加工完成，如图 4–51 所示。

g．加工完成后，如果工件是废品，转到 S20.0，使废品投入废品站；如果是正品，转到 S10.5，使工件等待装配，如图 4–52 所示。

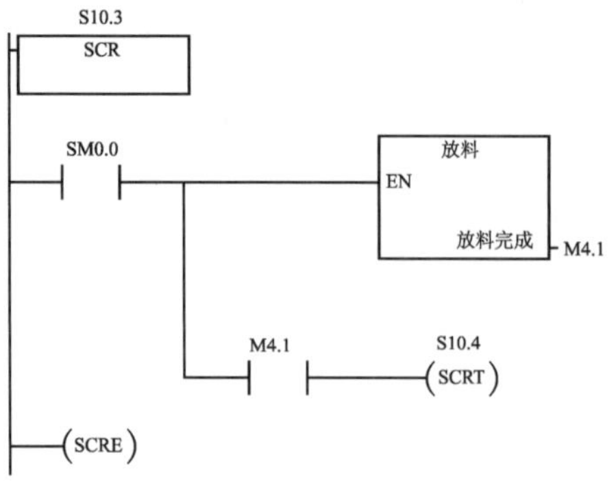

图 4–51

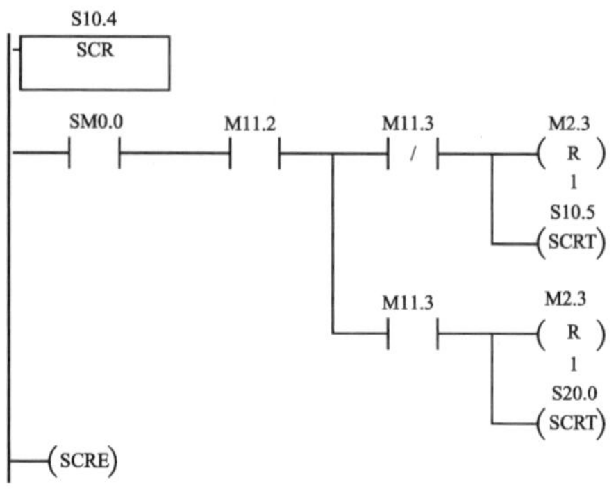

图 4–52

h．抓料完成后，转到 S10.6，去装配站。如图 4–53 所示。

i．S10.6，装配站，如图 4–54 所示。

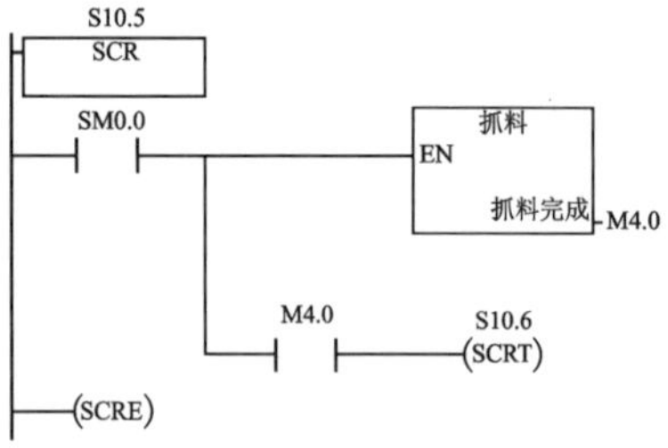

图 4–53

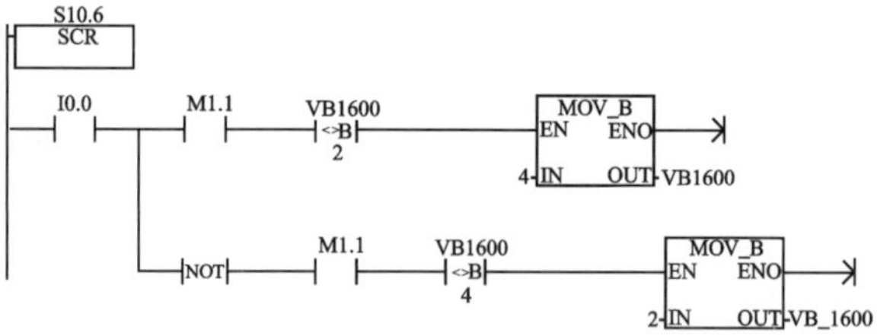

图 4–54

j．包络执行完毕，到达装配站。装配允许置 1，等待装配，允许手抓放料，如图 4–55 所示。

k．放料完成等待装配，如图 4–56 所示。

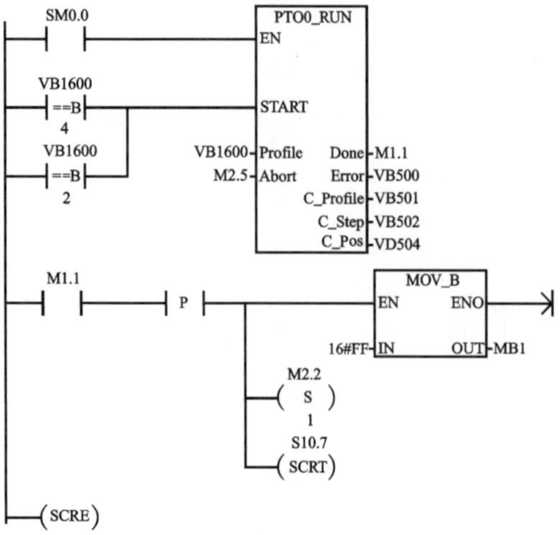

图 4–55

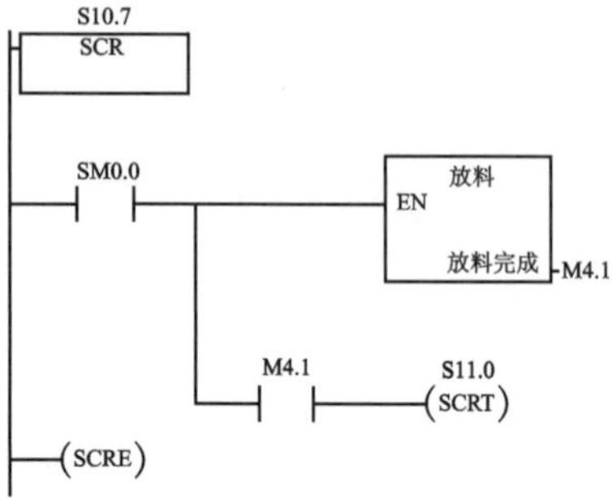

图 4–56

l．装配完成后，允许手抓抓料将工件送到分拣站，如图 4–57 所示。

m．抓料完成后，手抓左转，去分拣站，如图 4–58 所示。

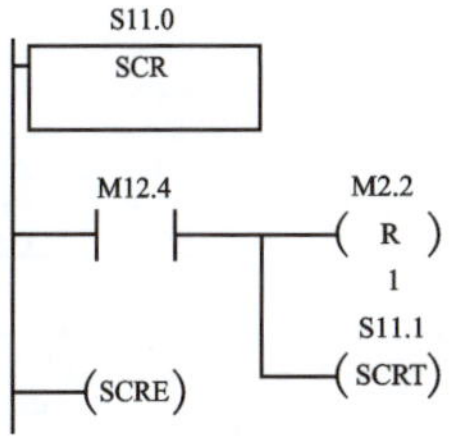

图 4–57

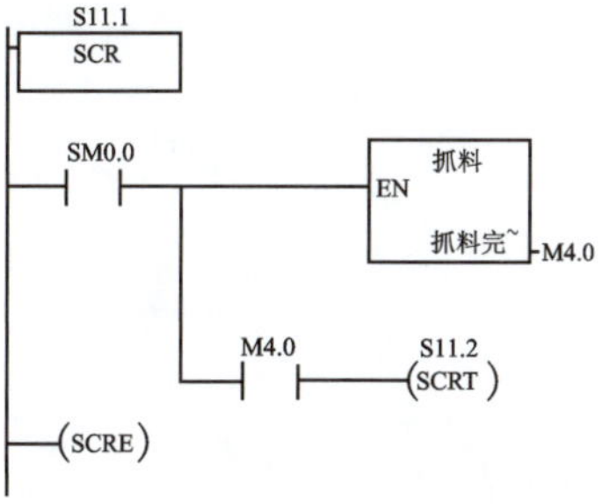

图 4–58

n．左转，如图 4–59 和图 4–60 所示。

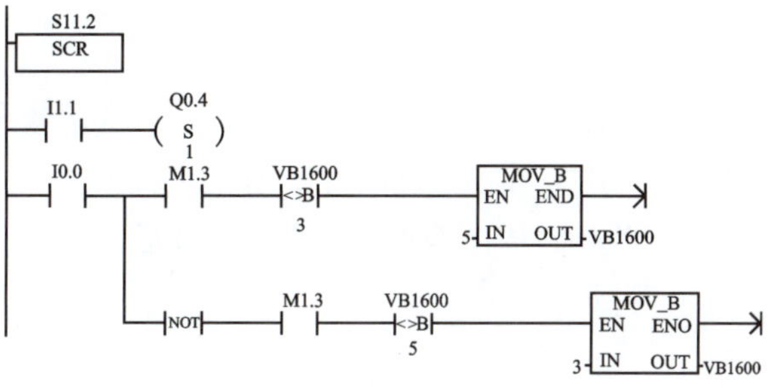

图 4–59

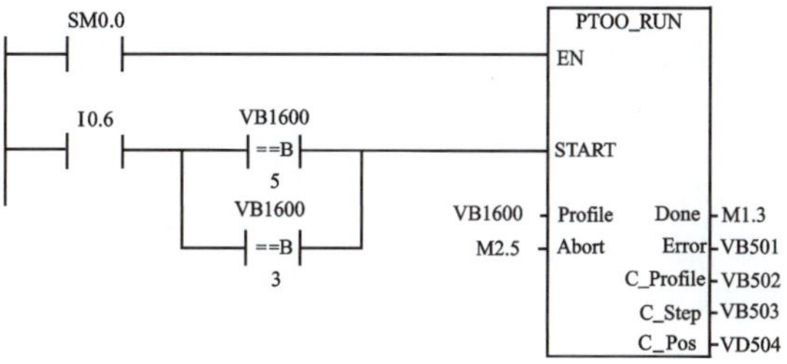

图 4–60

o．执行完毕，分拣允许，如图 4–61 所示。

p．完成抓料，如图 4–62 所示。

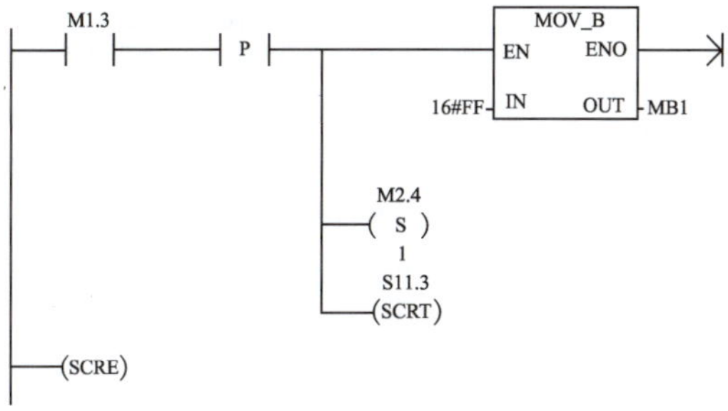

图 4–61

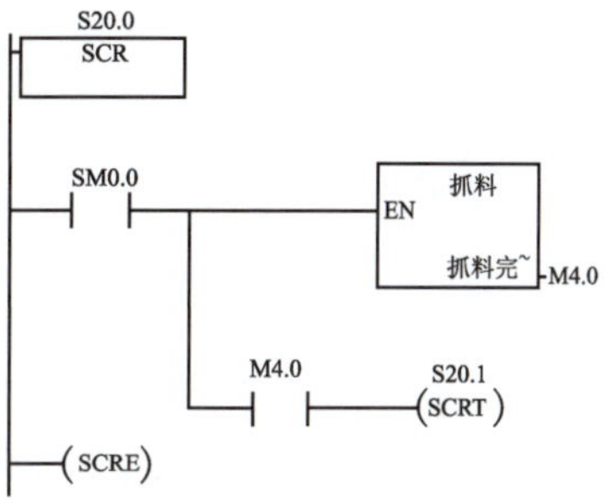

图 4–62

q．如果是废品，左转，去分拣站。如果急停后归零，则执行包络 5（分拣站到供料站），否则执行包络 6（加工站到分拣站），如图 4–63 和 4–64 所示。

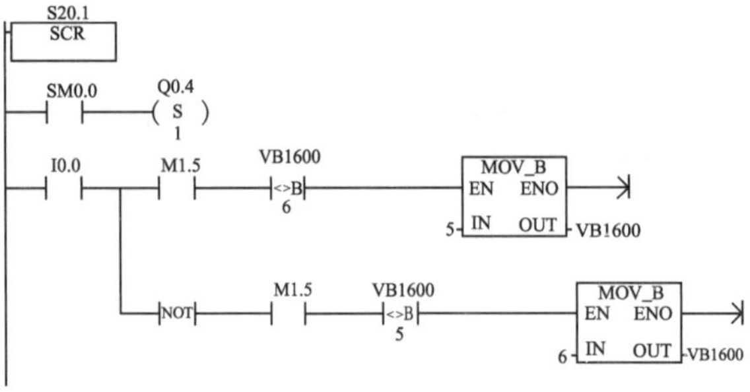

图 4–63

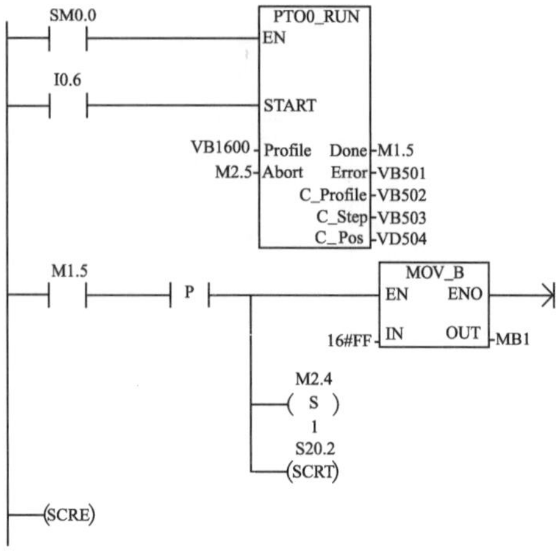

图 4–64

r．两路汇合（工件是废品与工件不是废品两路），使手抓伸出放料，如图 4–65 所示。

s．方向更改后，包络延时执行右转（延时 2s），放料完成后，手抓右转回原点，如图 4–66 和图 4–67 所示。

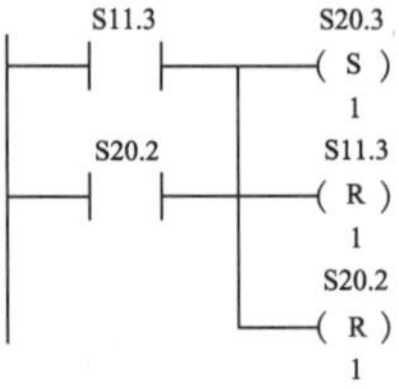

图 4–65

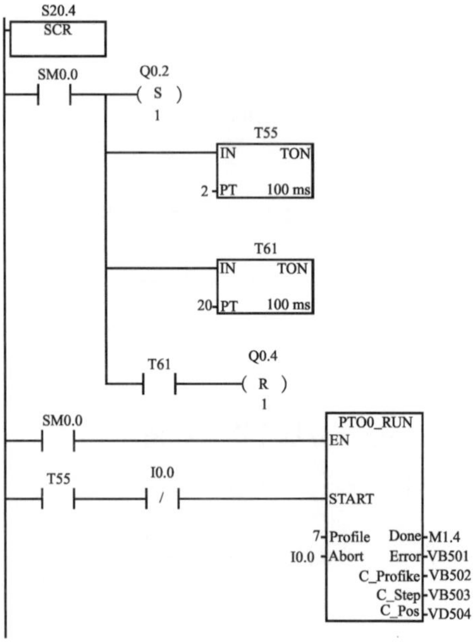

图 4–66

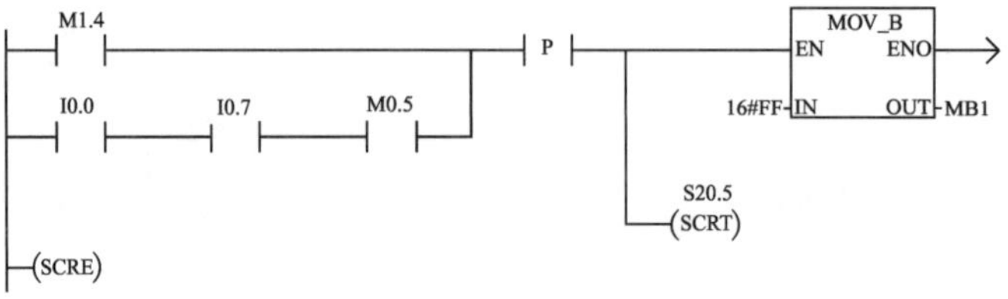

图 4–67

t. 分拣完成（分拣完成后，废品标志复位），如图 4–68 所示。

u. 1s 后，下个周期开始，手抓重新去执行下个过程，如图 4–69 所示。

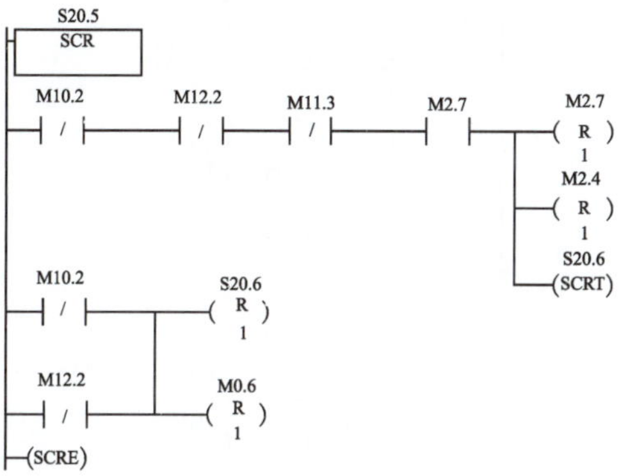

图 4–68

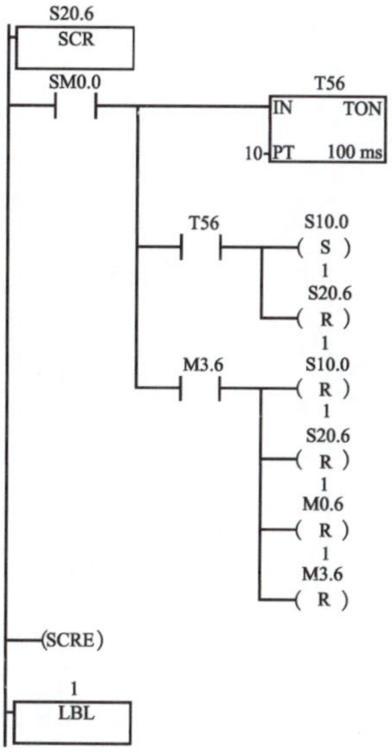

图 4–69

（5）放料子程序

放料步骤：手爪伸出、下降、松开、缩回。其中，手爪伸出电磁阀置 1；当手爪伸到位后提升台上升电磁阀置 0；当到达提升下限时手爪放松电磁阀置 1，手爪夹紧电磁阀置 0，如图 4–70 所示。

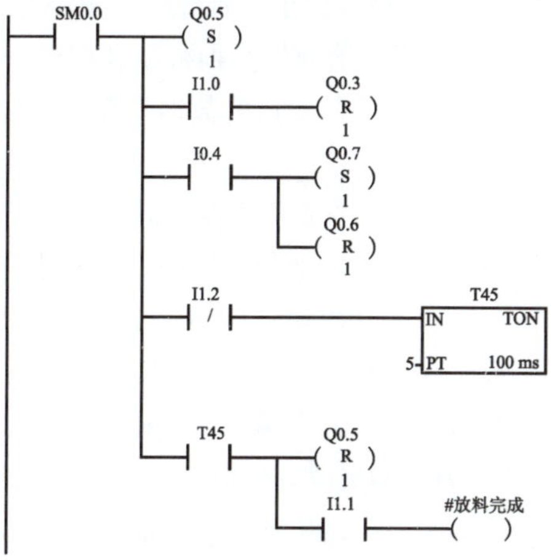

图 4–70

（6）通信处理子程序

① 数据接收区，4 个跳转分支，如图 4–71 所示，分别为：

- 供料站初始化状态；供料站料不够；供料站物料无；供料站物料台物料有。
- 加工站初始化状态；加工站料台物料有；加工完成标志；工件是废品。
- 装配站初始化状态；装配站物料不够；装配站物料无；装配站料台物料有；装配完成标志。
- 分拣站初始化状态；分拣完成。

② 数据发送区，如图 4–72 所示。

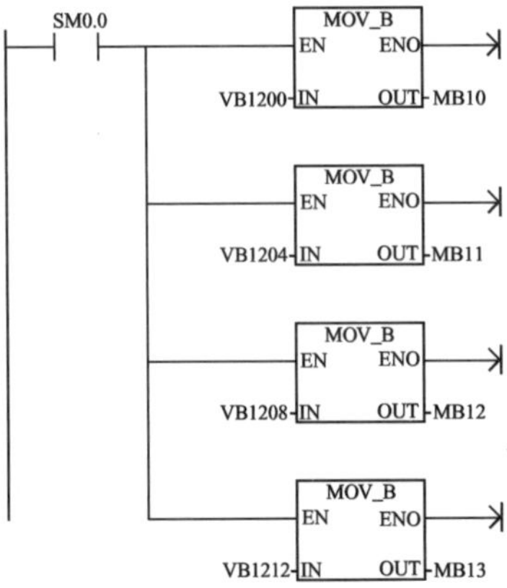

图 4–71

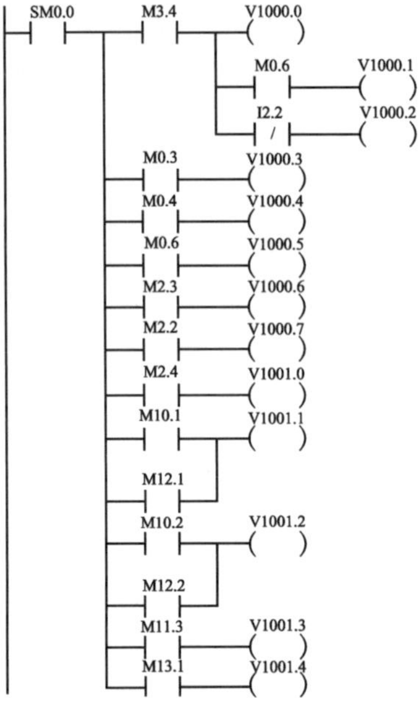

图 4–72

需要注意的是：

① 通信脉冲信号丢失。如果通信选择 9.6kbit/s,19.2kbit/s 波特率，由于波特率低，通信时间会变长,有些脉冲信号的通信会出错。因此，在通信距离允许范围内把波特率尽量提高。例如，波特率选择 187.5kbit/s,可以避免此类现象发生,同时也会给程序的下载和调试带来极大的方便。

② 通信的数据最好不要直接使用。给通信交换数据开辟出一个缓存区，即读来的数据先存放在缓存区，再使用缓存区中的数据；待发送的数据先存在缓存区，再转移到待发送区。这只是建议，有助于程序的阅读。

③ 数据区域重叠。在程序中，用指令或位置控制向导生成通信、位置控制等子程序。如果不注意，就可能会使通信、位置控制、其他数据区域的地址造成重叠，很可能造成通信、位置控制及程序控制都不能正常工作。一旦出现这样的故障，一般很难查到故障源。因此，在使用指令向导和位置控制向导生成子程序时，最好利用交叉索引功能，查看哪些地址被使用过了。向导生成的通信程序中使用了 S 数据，因此在编写顺控程序时，要避开该区域。

④ 脉冲和方向的问题。脉冲方向的更改,必须要等 PLC 停止发脉冲延时一段时间(Kincon 的驱动器一般是大于 50 μs)，否则步进电动机的方向可能不生效。

⑤ 当传输站的到达分拣站放物料完成后如何高速精确的回归到原点呢。可在向导时生成 2 段包络，一段高速，一段低速。刚开始以高速归零，当接近原点时，自动切换到低速，低速运行到原点时停止。高速段和低速段的脉冲之和必须大于分拣站到原点距离的脉冲，这样才能保证传输站滑块在没有碰到原点开关时候不会停止通信。

⑥ 急停和复位。要求：若当急停按钮按下时，输送站机械手装置正在向某一目标点移动，则急停复位后输送站机械手装置应首先返回原点位置，然后再向原目标点运动。如果不熟练掌握脉冲指令，是很难实现该功能的。要明白 PTOO_RUN 的完成标志 Done 在什么情况是 1，什么情况是 0。

满足下面的任一条件，完成标志位 Done=0。

① 当 PLC 刚通电，没有执行 PTOO_RUN 脉冲指令；

② 包络正被执行中；

③ 包络数（Profile）更改；

④ 通过 PT00_CTRL 指令来终止 PTOO_RUN 指令，Done 标志为 0。

满足下面的任一条件完成标志位 Done=1。

① 当前包络执行完毕；

② 通过 abort 位来终止脉冲 PTOO_RUN 指令。

子任务三 供料站控制程序设计

供料站为加工单元提供工件。供料系统控制要求：系统启动后，若供料站的物料台上没有工件，则应把工件推到物料台上，并向系统发出物料台上有工件信号。若供料站的料仓内没有工件或工件不足，则向系统发出报警或预警信号。物料台上的工件被输送站机械手取出后，若系统启动信号仍然为 ON，则进行下一次推出工件操作。

根据控制要求，供料站需提供手动和联机两种控制模式。其中，手动模式需要用一个按钮产生启动/停止信号；联机模式程序应包括两部分，一是如何响应系统的启动、停止指令和状态信息的返回，二是送料过程的控制。

1. 供料单元控制流程

供料单元控制流程如图 4–73 所示。

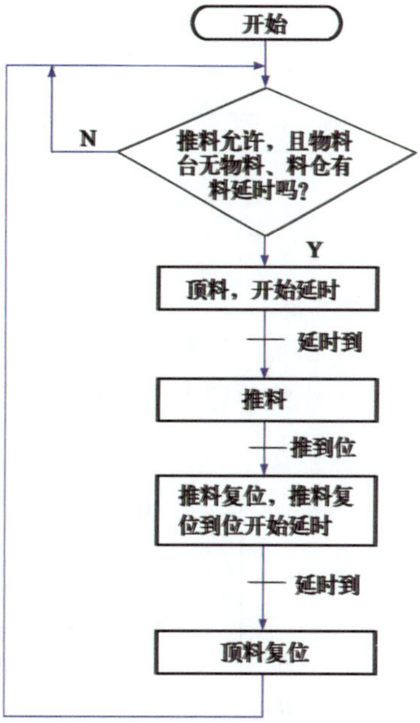

图 4–73 供料单元控制流程

2. I/O 及地址分配表

设计出 PLC 的 I/O 及地址分配表如表 4–18。

表 4–18 供料站 I/O 及地址分配表

序 号	符号名称	符 号	序 号	符号名称	符 号
1	推料允许标志位	M0.0	15	工件没有	M11.2
2	步 2	M0.2	16	工件是废品	M11.3
3	步 1	M0.1	17	分拣完成	M11.4
4	启停控制	V2000.0	18	物料台物料检测	I0.4
5	联机模式	M10.0	19	物料不足检测	I0.5
6	系统运行	M10.1	20	物料没有检测	I0.6
7	系统急停	M10.2	21	顶料到位	I0.0
8	从站复位命令	M10.3	22	顶料复位	I0.1
9	系统复位完成	M10.4	23	推料到位	I0.2
10	推料允许	M10.5	24	推料复位	I0.3
11	加工允许	M10.6	25	启动停止按钮	I0.7
12	装配允许	M10.7	26	顶料电磁阀	Q0.0
13	分拣允许	M11.0	27	推料电磁阀	Q0.1
14	工件不足	M11.1			

3．供料站程序

(1) 供料站主程序

在供料站的主程序中，调用推料控制和通信处理子程序，如图 4–74 所示。

(2) 推料控制

① 单机模式下启动控制，如图 4–75 所示。

- 单机模式下，每按一下启动按钮，启停控制按钮 V2000.0 位状态取反
- 联机模式下启动控制位复位

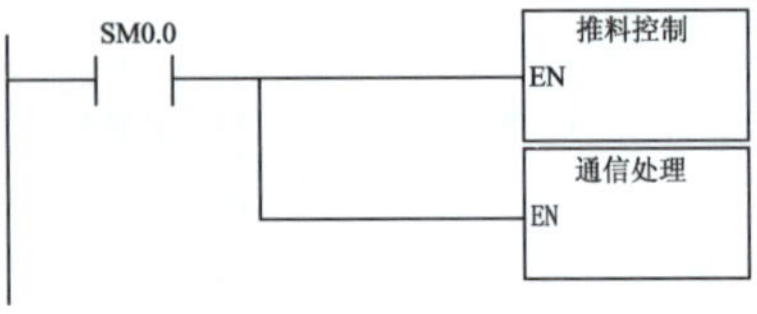

图 4–74

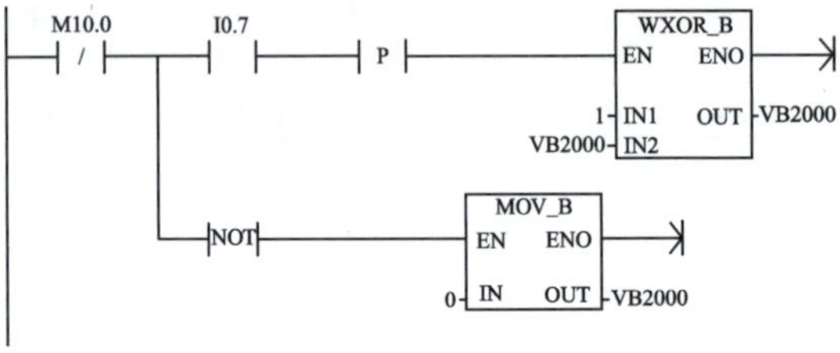

图 4–75

② 系统复位到初始状态，如图 4–76 所示。

③ 系统急停，停止推料过程，如图 4–77 所示。

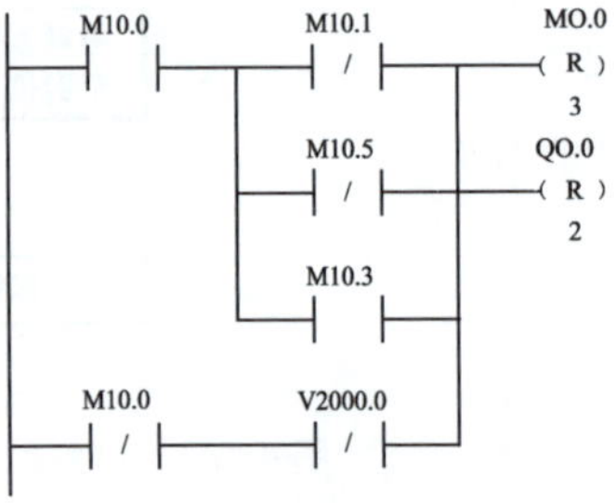

图 4–76

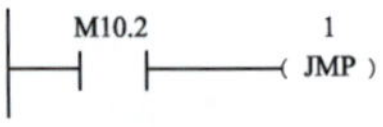

图 4–77

④ 推料允许，如图 4–78 所示。

⑤ 物料台无物料，且料仓有料时候开始定时，如图 7–79 所示。

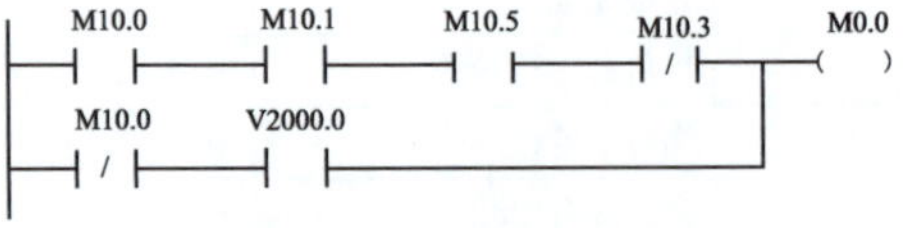

图 4–78

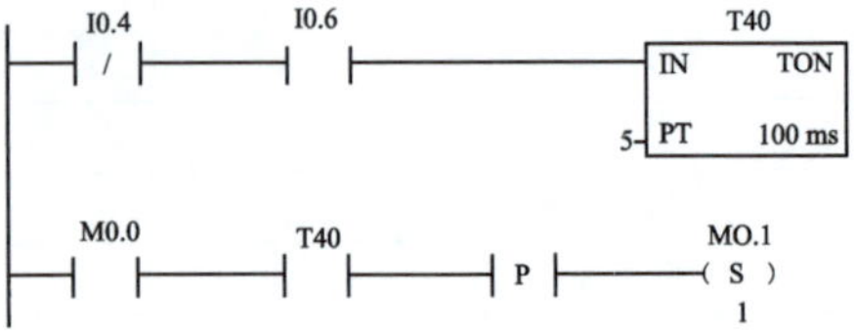

图 4–79

⑥ 顶好料然后推料，如图 4–80 所示。

⑦ 推料复位，顶料复位，如图 4–81 所示。

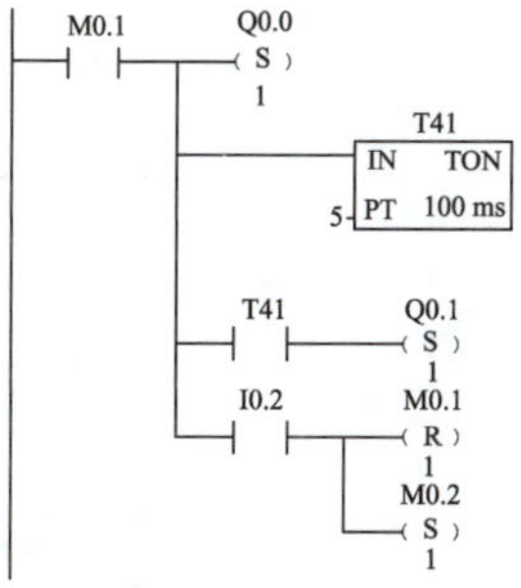

图 4-80

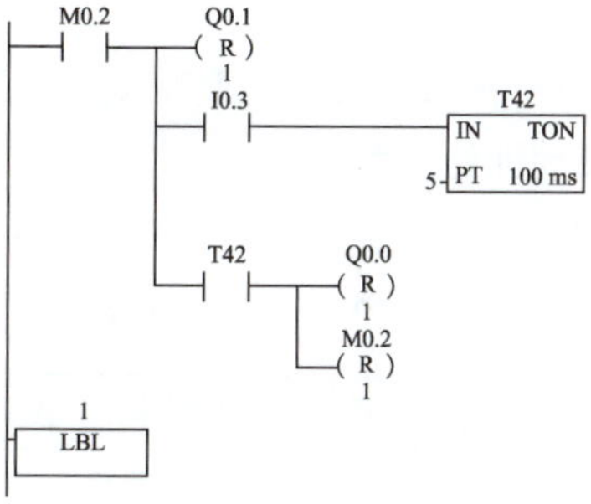

图 4-81

（3）通信处理

① 4 个跳转分支分别为：

- 供料站初始化状态。
- 供料站料不够。
- 供料站物料无。
- 供料站料台物料有。
- 其方式如图 4-82 所示。

② 注意：供料站动作比较简单，一般不会出什么问题，只需注意如下问题：

- 通信的数据最好不要直接使用。
- 推料时，要屏蔽物料有无检测传感器。
- 系统急停，可采用跳转指令实现，让动作保持。
- 其方式如图 4-83 所示。

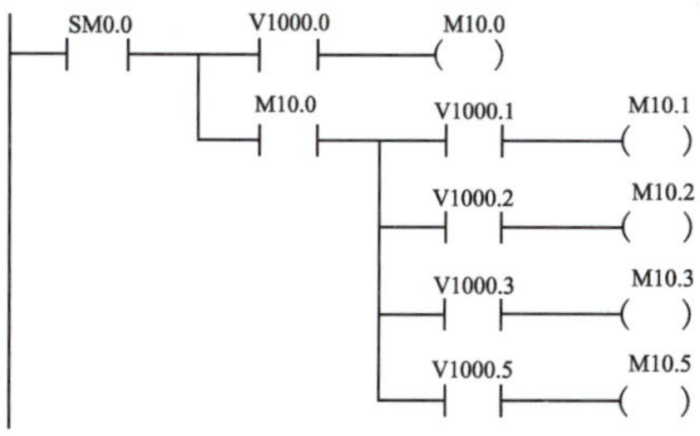

图 4-82

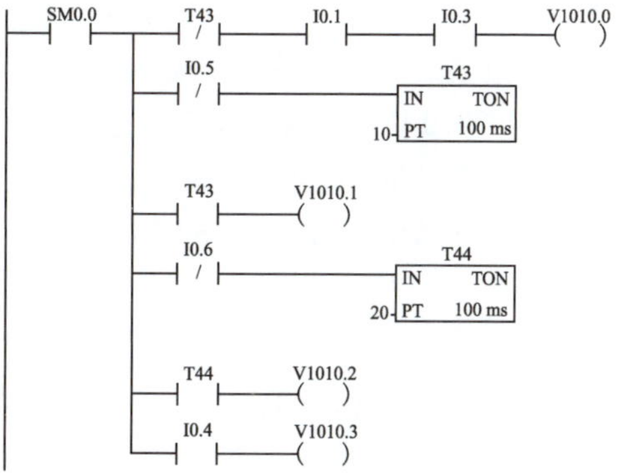

图 4-83

子任务四　加工站控制程序设计

加工系统控制要求：加工站物料台的物料检测传感器检测到工件后，执行把待加工工件从物料台移送到加工区域冲压气缸的正下方，从而完成对工件的冲压加工。然后把加工好的工件重新送回物料台的工件加工工序。操作结束后，向系统发出加工完成信号。

根据控制要求，加工站手动模式与供料站基本相同，只是多了一个急停按钮；联机模式程序也包括两部分：一是如何响应系统的启动、停止指令和状态信息的返回；二是对加工过程的控制。

1. 加工站控制流程

加工站控制流程图如图 4–84 所示。

2. I/O 及地址分配表

设计出 PLC 的 I/O 及地址分配表如表 4–19 所示。

表 4–19　I/O 及地址分配表

序 号	符 号 名 称	符　号	序 号	符 号 名 称	符　号
1	急停按钮	I0.6	14	联机模式	M10.0
2	夹紧电磁阀	Q0.0	15	系统运行	M10.1
3	加工完成标志	M0.0	16	系统急停	M10.2
4	加工压头电磁阀	Q0.2	17	从站复位命令	M10.3
5	加压头上限	I0.4	18	系统复位完成	M10.4
6	加压头下限	I0.5	19	推料允许	M10.5
7	料台伸缩电磁阀	Q0.1	20	加工允许	M10.6
8	启动停止按钮	I0.7	21	装配允许	M10.7
9	启停控制	V2000.0	22	分拣允许	M11.0
10	物料台夹紧检测	I0.1	23	工件不足	M11.1
11	物料台伸出到位	I0.2	24	工件没有	M11.2
12	物料台缩回到位	I0.3	25	工件是废品	M11.3
13	物料台物料检测	I0.0	26	分拣完成	M11.4

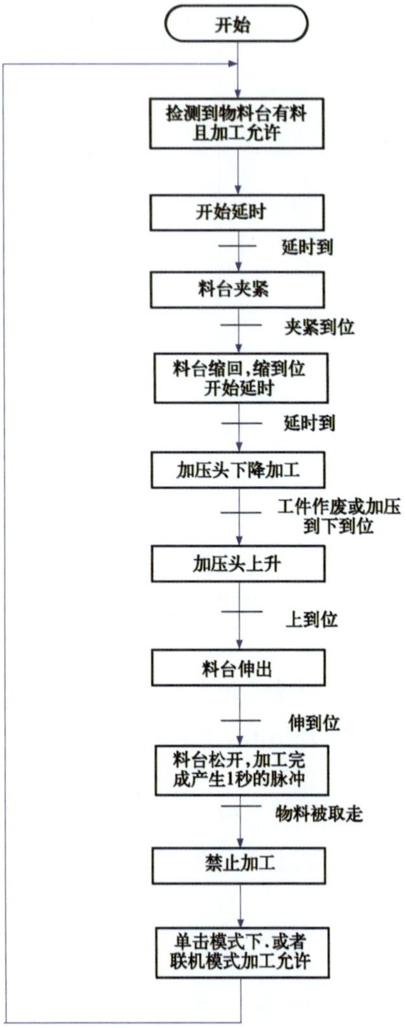

图 4–84　加工站控制流程图

3. 加工站程序

(1) 单机模式下启动控制

① 单机模式启动，如图 4–85 所示。

- 单机模式下，每按一下启动按钮，启停控制按钮 V2000.0 位状态就会取反。
- 联机模式下启动控制位复位。

② 复位初始化，如图 4–86 所示。

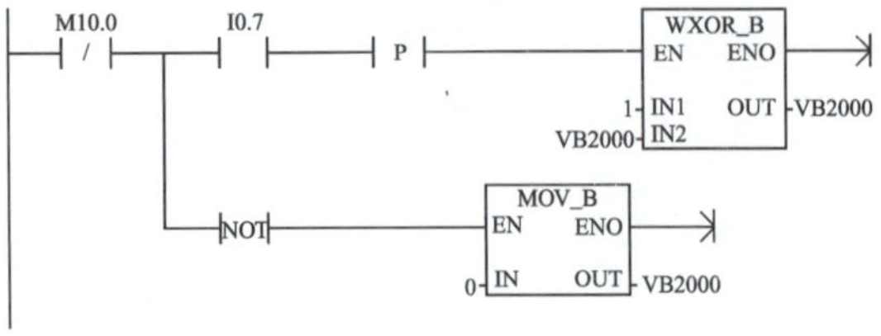

图 4–85

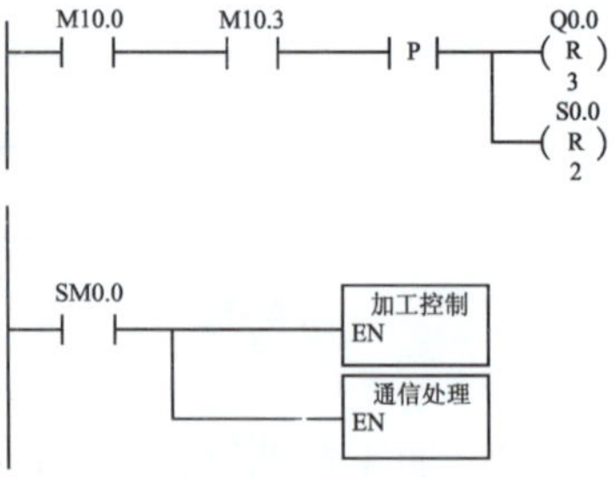

图 4–86

(2) 加工控制

① 在加工时，系统急停按钮按下后，急停则跳转，且不执行顺序步程序，零件作废，产生 1s 脉冲并通知主站。如图 4–87 和图 4–88 所示。

② 料台检测到物料开始定时，定时到夹紧到位，料台缩回；料台缩回到位，开始定时；定时到，则开始加工；压头压到位或工件是废品，则转移下步。如图 4–89 所示。

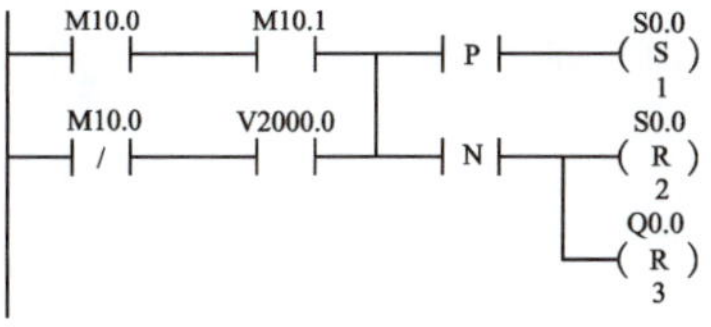

图 4-87

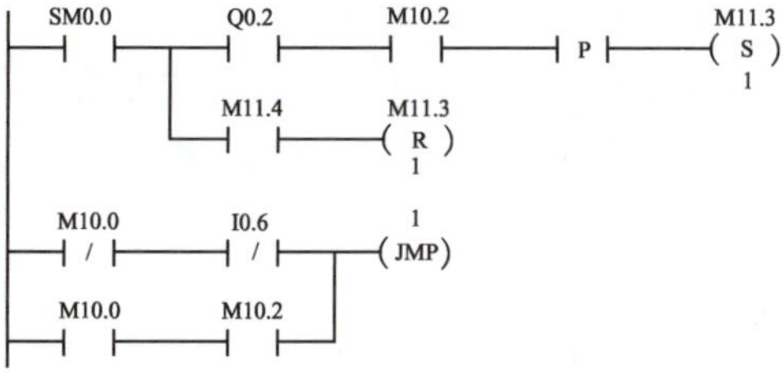

图 4-88

③ 加工压头上升、料台伸出、料台松开，加工完成产生 1s 脉冲并通知主站，如图 4-90 所示。

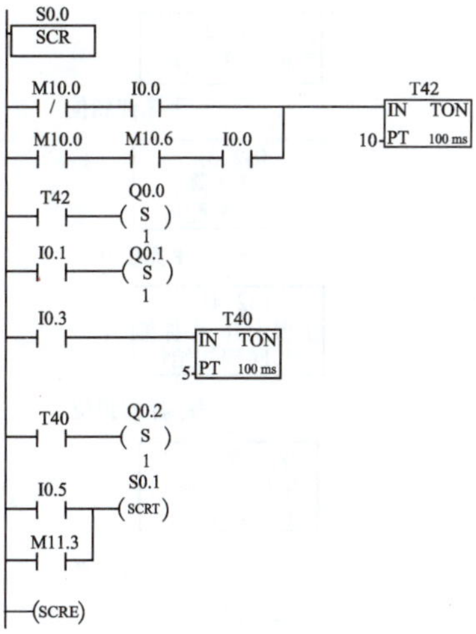

图 4-89

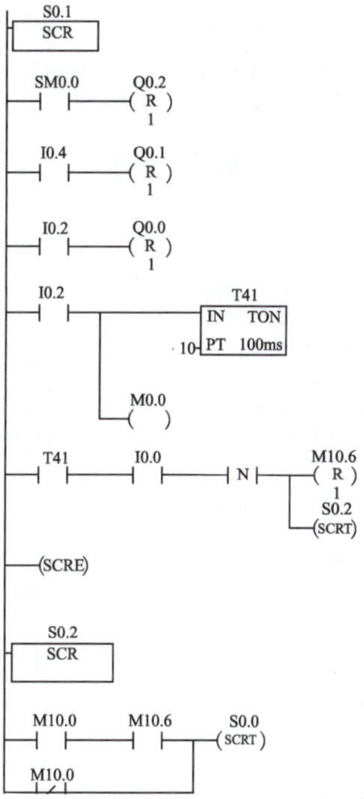

图 4-90

(3) 通信处理

- 通信的数据最好不要直接使用。
- 工件作废处理的需要注意的地方
- 系统急停，可采用跳转指令实现，并让动作保持。
- 其方式如图 4-91 所示。

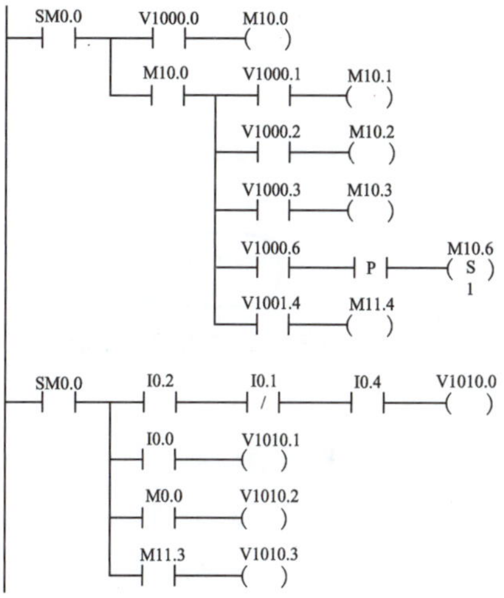

图 4-91

子任务五　装配站控制程序设计

装配系统控制要求：加工站物料台的物料检测传感器检测到工件后，执行把待加工工件从物料台移送到加工区域冲压气缸的正下方，从而完成对工件的冲压加工，然后把加工好的工件重新送回物料台的工件加工工序。操作结束，向系统发出加工完成信号。

根据控制要求，装配站手动模式与加工站相同；联机模式程序包括下料根据控制要求，装配站手动模式与加工站相同；联机模式程序包括：下料控制、抓料控制、指示灯和通信控制等四部分。

1．装配单元的控制流程

装配单元的控制流程图如图 4-92 所示。

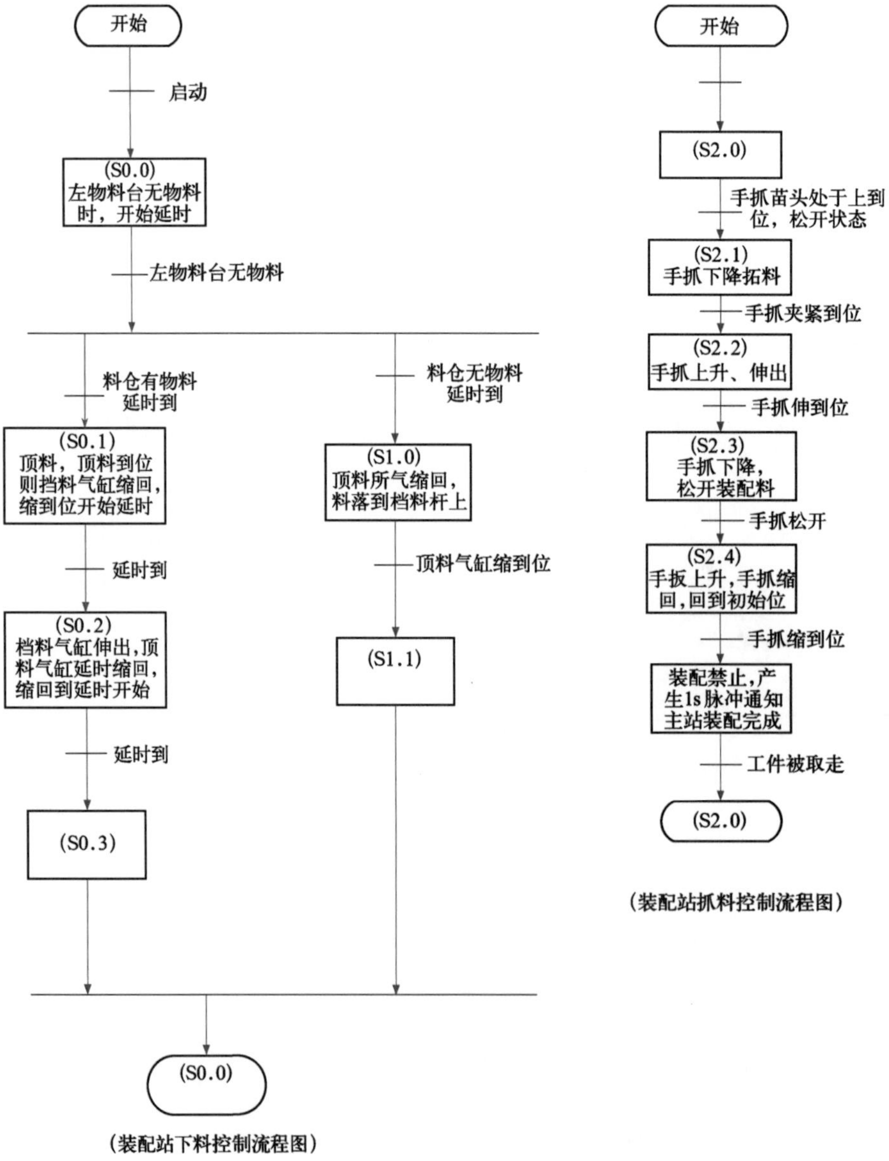

图 4-92　装配单元的控制流程图

2．I/O 及地址分配表

设计出 PLC 的 I/O 及地址分配表如表 4-20 所示。

表 4-20　装配站 I/O 及地址分配表

序　号	符号名称	符　　号	序　号	符号名称	符　　号
1	脉冲亮 1s 灭 0.5s	T56	24	档料电磁阀（Q0.0=1 缩回）	Q0.0
2	脉冲 2Hz	C0	25	顶料电磁阀（Q0.1=1 顶料）	Q0.1
3	黑色废品计数	VB0	26	回转电磁阀	Q0.2
4	装配完成标志	M0.0	27	手爪夹紧电磁阀	Q0.3
5	启停控制	V2000.0	28	手抓升降电磁阀（Q0.4=1 下降）	Q0.4
6	物料不足检测	I0.0	29	手抓伸缩电磁阀	Q0.5
7	物料没有检测	I0.1	30	红色警示灯	Q0.6
8	物料左检测	I0.2	31	黄色警示灯	Q0.7
9	物料右检测	I0.3	32	绿色警示灯	Q1.0
10	放料台物料检测	I0.4	33	联机模式	M10.0
11	顶料到位	0.5	34	系统运行	M10.1
12	顶料复位	I0.6	35	系统急停	M10.2
13	档料状态	I0.7	36	从站复位命令	M10.3
14	落料状态	I1.0	37	系统复位完成	M10.4
15	转缸左旋到位	I1.1	38	推料允许	M10.5
16	转缸右旋到位	I1.2	39	加工允许	M10.6
17	手抓夹紧到位	I1.3	40	装配允许	M10.7
18	手抓下降到位	I1.4	41	分拣允许	M11.0
19	手抓上升到位	I1.5	42	工件不足	M11.1
20	手抓缩回到位	I1.6	43	工件没有	M11.2
21	手抓伸出到位	I1.7	44	工件是废品	M11.3
22	急停按钮	I2.0	45	分拣完成	M11.4
23	启动停止按钮	I2.1			

3. 装配站程序

(1) 单机模式下启动控制

单机模式下启动控制，如图 4-93 所示。

- 单机模式下，每按一下启动按钮，启停控制按钮 V2000.0 位状态取反。
- 联机模式下启动控制位复位，复位初始化后，急停则跳过下料和抓料控制子程序。
- 若不跳转 SM0.0 为 1，调用下料控制和抓料控制子程序。

(2) 抓料控制

其实现方式如图 4-94 所示。

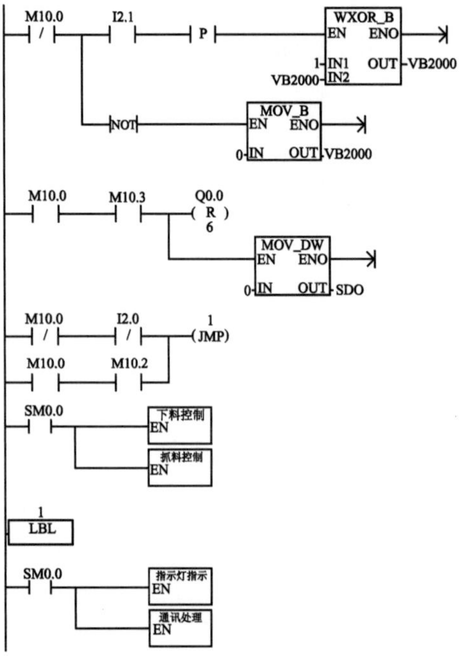

图 4–93

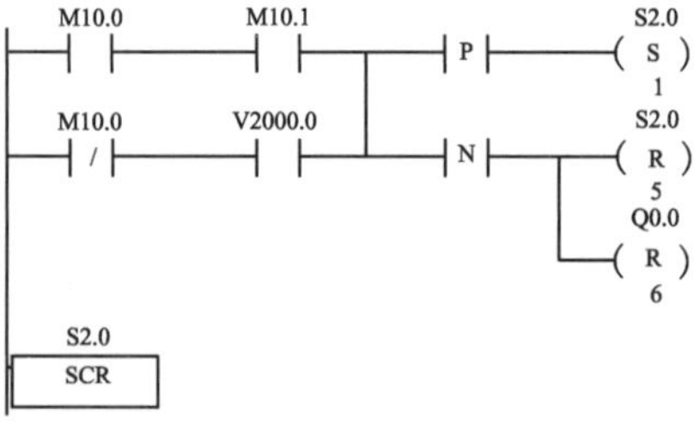

图 4–94

① 手爪处于上到位、松开状态，则转移，如图 4–95 所示。

② 手爪下降抓料，如图 4–96 和图 4–97 所示。

③ 手爪上升、伸出，如图 4–98 所示。

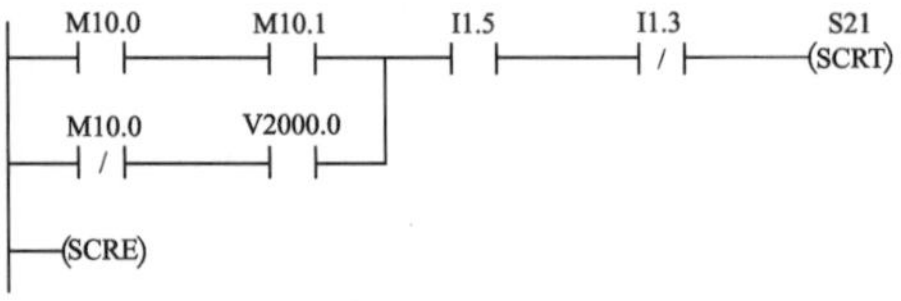

图 4–95

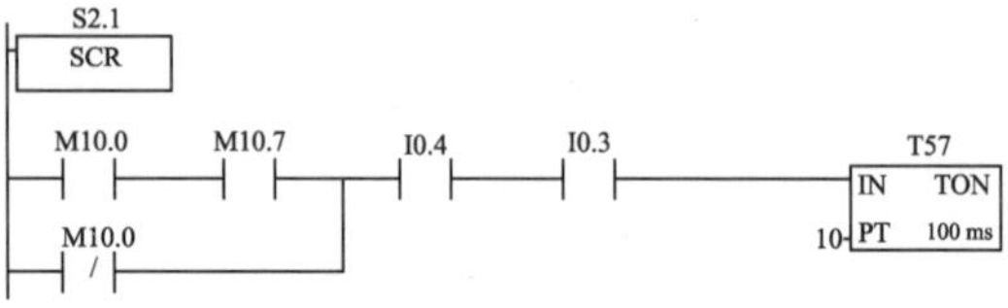

图 4–96

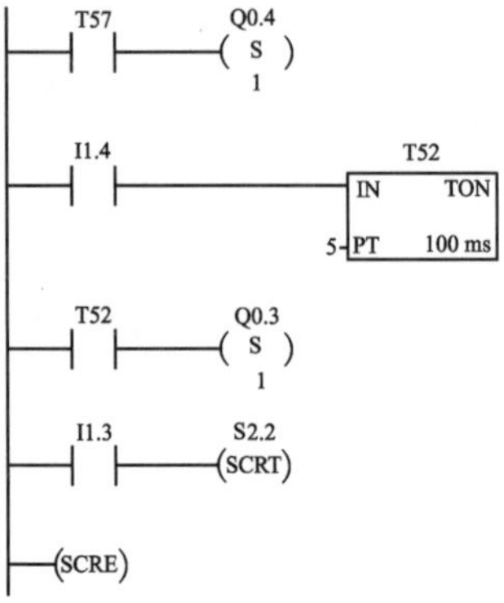

图 4–97

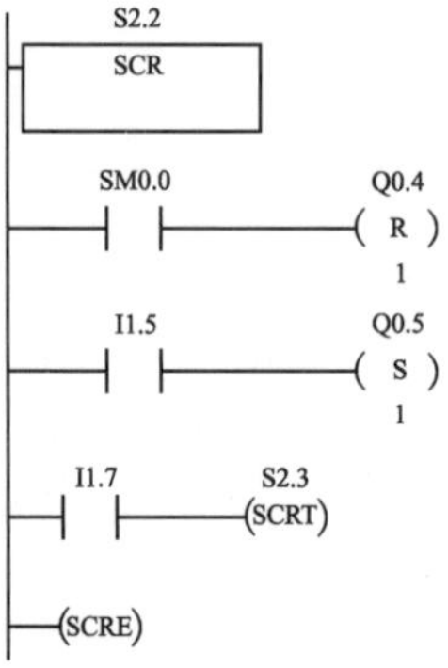

图 4–98

④ 手爪下降，松开装配料，如图 4–99 所示。

⑤ 手爪上升、缩回，装配完成，产生 1s 脉冲并通知主站，如图 4–100 所示。

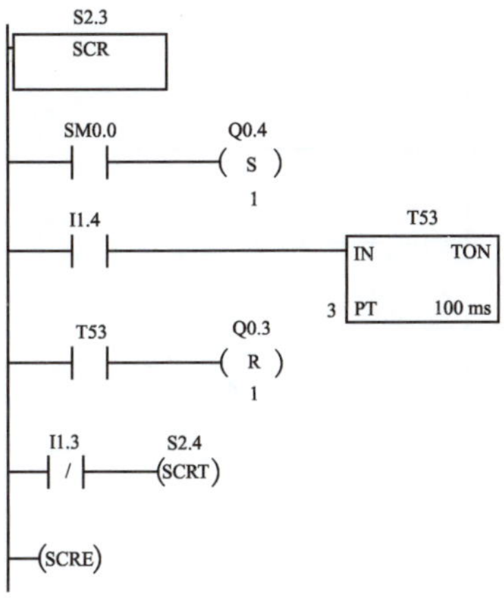

图 4–99

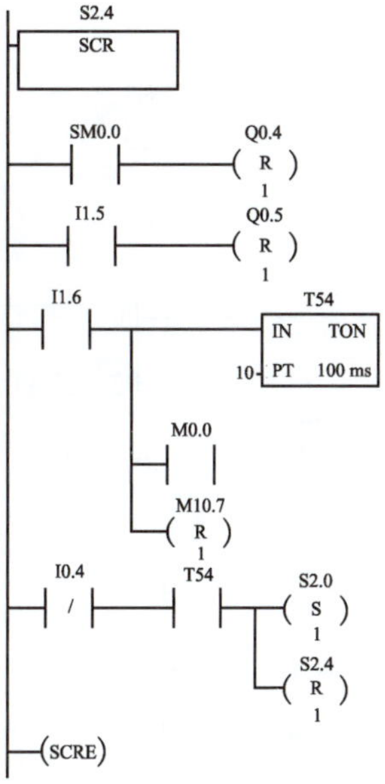

图 4–100

(3) 下料控制

① 下料控制开始，如图 4–101 所示。

② 物料检测，料检测定时：

- 有物料且左物料台无物料，则 T60 定时开始。
- 无物料且左物料台无物料，则 T61 定时开始。
- 其方式如图 4–102 所示。

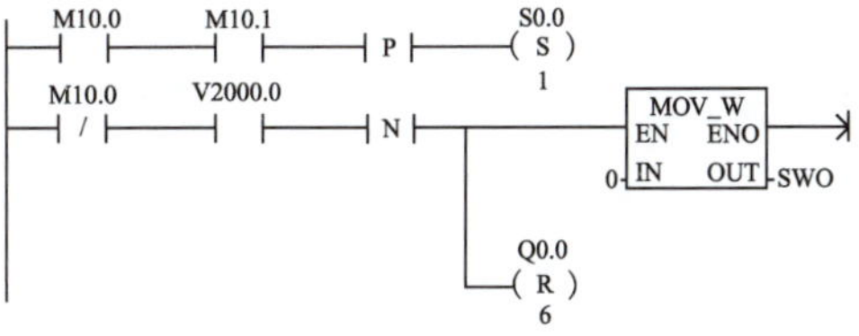

图 4–101

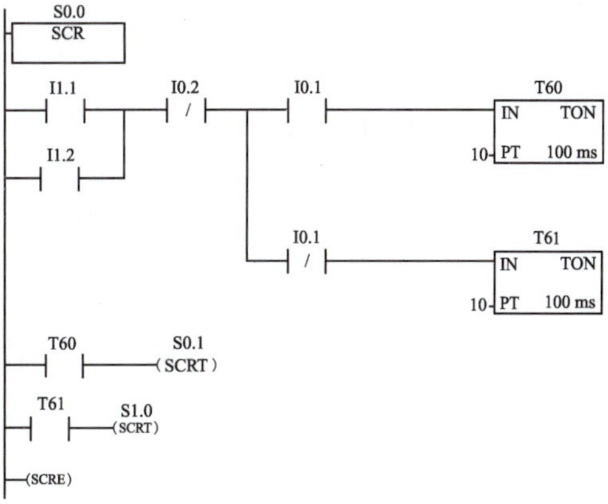

图 4–102

③ 顶料气缸顶出，挡料气缸缩回，料下到落料盘中，如图 4–103 所示。

④ 挡料气缸伸出、顶料气缸缩回，如图 4–104 所示。

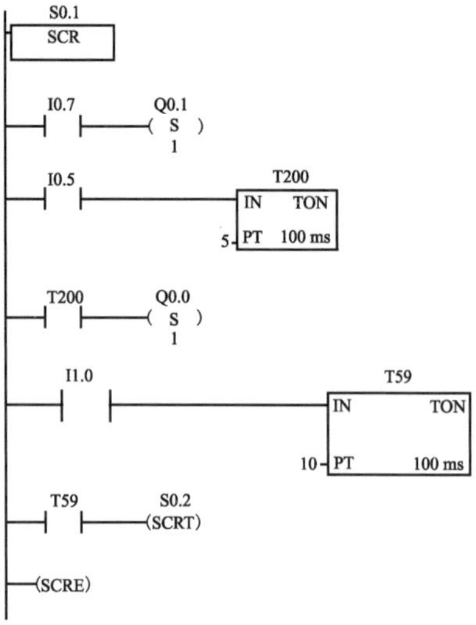

图 4–103

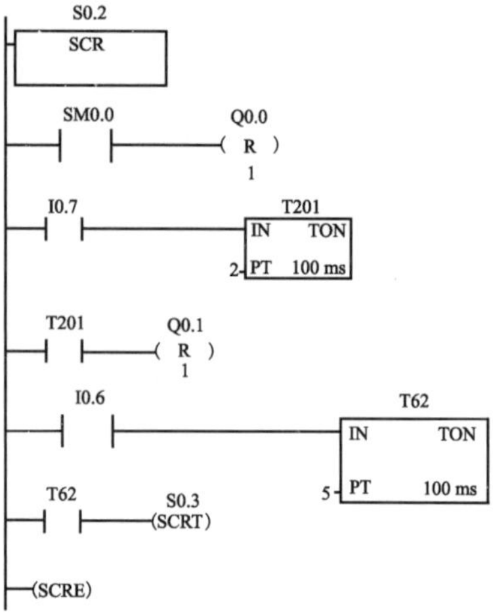

图 4–104

⑤ 分支，如图 4–105 所示。

⑥ 分支汇合，如图 4–106 所示。

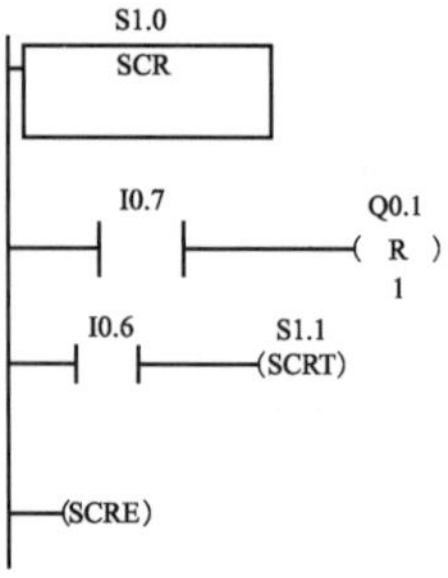

图 4–105

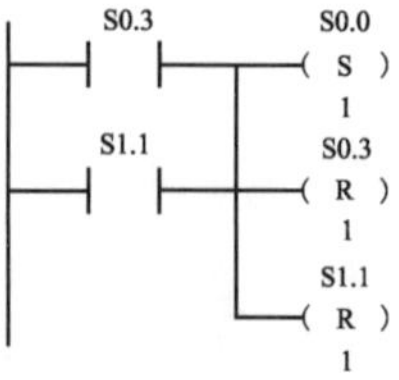

图 4–106

⑦ 回转物料台控制，如图 4–107 所示。

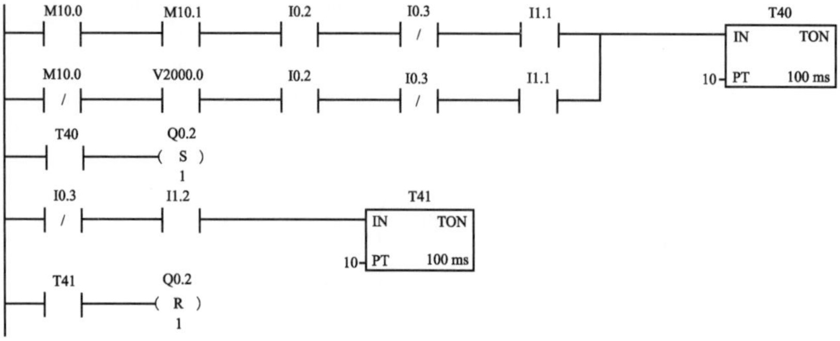

图 4–107

(4) 指示灯程序

系统指示灯状态如表 4–21 所示。

表 4-21　系统指示灯状态表

序　号	指　示　灯	系 统 状 态
1	绿灯 1Hz 闪烁，红灯和黄灯灭	系统复位中
2	绿灯常亮，红、黄灯灭	复位完成
3	黄、绿灯亮，红灯灭	系统启动完成
4	红、黄灯灭，绿灯亮	工作结束
5	红灯 1Hz 闪烁，黄、绿灯亮	供料站或装配站的零件不够
6	红灯亮 1s 灭 0.5s 闪烁，黄灯灭，绿灯亮	供料站或装配站的零件没有

① 利用 T56 定时器产生亮 1s 灭 0.5s 脉冲，如图 4-108 所示。

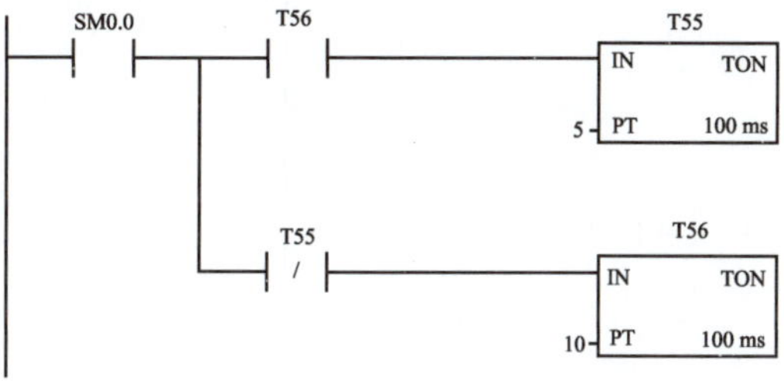

图 4-108

② 系统复位中，绿灯 1Hz 闪烁，红灯和黄灯灭，如图 4-109 所示。

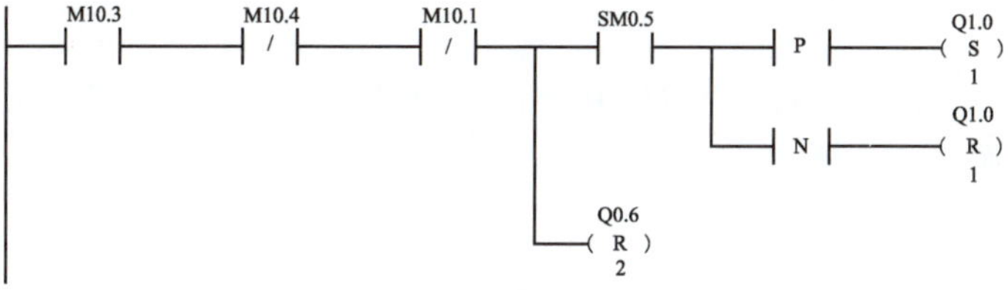

图 4-109

③ 复位完成，绿灯常亮，红、黄灯灭，如图 4-110 所示。

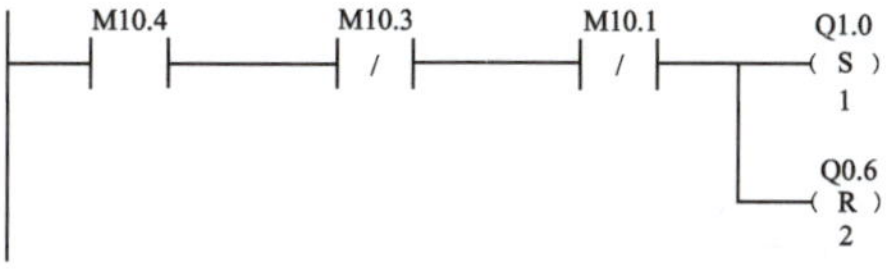

图 4-110

④ 系统启动完成，黄、绿灯亮，红灯灭，如图 4-111 所示。

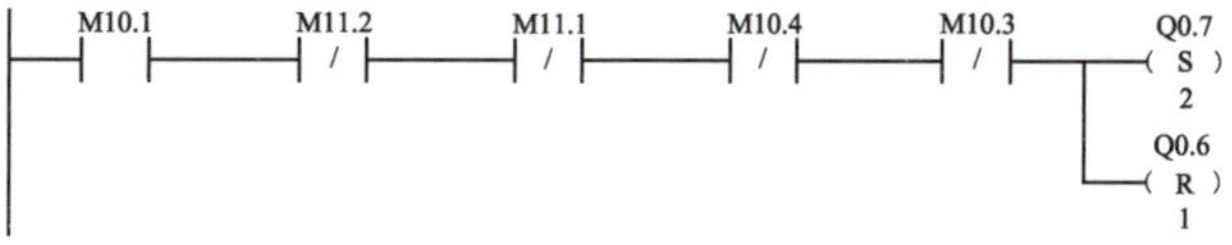

图 4-111

⑤ 工作结束时，红、黄灯灭，绿灯亮，如图 4-112 所示。

⑥ 供料站或装配站零件不够时，红灯 1Hz 闪烁，黄、绿灯亮，如图 4-113 所示。

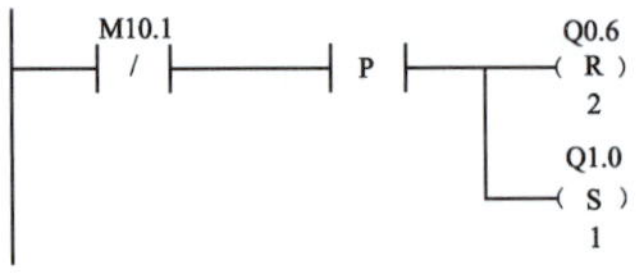

图 4–112

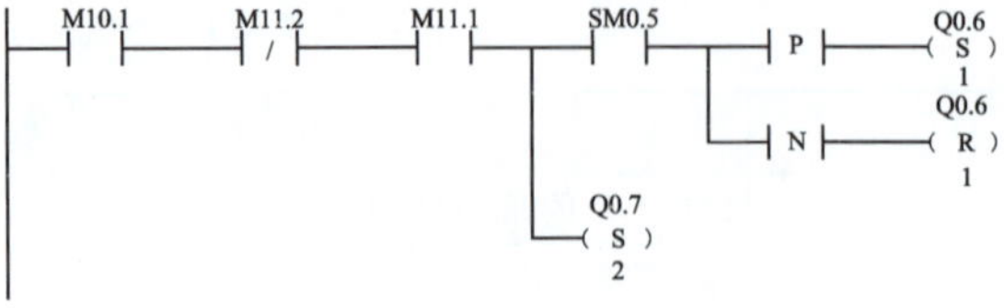

图 4–113

⑦ 供料站或装配站零件没有，红灯亮 1s 灭 0.5s 闪烁，黄灯灭，绿灯亮，如图 4–114 所示。

(5) 通信处理

① 数据接收区，如图 4–115 所示。

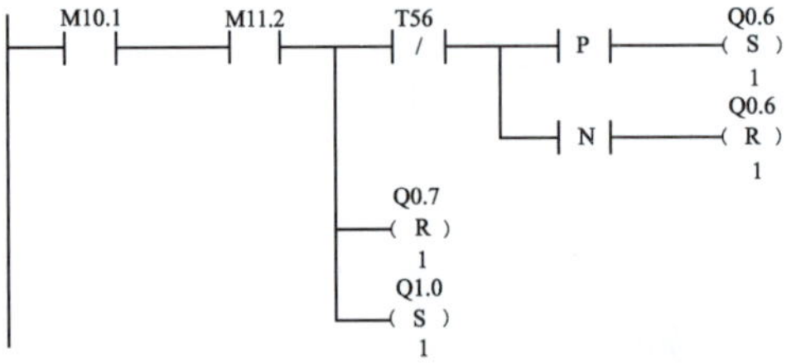

图 4–114

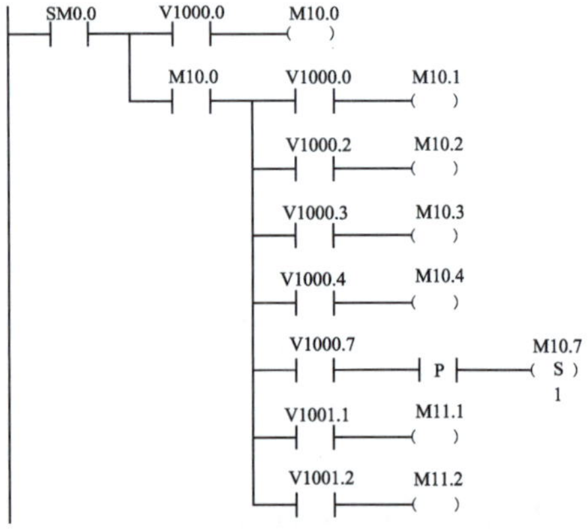

图 4–115

② 数据发送区。注意：通信的数据最好不要直接使用，系统急停，可采用跳转指令实现，让动作保持。，如图 4–116 所示。

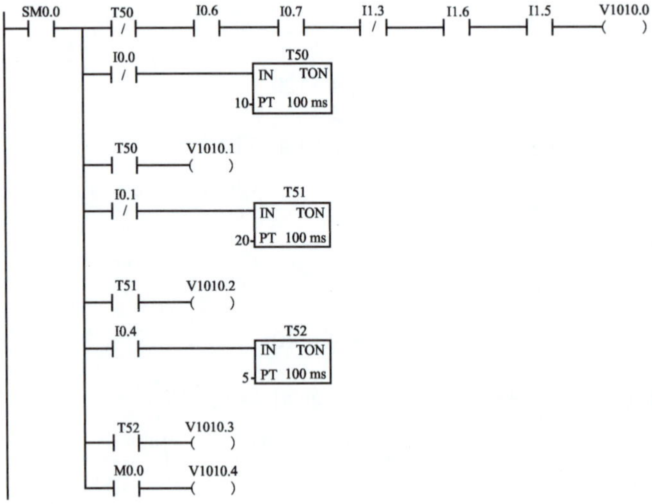

图 4–116

子任务六 分拣站程序设计

分拣系统控制要求：系统接收到装配完成信号后，输送站机械手应执行抓取已装配的工件对的操作。然后该机械手装置逆时针旋转 90°，步进电动机驱动机械手装置从装配站向分拣

站运送工件对，到达分拣站传送带上方入料口后把工件对放下，然后执行返回原点的操作。

根据控制要求，分拣站主要完成变频器的操作、物料颜色属性的判别以及相应推出操作。

1．分拣站控制流程

分拣站控制流程图如图 4–117 所示。

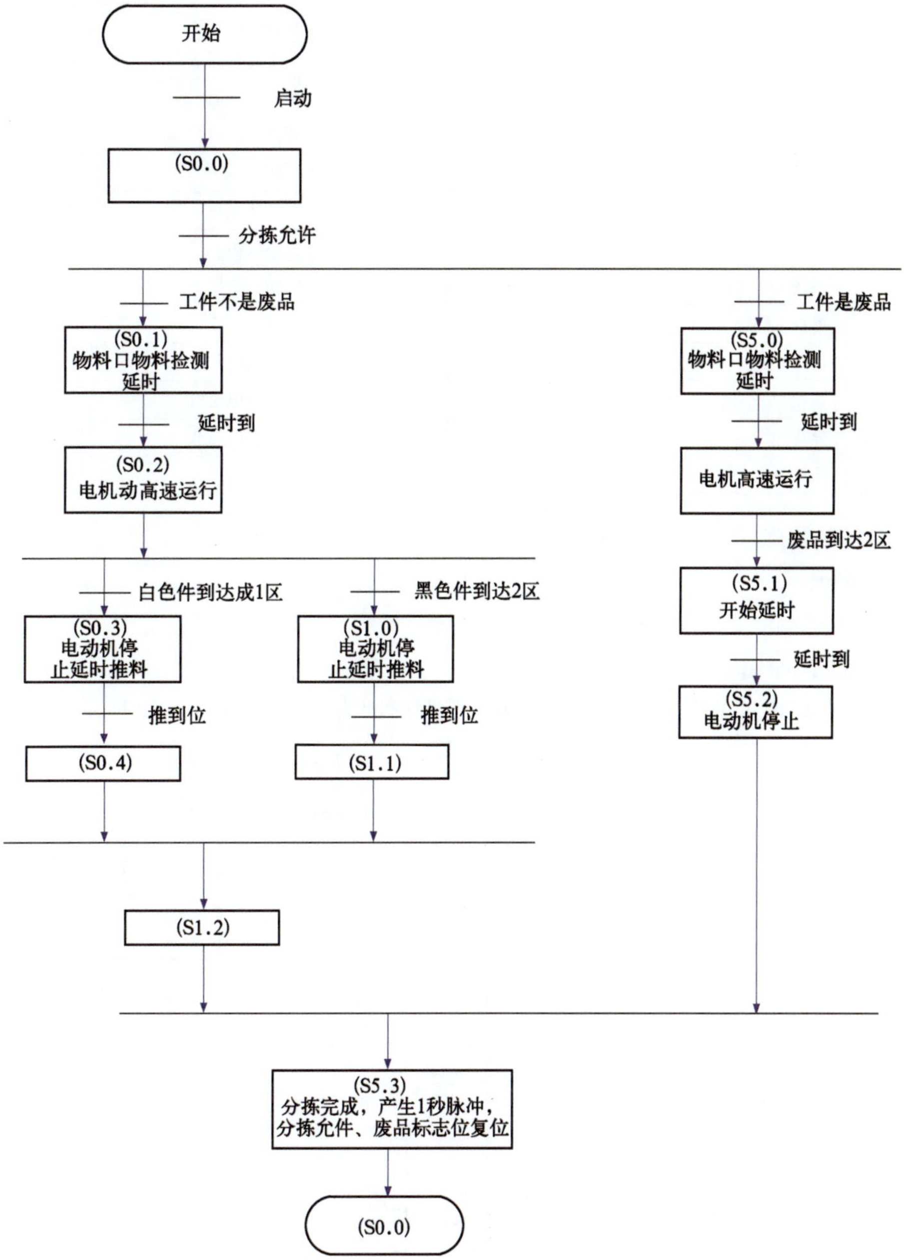

图 4–117　分拣站控制流程图

2．I/O 及地址分配表

设计出分拣站 PLC 的 I/O 及地址分配表如表 4–22 所示。

表 4–22　分拣站 I/O 及地址分配表

序　号	符号名称	符　号	序　号	符号名称	符　号
1	手动测试模式	M0.3	16	工件没有	M11.2
2	挡速选择 2 存储	M0.2	17	工件是废品	M11.3
3	挡速选择 1 存储	M0.1	18	分拣完成	M11.4
4	分拣完成标志	M0.0	19	光纤传感器 SC1	I0.3
5	启停控制	V2000.0	20	光纤传感器 SC2	I0.2
6	联机模式	M10.0	21	放料口物料检测	I0.4
7	系统运行	M10.1	22	推杆 1 到位	I0.0
8	系统急停	M10.2	23	推杆 2 到位	I0.1
9	从站复位命令	M10.3	24	急停按钮	I0.5
10	系统复位完成	M10.4	25	启动停止控制	I0.6
11	推料允许	M10.5	26	挡速选择 1	Q0.4
12	加工允许	M10.6	27	挡速选择 2	Q0.5
13	装配允许	M10.7	28	推杆 1 电磁阀	Q0.0
14	分拣允许	M11.0	29	推杆 2 电磁阀	Q0.1
15	工件不足	M11.1	30		

3．分拣站程序

（1）主程序

其实现方式如图 4–118 所示。

（2）分拣单机测试

① 手动测试模式，挡速选择 1 为 10Hz，定时时间为 5s。，如图 4–119 所示。

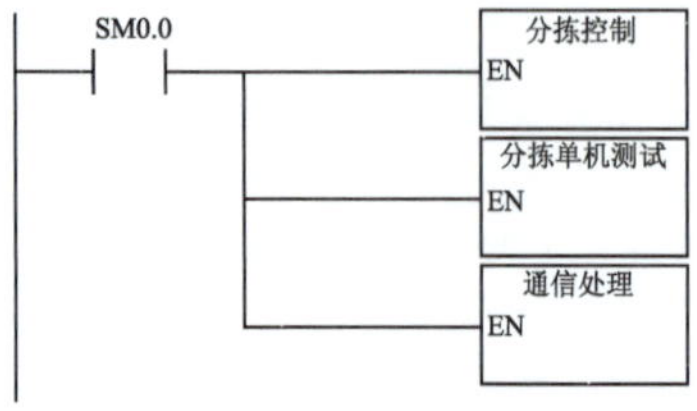

图 4–118

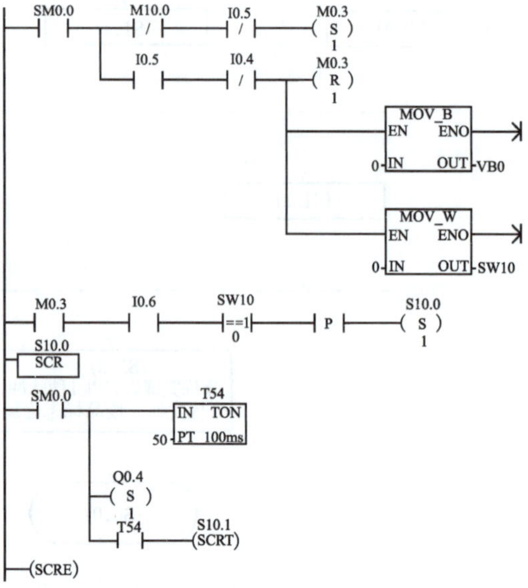

图 4–119

② 挡速选择 2 为 25Hz，定时为挡速选择 2 为 25Hz，定时为 5s（挡速选择 1 置 0），如图 4–120 所示。

③ 挡速选择 1 为 30Hz，时间为 5s，如图 4−121 所示。

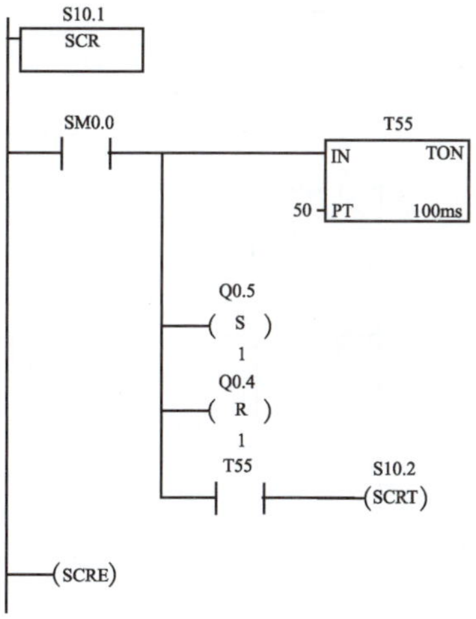

图 4−120

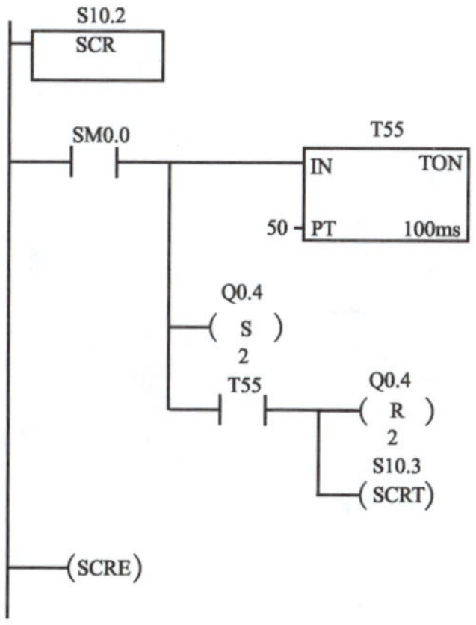

图 4−121

④ 开始下步测试，如果启动停止控制，有物料就使电机延时高挡运行，如图 4−122 所示。

⑤ 如果检测到工件为白色件，则延时推料到 1 号槽停止 ；推到位后，推杆缩回，如图 4−123 所示。

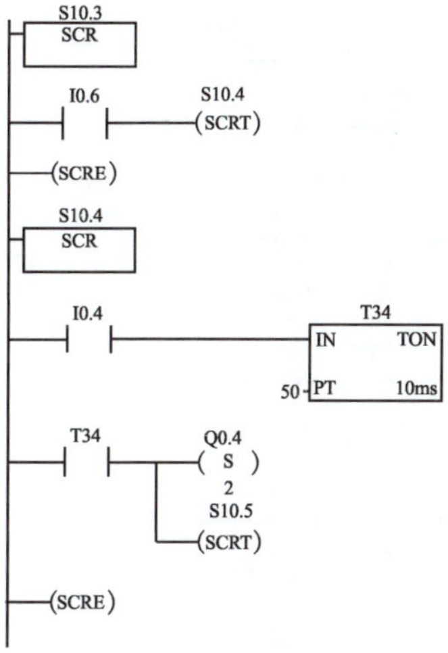

图 4−122

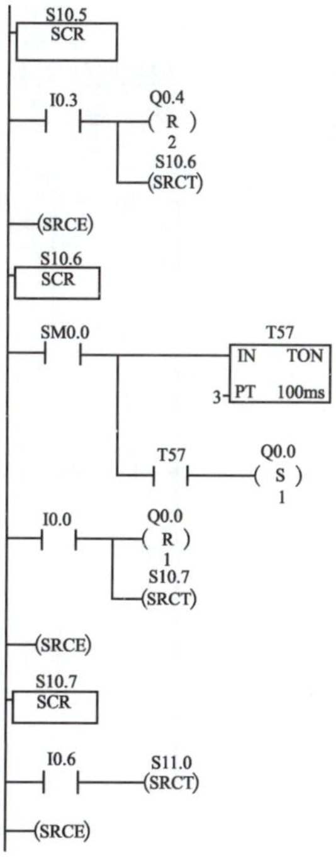

图 4−123

⑥ 检测到物料时，则电动机延时高速挡运行，如图 4−124 所示。

⑦ 如果检测到工件为黑色时，延时推到 2 号槽，电动机停止，如图 4−125 所示。

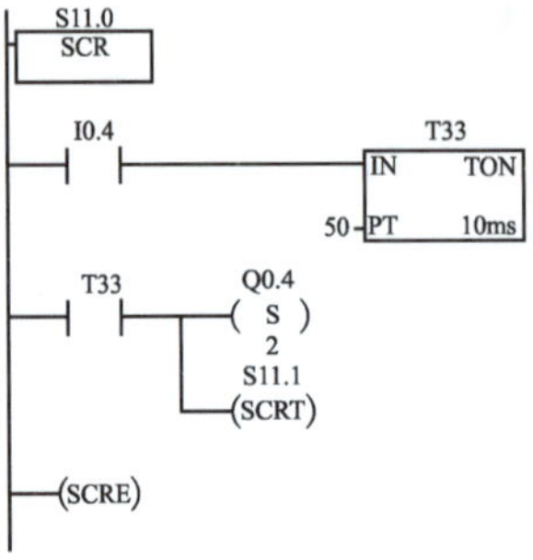

图 4–124

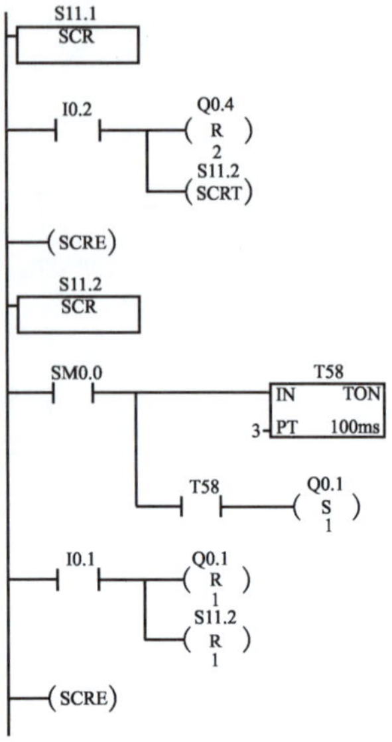

图 4–125

(3) 分拣控制

① 单机模式下启动控制：

- 单机模式下，每按一下启动按钮，启动按钮 V2000.0 位状态取反。
- 联机模式下启动控制位复位。
- 其方式如图 4–126 所示。

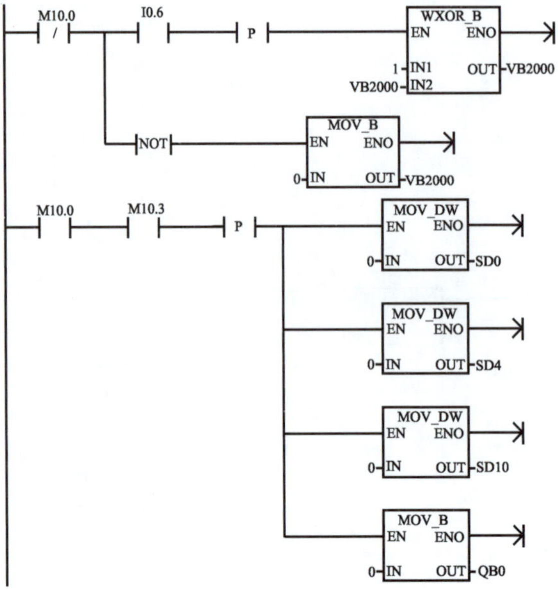

图 4–126

② 分拣开始。注意：试题的工艺流程不同，如图 4–127 所示。

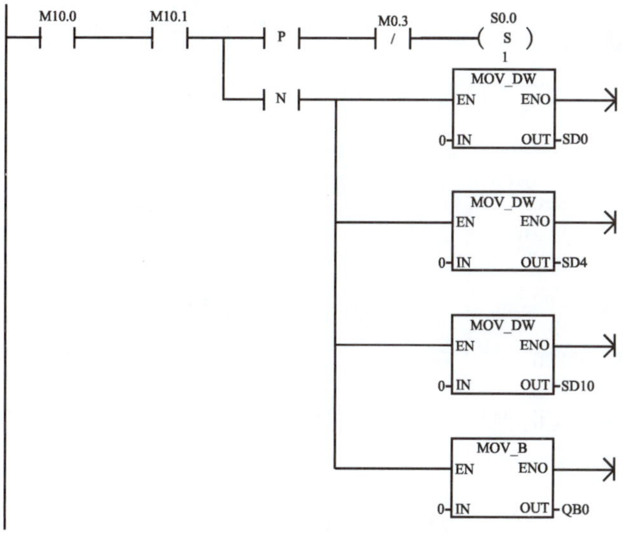

图 4-127

③ 系统急停速度存储，跳转不执行程序，如图 4-128 所示。

④ 物料检查，检测到物料延时启动电动机，如图 4-129 所示。

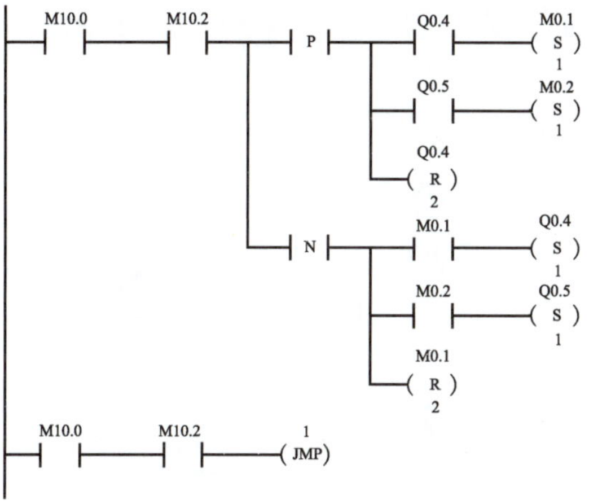

图 4-128

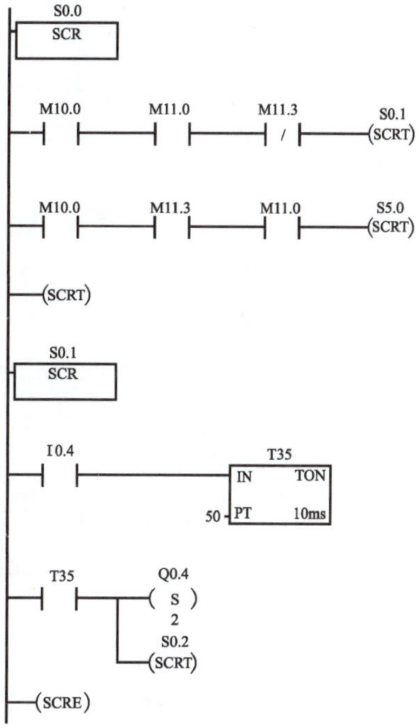

图 4-129

⑤ 白色件推 1 号槽，黑色件推 2 号槽，如图 4-130 所示。

⑥ 白色件到 1 时，延时推料；推杆推到位，推杆缩回，如图 4-131 所示。

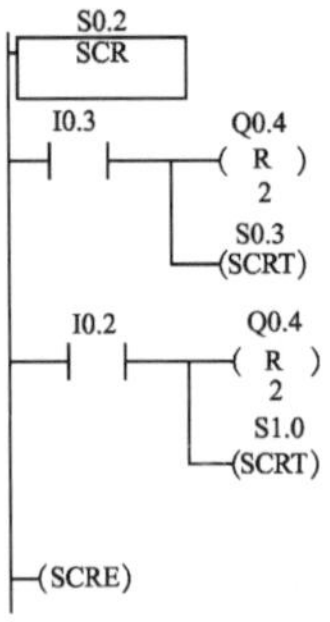

图 4–130

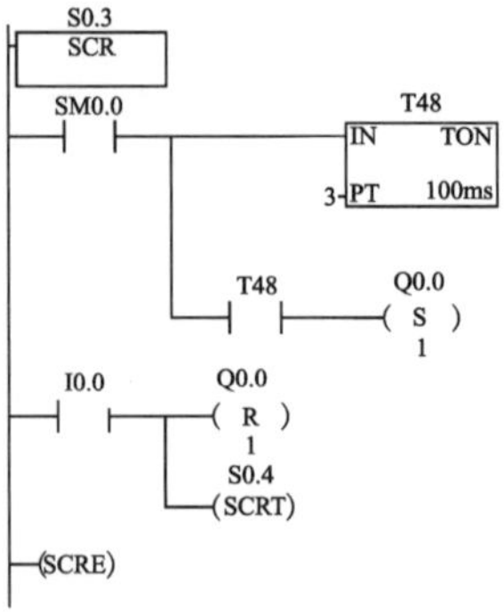

图 4–131

⑦ 黑色件到 2 区，延时推料；推杆推到位，推杆缩回，如图 4–132 和图 4–133 所示。

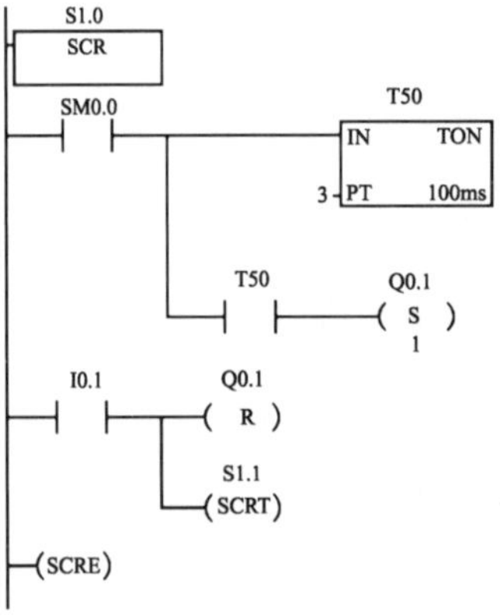

图 4–132

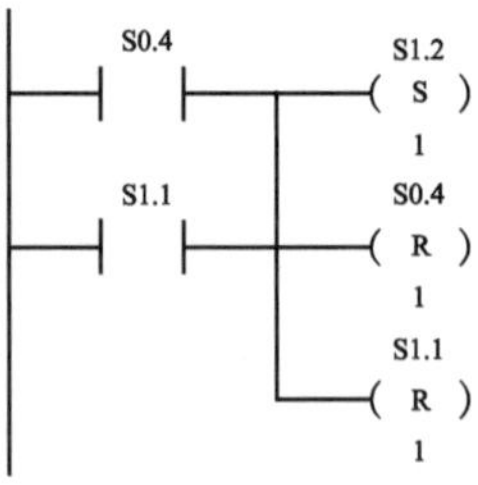

图 4–133

⑧ 废品处理：高速挡启动，到达 2 号槽处时，减为低速挡，延时一段时间后，电动机停止，分拣成功，如图 4–134 所示。

⑨ 定时到电动机停止，两路汇合，如图 4–135 所示。

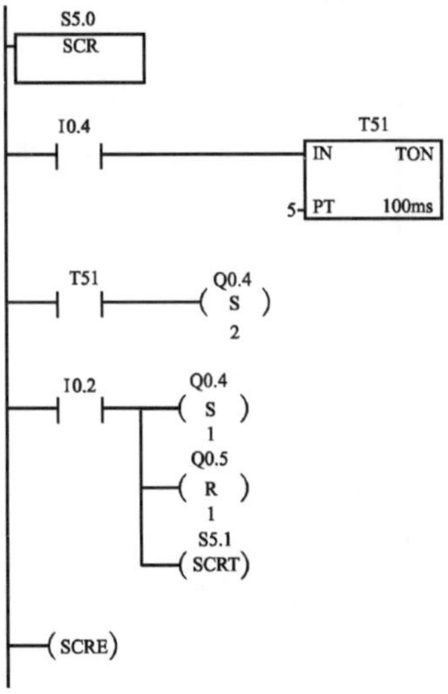

图 4–134

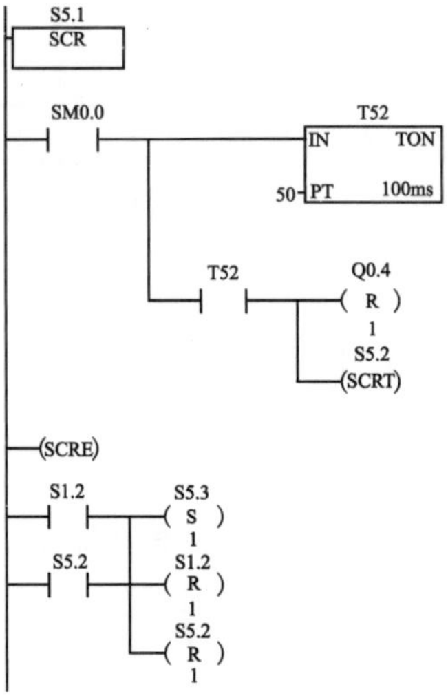

图 4–135

⑩ 分拣完成产生 1 秒脉冲，分拣允许指令、工件是废品指令复位，如图 4–136 所示。

(4) 通信处理

① 数据接收区，如图 4–137 所示。

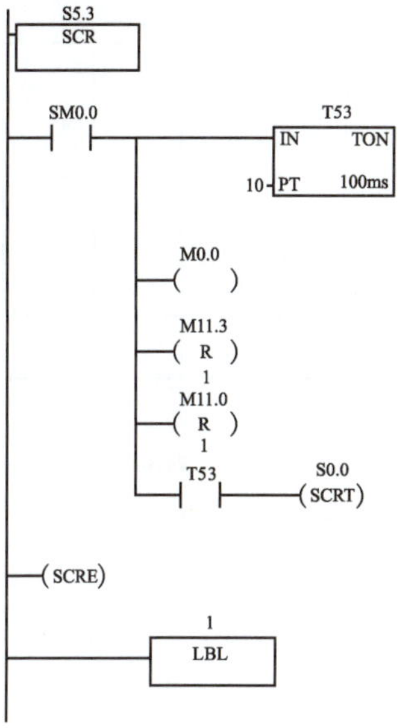

图 4–136

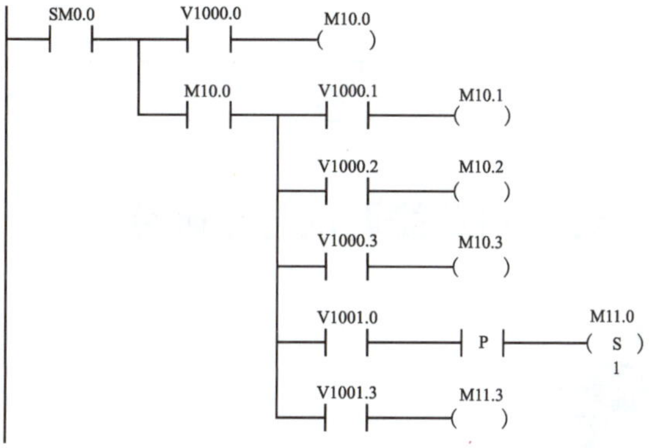

图 4–137

② 数据发送区。注意：通信的数据最好不要直接使用。废品的处理，只能通过延时来实现，延时时间要反复调整，因此定时器的预设值可用变量，如图 4–138 所示。

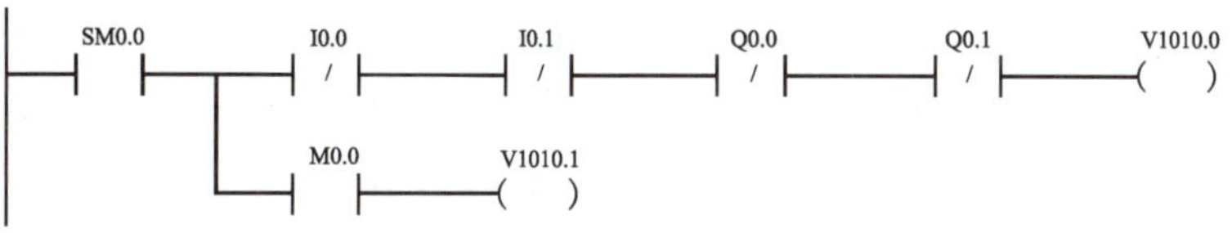

图 4–138

自动线控制程序设计考核技能评分表

自动线控制程序设计考核技能评分表如表 4–23 所示。

表 4–23　自动线控制程序设计考核技能评分表

姓名		同组		开始时间			
专业 / 班级				结束时间			
项目内容	考核要求	配分	评分标准	扣分	自评	互评	
网络连接与通信	1. 网络连接正确 2. 通信正常	20	由于网络连接不正确导致不能通信或通信不正常，每处扣 2 分				
主站程序设计	正确设计主站程序	20	主站程序设计出错，每处扣 3 分				
各分站程序设计	正确设计各分站程序	10	各分站程序出错，每处扣 3 分				
各分站程序调试	各分站程序调试成功	10	各分站调试未成功，每处扣 5 分				
总程序调试	整体程序调试成功	20	整体调试未成功，扣 10 分				
排除故障	能够排除电路故障	10	有故障未排除，每处扣 3 分				

续表

姓名		同组		开始时间		
专业 / 班级				结束时间		
项目内容	考核要求	配分	评分标准	扣分	自评	互评
职业素养与安全意识		10	现场操作安全保护符合安全操作规程；工具摆放、包装物品、导线线头等的处理符合职业岗位的要求；团队有分工、有合作，配合紧密；遵守赛场纪律，尊重赛场工作人员，爱惜赛场的设备和器材，保持工位的整洁			
教师点评：			成绩（教师）：	总成绩：		

任务五　自动线调试与故障分析

安装好的自动生产线俯视图如图 4–139 所示。根据系统的控制流程图，已经编制完成了 YL–335A 自动生产线各生产站的控制程序，并通过通信电缆下载到生产站的 PLC 模块中。为了确保所编制程序能够完全实现所要求的功能，需要根据不同的工作模式进行测试，系统的工作模式分为自动工作模式和手动工作模式。下面开始进行自动线调试工作，调试工作计划表如表 4–24 所示。

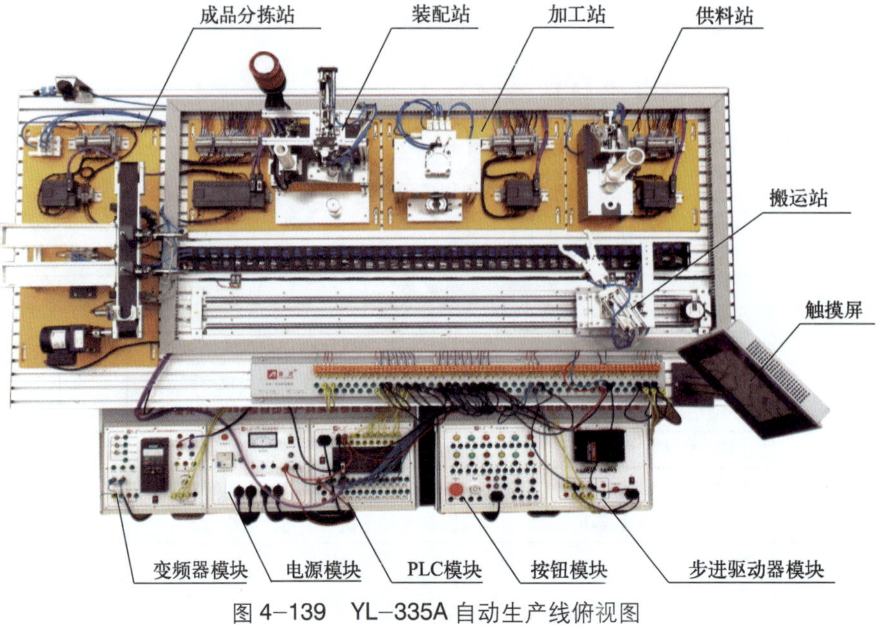

图 4–139　YL–335A 自动生产线俯视图

表 4–24　自动线调试工作计划表

子 任 务	设 计 内 容	完 成 情 况
1	自动线系统手动工作模式测试	
2	自动线系统自动工作模式测试	

子任务一　自动线手动工作模式测试

手动工作模式可以对各生产站进行分步测试。两种工作模式由输送站的按钮 / 指示灯模块中选择开关切换。要从自动运行方式切换到手动工作模式，只有当自动生产线的当前工作周期完成后才能切换有效。

在手动工作模式下，操作人员需首先在各分站侧，把该站急停按钮按下，然后用该站的启动 / 停止按钮操作，单步执行指定的测试项目。只有在前一项测试结束后，才能按下启动 / 停止按钮，进入下一项操作。急停按钮复位后，表示测试结束。要从分站手动测试方式切换到自动运行方式，须待急停按钮复位且该站测试步骤完成后才有效。推料、顶料和挡料气缸、气动手指和气动摆台等气缸活塞的运动速度通过所在气路的节流阀进行调节。

1．分拣站的手动测试

测试项目内容如下：

① 变频器运行速度频率测试：空载下按照低速（10Hz），中速（25Hz），高速（35Hz）顺序，各运行 5s 后结束，测试变频器的频率设置是否正常。

② 白色工件分拣测试：在传送带入料口放下白色工件且高速（35Hz）运行下，在滑槽 1 中间准确停止，由推杆 1 推到滑槽 1 中。测试光电开关的检测工作特性及推杆气缸的工作状态。

③ 黑色工件分拣测试：在传送带入料口放下黑色工件且高速（35Hz）运行下，在滑槽 2 中间准确停止，由推杆 2 推到滑槽 2 中。测试光电开关的检测工作特性及推杆气缸的工作状态。

④ 废品的测试：在传送带入料口放下没有装配的工件且高速（35Hz）运行下，在传送带的终端掉落废料筐中。测试光电开关的检测工作特性及推杆气缸的工作状态。

⑤ 检测工件光电接近开关和料仓监控工件的漫射式光电传感器、气缸上的磁性开关在检测工件时状态正常，安装位置正确。

2．供料站的手动测试

测试项目内容如下：

① 当推料活塞杆在退回位置时，其与料仓中的最下层工件处于同一水平位置，而顶料气缸则与次下层工件处于同一水平位置。

② 将工件推出到物料台上时，首先使顶料气缸的活塞杆推出，压住次下层工件；然后使推料气缸活塞杆推出，从而把最下层工件推到物料台上。

③ 在推料气缸返回并从料仓底部抽出后，再使夹紧气缸返回，松开次下层工件。这样，料仓中的工件在重力的作用下，就会自动向下移动一个工件，为下一次推出工件做好准备。

④ 检测工件光电接近开关和料仓监控工件的漫射式光电传感器、气缸上的磁性开关在检

测工件时状态是否正常，安装位置是否正确。

3．加工站的手动测试

测试项目内容如下：

① 滑动物料台在系统正常工作后的初始状态为伸缩气缸伸出，物料台气动手爪张开。

② 用人工把物料送到物料台上，物料检测传感器检测到工件后，PLC 控制程序驱动气动手指逐步完成以下操作：将工件夹紧→物料台回到加工区域冲压气缸的正下方→冲压气缸活塞杆向下伸出冲压工件→完成冲压动作后冲头向上缩回→物料台重新伸出→到位后气动手指松开。按此顺序完成工件加工工序后，向系统发出加工完成信号，为下一次工件到来加工做准备。

③ 检测工件光电接近开关和料仓监控工件的漫射式光电传感器、气缸上的磁性开关在检测工件时状态是否正常，安装位置是否正确。

4．装配站的手动测试

测试项目内容如下：

① 用人工把加工半成品放置到物料台物料定位孔中。

② 物料台旁的光电传感器检测到回转摆台需要物料时，上面顶料气缸活塞杆伸出，把次下层的物料顶住，使其不能下落。下方的挡料气缸活塞杆缩回，物料掉入回转摆台的料盘中。然后挡料气缸复位伸出，顶料气缸缩回，次下层物料下落，为下一次分料作好准备。

③ 装载物料的回转摆台完成 180° 位置变换后，由前后移动气缸，上下移动气缸，气动手指所组成的机械手夹持物料并前移，再插入已定位的半成品工件中。

④ 检测工件光电接近开关和料仓监控工件的漫射式光电传感器、汽缸上的磁性开关在检测工件时状态是否正常，安装位置是否正确。

5．输送站的手动测试

测试项目内容如下：

① 输送站回归原点。

② 人工在供料站物料台上放置一个工件。利用机械手装置抓取工件并送至加工站移动料台上，测试输送站移动位置定位是否准确，机械手动作是否可靠。

③ 人工在加工站料台上放置一个半成品工件，利用机械手装置抓取工件并送至装配站料台定位孔中放下，测试输送站移动位置定位是否准确，机械手动作是否可靠。

④ 人工在装配站料台上定位孔中放置一个工件，利用机械手装置抓取工件并送至分拣站入料口，测试输送站移动位置定位是否准确，机械手动作是否可靠。

⑤ 步进电动机驱动控制输送站安装底板移动，至每个工作单元机械手夹取工件的定位要求准确控制。要求行走距离测量准确，步进电动机每转的脉冲数准确，方向受控。

子任务二　自动线自动工作模式测试

自动模式下的运行调试步骤：

1．检查通信网络系统、主控制回路和警示灯接通情况

测试状况：

① 系统控制 PPI 通信网络连接已经完成，相对应的 PLC 模块输出点的 LED 能够正常亮起。

② 系统主令工作信号由连接到输送站的按钮 / 指示灯模块提供，安装在装配单元的警示灯应能显示整个系统的主要工作状态，包括：上电复位、启动、停止、报警等。

2．对系统的复位功能进行检测

测试状况：

① 系统在上电后，首先执行复位操作，使输送站机械手装置自动回到原点位置。此时，绿色警示灯以 1Hz 的频率闪烁。

② 输送站机械手装置回到原点位置后，复位完成，绿色警示灯常亮，表示允许启动系统。

3．通过运行指示灯检测系统启动运行情况

测试状况：

按下启动按钮，系统启动，绿色和黄色警示灯均常亮。

4．检测供料站供给工件情况

测试状况：

① 系统启动后，供料站顶料气缸的活塞杆推出，压住次下层工件；然后使推料气缸活塞杆推出，从而把最下层待加工工件推到物料台上，然后把供料操作完成信号存储到供料站 PLC 模块的数据存储区，等待主站读取；并且推料气缸缩回，顶料气缸缩回，准备下一次推料。

② 若供料站的料仓没有工件或工件不足，则将报警或预警信号存储到供料站 PLC 模块的数据存储区，等待主站读取。

③ 物料台上的工件被输送站机械手取出后，若系统启动信号仍然为 ON，则进行下一次推出工件操作。

5．检查输送站能否准确抓取供料站上的工件情况

测试状况：

在工件推到供料站物料台后，输送站抓取机械手装置应移动到供料站物料台的正前方，然后执行抓取供料站工件的操作。

6．检测输送站机械手抓取工件从供料站输送到加工站的情况

测试状况：

① 抓取动作完成后机械手手臂应缩回。

② 步进电动机驱动机械手装置移动到加工站物料台的正前方。

③ 按机械手手臂伸出→手臂下降→手爪松开→手臂缩回的动作顺序把工件放到加工站物料台上。

7．检查加工站对工件进行加工的情况

测试状况：

① 加工站物料台的物料检测传感器检测到工件后，气动手指夹持待加工工件。

② 伸缩气缸将工件从物料台移送到加工区域冲压气缸冲头的正下方，完成对工件的冲压加工。

③ 伸缩气缸伸出，气动手指把加工好的工件重新送回物料台后松开。

④ 将加工完成信号存储到加工站 PLC 模块的数据存储区，等待主站读取。

8．检测输送站将工件从加工站取走情况

测试状况：

输送站读取到加工完成信号后，输送站机械手按手臂伸出→手爪夹紧→手臂提升→手臂缩回的动作顺序取出加工好的工件。

9．检测输送站的机械手能否将工件准确送到装配站

测试状况：

① 步进电动机驱动夹着工件的机械手装置移动到装配站物料台的正前方。

② 按照机械手手臂伸出→手臂下降→手爪松开→手臂缩回的动作顺序把工件放到装配站物料台上。

10．检测装配站的工件装配过程

测试状况：

① 工作装配站物料台的传感器检测到工件到来后，料仓上面顶料气缸活塞杆伸出，把次下层的物料顶住，使其不能下落；下方的挡料气缸活塞杆缩回，物料掉入回转物料台的料盘中，然后挡料气缸复位伸出，顶料气缸缩回，次下层物料下落，为下一次分料作好准备。

② 将回转物料台顺时针旋转 180°（右旋），到位后按照装配机械手下降→手爪抓取小圆柱→手爪提升→手臂伸出→手爪下降→手爪松开→装配机械手装置返回初始位置的动作顺序，把小圆柱工件装入大工件中，并将装配完成信号存储到装配站 PLC 模块的数据存储区，等待主站读取。

③ 装配机械手单元复位的同时，回转送料站逆时针旋转 180°（左旋）回到原位。

④ 如果装配站的料仓内没有小圆柱工件或工件不足，则发出报警或预警信号，并将其存入 PLC 模块的数据存储区，等待主站读取。

11．检测输送站从装配站把工件运送到分拣站的过程

测试状况：

① 输送站机械手伸出并抓取该工件后，逆时针旋转 90°，步进电动机驱动机械手装置从装配站向分拣站运送工件。

② 按照机械手臂伸出→机械手臂下降→手爪松开，放下工件→手臂缩回→返回原点的顺序，返回到原点→顺时针旋转 90°。

12．测试分拣站的分拣工件过程

测试状况：

① 当输送站将送来工件放到传送带上，并被入料口光电传感器检测到时，即可启动变频器。驱动三相减速电动机开始工作，传送带开始运转。

② 传送带把工件送入分拣区，由光纤传感器检测。如果工件为白色，在正对滑槽 1 中间位置准确停止，由推杆气缸 1 推到料槽 1 中。

③ 如果工件为黑色，则传动带继续运行，在正对滑槽 2 中间位置准确停止，该工件被推杆气缸 2 推到 2 号料槽中。

④ 在分拣推料气缸活塞杆推出工件并返回到位后，将分拣完成的信号存入 PLC 模块的数据存储区，等待主站读取。

13. 检测分拣站工作完成后，输送站的复位过程

测试状况：

① 在分拣站分拣工作完成且输送站机械手装置回到原点后，系统完成一个工作周期。

② 如果在工作周期没有按下过停止按钮，系统在延时 1s 后开始下一周期工作。

③ 如果在工作周期曾经按下过停止按钮，则在本工作周期结束后，系统不再启动，警示灯中黄色灯熄灭，绿色灯仍保持常亮。

14. 非正常运行的状况测试

① 供料站和装配站供料不足时警示灯的闪烁状态

- 如果供料站和装配站发生物料不足的预报警信号，警示灯中红色灯以 1Hz 的频率闪烁，绿色和黄色灯保持常亮。
- 如果供料站和装配站发生物料没有的报警信号，警示灯中红色灯以 1Hz 的频率闪烁，黄色灯熄灭，绿色灯保持常亮。

② 供料站工件不足或没有工件时，系统的处理情况。

整个生产线在完成本生产工作周期后，返回原点不再工作。

③ 废品零件的判别和废品处理。

- 没有在装配站经过装配的工件就没有黑色、白色工件装入，判定为废品。
- 工件处在加工站时，系统急停按钮按下，复位后由输送站直接送到分拣站，作为废品。
- 废品通过推料气缸时，气缸不工作，而是直接从传送带另一端掉落至废品筐中。

④ 装配站工件不足或没有工件时，系统的处理情况。

整个生产线在完成本生产工作周期后，返回原点不再工作。

⑤ 异常工作状态的测试。

系统工作过程中按下输送站的急停按钮，则系统立即全线停车。

- 若当急停按钮按下时，工件正在加工站上进行冲压加工，则该工件将报废。急停复位后，不再进行加工，并应推出到物料台，由输送站机械手抓取直接送往分拣站，再由传送带送往末端的废品收集箱。
- 若当急停按钮按下时，输送站机械手装置正在向某一目标点移动，则急停复位后输送站机械手装置应首先返回原点位置，然后再向原目标点运动。

注意：

1. 只有分拣站分拣工作完成，并且输送站机械手装置回到原点，系统的一个工作周期才认为结束。如果在工作周期没有按下过停止按钮，系统在延时 1s 后便开始下一周期的工作。如果在工作周期曾经按下过停止按钮，系统工作会结束，警示灯中黄色灯熄灭，绿色灯仍保持常亮。系统工作结束后若再按下启动按钮，则系统会又会重新工作。
2. 为保证生产线的工作效率和工作精度，检测要求每一工作周期不超过 30s，步进电动机每转的驱动步数为 10 000 步。

知识、技能归纳

一般对整机系统进行调试时，最好在每个工作站，都加上单站启动/停止测试按钮，先分别保证每一个工作站都能正常工作，然后让系统总体运行。若不能工作，应先检查每个站的气缸，传感器是否都处在初始位置或状态，从站物料台上是否有工件，所有PLC都应处于运行状态，将输送机构机械手装置放到中间位置，先复位再启动系统。根据故障现象，采取相应办法解决。

整机调试不仅要进行手动测试，还要进行自动测试。

工程素质培养

查阅资料，了解气动、传感器、PLC、变频器、步进电动机和驱动模块等知识，并且了解其出现故障之后如何解决。

自动线调试考核技能评分表

自动线调试考核技能评分表如表4–25所示。

表4–25　自动线调试考核技能评分表

姓名		同组		开始时间		
专业/班级				结束时间		
项目内容	考核要求	配分	评分标准	扣分	自评	互评
供料站调试	供料站调试成功	10	供料站调试未成功，扣5分			
加工站调试	加工站调试成功	10	加工站调试未成功，扣5分			
装配站调试	装配站调试成功	10	装配站调试未成功，扣5分			
分拣站调试	分拣站调试成功	10	分拣站调试未成功，扣5分			
输送站调试	输送站调试成功	10	输送站调试未成功，扣5分			
整条生产线手动调试	整条生产线手动调试成功	10	整条生产线调试未成功扣5分			
整条自动生产线自动调试	整条自动生产线调试成功	20	整条自动生产线调试未成功扣10分			
排除故障	正确排除故障	10	有故障未排除，每处扣3分			
职业素养与安全意识		10	现场操作安全保护符合安全操作规程；工具摆放、包装物品、导线线头等的处理符合职业岗位的要求；团队有分工，有合作，配合紧密；遵守赛场纪律，尊重赛场工作人员，爱惜赛场的设备和器材，保持工位的整洁			
教师点评：			成绩（教师）：	总成绩：		

拓展

以《2008全国高等职业院校技能大赛自动线安装与调试项目》比赛试题为拓展项目，在附录中分别给出（附录见光盘第四篇）：

1.《2008全国高等职业院校技能大赛自动线安装与调试项目》试题任务书（见光盘中文

件附录 4—4）。

2.《2008 全国高等职业院校技能大赛自动线安装与调试项目》试题程序（见光盘中文件附录 4—5）。

3.《2008 全国高等职业院校技能大赛自动线安装与调试项目》工作任务 A 评分表（见光盘中文件附录 4—6）。

注意：样题和比赛试题控制上的区别：

① 报警指示，比赛试题比样题指示的内容丰富得多。

② 比赛题目的工件设置有限制（最多 5 套），当完成预设的套件数时，系统会自动停止，而样题没有套件数设定。若没有出现异常，系统会一直运行。

③ 加工和装配顺序不同，样题是先加工后装配；比赛试题是先装配后加工。

④ 分拣站的工艺流程不同，样体要求白色件、黑色件、废品分别送入 1 槽区、2 槽区、废品区；比赛试题要求从 1 号滑槽应输出满足套件关系的工件（每个白色工件搭配一个黑色工件组合成一组套件）。分拣时，不满足套件关系的工件从 2 号滑槽输出，作为散件，废品仍然送入废品区。

⑤ 分拣站手动测试功能，样题要求按要求实现手动测试功能，而比赛题目没有要求。

⑥ 工作情况不一样。

⑦ 急停按下和复位后程序处理方法不一样。

第五篇

项目挑战

——生产线技术拓展知识

由于准备充分，本次大赛取得了优异成绩。但自动线技术发展日新月异，常用的伺服技术、触摸屏技术、柔性系统、光机电技术等在自动线上应用广泛，还需不断学习新知识新技能才能迎接新的挑战。

本次大赛针对机械机构及气动部件进行安装、控制线路布线、气动电磁阀及气管安装、PLC应用与编程、变频器控制技术应用、运动控制技术应用、机电安转、连接、故障诊断与调试等技能进行了综合考核。但目前生产线常用的还有伺服技术、触摸屏技术、工控网络技术、柔性系统、光机电技术等，其在企业已得到了广泛应用，一定不能忽视，现在就开始学习吧！

任务一　了解伺服技术在生产线上的应用

“伺服”词源于希腊语“奴隶”的意思。含义是使“伺服机构”服从控制信号的指挥而动作，成为其得心应手的使用工具。在控制信号来到之后电动机转子立即转动，转速随控制信号变化而变化；当控制信号消失，转子便可自行停转。由于其“伺服”性能，因此得名“伺服系统”。

常见的自动化生产线中的码堆站的功能是将装配站送来的装配好的工件进行马堆排列，在系统入料口有一只光电传感器。当搬运站将送来工件放到待分台上，并被入料口光电传感器检测到时，即可启动直线搬运气缸，X、Y 直线执行器开始工作，通过伺服电动机精确定位，并进行马堆排列组合，该操作由 X、Y 直线执行器、伺服电动机、直线气缸、电磁阀和色标传感器及入料定位传感器构成，即一个典型的伺服系统。图 5-1 所示是码堆站部件示意图。

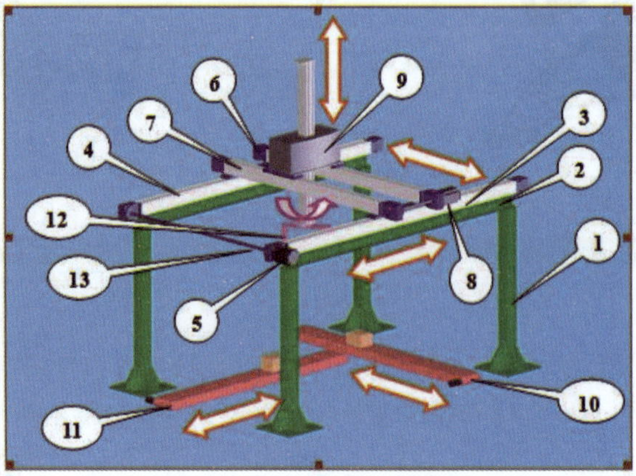

图 5-1　码堆站部件示意图

① 立柱。　② X 轴支撑。　③ X 轴主动执行器。
④ X 轴从动执行器。　⑤ X 轴驱动电机。　⑥ Y 轴主动执行器。
⑦ Y 轴从动执行器。　⑧ Y 轴驱动电机。　⑨ Z 垂直升降轴。
⑩ U 水平承料轴。　⑪ V 水平上料轴。　⑫ W 旋转轴。
⑬ X 轴同步传动轴。

子任务一　初步认识伺服系统

伺服系统是使物体的位置、方位、状态等被控量能够跟随输入目标（或给定值）而任意变化的自动控制系统。

伺服系统的主要任务是按控制命令的要求，对功率进行放大、变换与调控等处理，使驱动装置输出的力矩、速度和位置控制得非常灵活、方便。

1. 系统组成

伺服系统如图 5–2 所示，是具有反馈的闭环自动控制系统。它由位置监测部分（被控量）、放大部分、执行部分及被控对象组成。

图 5–2　伺服驱动闭环自动控制系统

2. 性能要求

伺服系统必须具备可控性良好、稳定性高和响应快等基本性能。其中，可控性好是指信号消失以后，能立即自行停转；稳定性高是指转速随转矩的增加而匀速下降；响应快是指反应快、灵敏度高、响态品质好。

3. 系统分类

① 根据伺服驱动机的种类来分类，主要有电气式、油压式或电气—油压式 3 种。

电气式伺服系统根据电气信号可分为 DC（直流）伺服系统和 AC（交流）伺服系统两大类。AC 交流伺服系统又有异步电动机伺服系统和同步电机伺服系统两种。

② 根据被控对象的功能要求来分类，主要有计量伺服系统、功率伺服系统、模拟伺服和功率伺服系统、位置伺服和加速度伺服系统等。这里只讨论电气式伺服系统中的一种——交流永磁同步电机伺服系统。

4. 交流伺服系统

在 20 世纪 70 年代末期，交流伺服系统开始发展，图 5–3 所示的为交流伺服电动机。AC 伺服电动机的应用越来越广泛，并且还有取代 DC 伺服系统的趋势，成为电气伺服系统的主流。在 AC 伺服系统中，可分为同步型和异步型 AC 伺服系统两种。

图 5–3　交流伺服电动机

目前，在交流同步伺服驱动系统中，普通应用的交流永磁同步伺服电动机有两大类：一类称为无刷直流电动机，其要求将方波电流导入定子绕组；另一类称为三相永磁同步电动机，它要求导入定子绕组的电源仍然是三相正弦波电流。

永磁转子的同步伺服电动机由于永磁材料的不断发展，价格不断下降，控制又比异步电动机简单，容易实现高性能的缘故，因此永磁同步电动机的 AC 伺服系统应用更为广泛。

子任务二　可编程控制器伺服系统的认知

可编程逻辑控制器（PLC）的伺服系统，由于具有结构紧凑、性能稳定、互换性好等特点，因此得到了广泛应用。简单实用的伺服系统主要由 CPU224XP、定位模块 EM253、伺服驱动器及伺服电机组成，如图 5–4 所示。下面就其各部分的作用、调试方法、安装和接线进行说明。

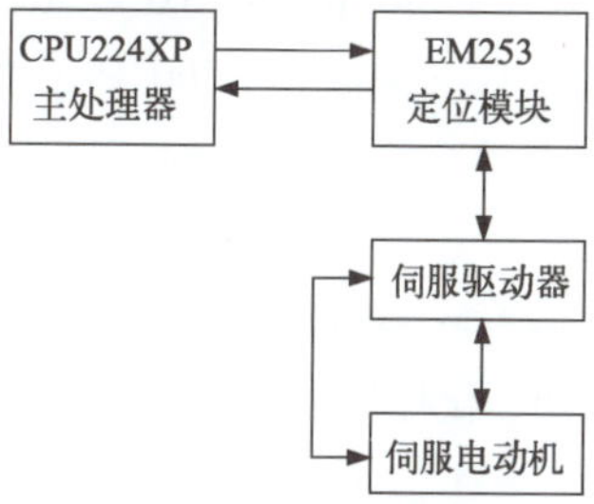

图 5–4　PLC 伺服系统的组成

1．定位模块EM253

如图 5–5 所示，定位模块 EM253 集成有“5 个数字量输入点”（STP：停止；RPS：参考点开关；ZP：零脉冲信号；LMT+：正方向硬极限位置开关；LMT–：负方向硬极限位置开关），“6 个数字量输出点”（4 个信号：DIS、CLR、P0、P1 或者 P0+、P0–、P1+、P1–），用于 S7–200 PLC 定位控制系统中。通过产生高速脉冲来实现对单轴步进电动机的开环速度、位置控制。通过 S7–200 PLC 的扩展接口，实现与 CPU 之间的通信控制。

定位模块 EM253 应用于位置控制的过程，实现起来非常简单。STEP7–Micro/WIN 提供了一个定位模块 EM253 配置的向导操作（Position Control Wizard）。它可以在很短的几分钟内完成配置操作，存储在 S7–200 PLC 的 V 区内；同时，STEP7–Micro/WIN 还提供了一个界面非常友好，专门用于调试、监控运动控制过程的调试界面（定位模块 EM253 Control Panel）。

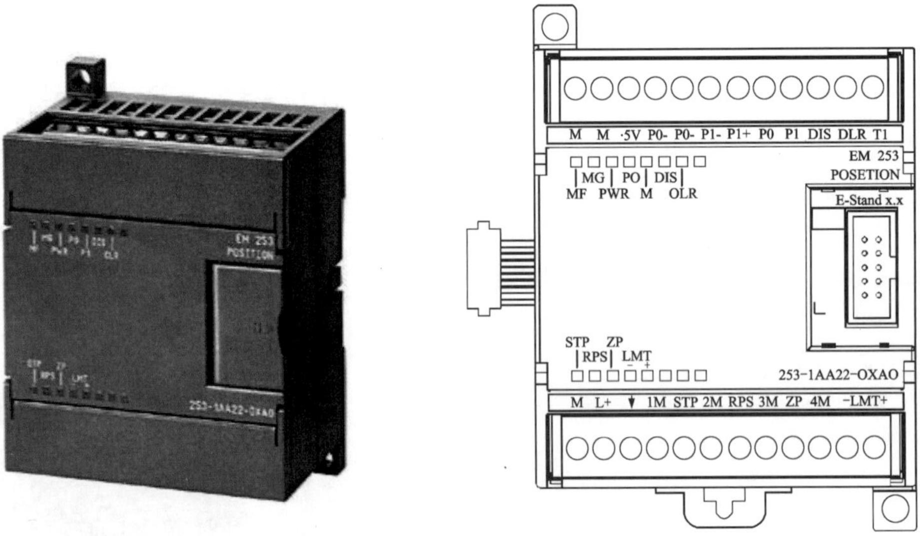

图 5–5　定位模块 EM253

2．调试基本思路

用户使用定位模块 EM253 进行开环位置控制，调试的基本思路：

① 根据所选择的步进电动动机驱动器，完成相应的模板接线。

② 通过 STEP7–Micro/WIN 软件的“Position Control Wizard”配置工具，在离线的情况下，配置定位模块 EM253 的运动参数、运动轨迹包络等。

③ 应用“POSx_CTRL”命令编制程序。使用 SM0.0 接通参数“EN”、“MOD_EN”。

④ 确保 S7–200 PLC 的模式开关设置为 TERM 或者 RUN。

⑤ 下载用户的项目（包括：Program Block、Data Block、System Block）到 S7–200 PLC；

⑥ 确保 S7–200 PLC 运行状态由 STOP 到 RUN，再由 RUN 到 STOP，完成模板的自检、初始化操作。

⑦ 确保定位模块 EM253 运行状态为 LED 灯 MF 灭，MG 常亮、PWR 常亮。

⑧ 选择 Tools → “EM 253 Control Panel”命令。如果电动机的驱动器“使能信号”来自 DIS 输出。那么，首先“Activity DIS output”，使“DIS”输出 LED 灯常亮；然后，再调试设置的运动参数、运动轨迹包络等。

⑨ 按照用户的工艺，编制用户程序。下载用户程序到 S7–200 PLC。

⑩ 调试用户程序。

⑪ 结束。

3. 安装和接线

定位模块 EM253 内部的输入 / 输出点接线图，如图 5–6 所示。

4. 定位模块EM253与日本、中国标准驱动器接线图

定位模块 EM253 与日本、中国标准驱动器接线图，如图 5–7 所示。通过“Position Control Wizard”配置工具，帮助用户在离线的情况下，轻松地一步步配置定位模板 EM253 的运动参数、运动轨迹包络等。

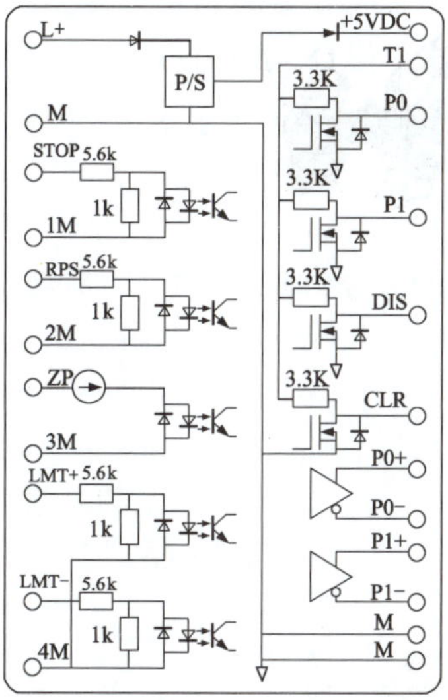

图 5–6　EM253 输入 / 输出点接线图

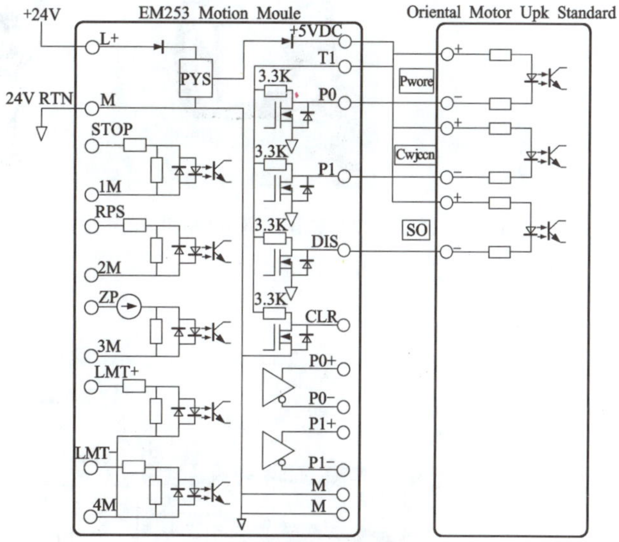

图 5–7　EM253 和驱动器接线图

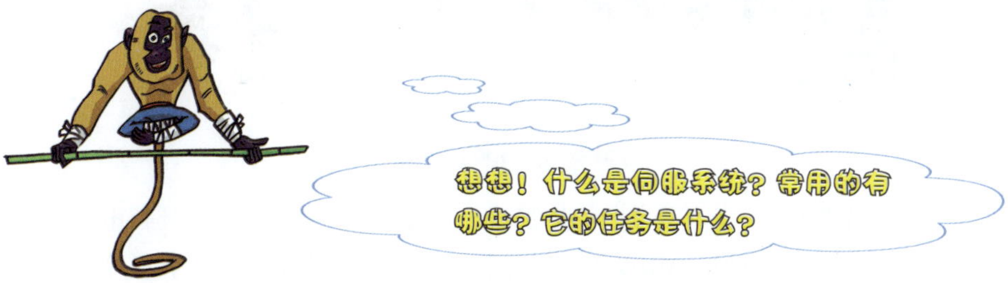

知识、技能归纳

伺服系统是使物体的位置、方位、状态等输出被控量能够跟随输入目标（或给定值）而任意变化的自动控制系统。其主要任务是按控制命令的要求，对功率进行放大、变换与调控等处理，使驱动装置输出的力矩、速度和位置控制得非常灵活方便。电气伺服技术应用最广，主要原因是其控制方便，灵活，容易获得驱动能源，没有公害污染，维护也比较容易。特别是随着电子技术和计算机软件技术的发展，为电气伺服技术的发展提供了广阔的发展前景。可编程控制器（PLC）的伺服系统正是由于其结构紧凑、性能稳定、互换性好，得到了广泛应用。

工程素质培养

思考一下：伺服系统有哪几部分组成？如何分类？对该系统的性能要求是什么？掌握定位模块 EM253 的结构、特点及调试、使用方法。

任务二　人机界面在生产线上的应用

人机界面（HMI）就像一扇窗，是操作人员与 PLC 之间进行对话的接口设备。

在 YL335-A 自动生产线中，通过人机界面（HMI）这扇窗，我们可以观察、掌握和控制自动线及 PLC 的工作状况，如图 5-8 所示。

图 5-8　YL335-A 自动生产线

人机界面（HMI）设备将允许以图形形式，显示所连接 PLC 的操作状态、当前过程数据以及故障信息。用户可使用 HMI 设备方便地操作和观测正在监控的设备或系统。近年来，人

机界面的应用越来越广泛，已经成为现代工业控制系统中不可缺少的设备之一。人机界面使用组态软件进行组态，由于人机界面品种的日益丰富和功能的不断增强，组态软件的应用也越来越广泛。

子任务一 初步认识人机界面

外观精美、使用方便的带触摸屏的手机大家都见过吧，如图 5-9 所示。触摸屏就是典型的人机界面技术的应用。本任务将主要介绍人机界面（HMI）的原理及其应用。

图 5-9 带触摸屏的手机

1. 人机界面（HMI）在自动化控制过程中的作用

人机界面（Human Machine Interface）又称人机接口，简称为 HMI。从广义上说，HMI泛指计算机与操作人员交换信息的设备。在控制领域，HMI 一般特指用于操作人员与控制系统之间进行对话和相互作用的专用设备。

人机界面装置是操作人员与 PLC 之间双向沟通的桥梁，人机界面将以图形形式显示所连接 PLC 的操作状态、当前过程数据及故障信息，并且接收操作人员发出的各种命令和设置的参数，同时将其传送到 PLC 上。人机界面一般安装在控制屏上，能适应现场的工作环境，具有较高的可靠性。

触摸屏是一种最直观的操作设备，如图 5-10 所示。只要用手指触摸屏幕上的图形对象，计算机便会执行相应的操作，人和机器间的交流变得简单、直接。

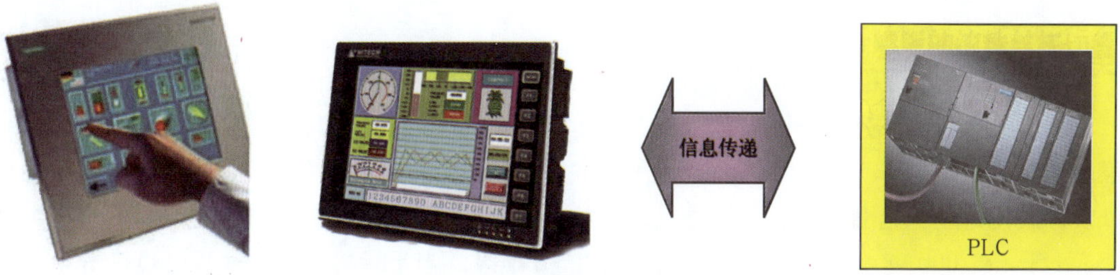

图 5-10 人机界面触摸屏

用户还可以用触摸屏上的文字、按钮、图形和数字来处理或监控不断变化的信息。现在，触摸屏是人机界面发展的主流方向，几乎成了人机界面的代名词，有的专业人机界面生产厂家甚至只生产触摸屏。

2. 触摸屏的组成及作用

对于人机界面最主要设备触摸屏，一般来说包括触摸屏控制器（卡）和触摸检测装置两部分，如图 5–11 所示。

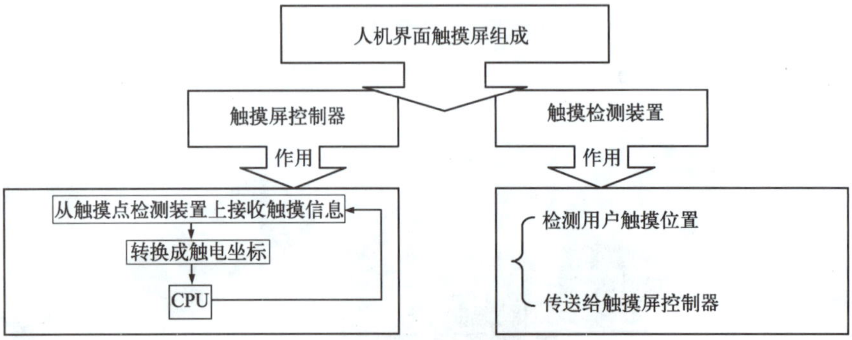

图 5–11　触摸屏组成及作用

触摸屏的传送方法为：当用手指触摸显示器上的触摸屏时，触摸屏控制器检测所触摸的位置，并通过接口装置送到控制触摸屏的 CPU，从而确定输入的信息。

3. 触摸屏分类

触摸屏根据其工作原理和传输信息介质的不同，分为电阻式、电容式、红外线式和表面声波式触摸屏，如图 5–12 所示。

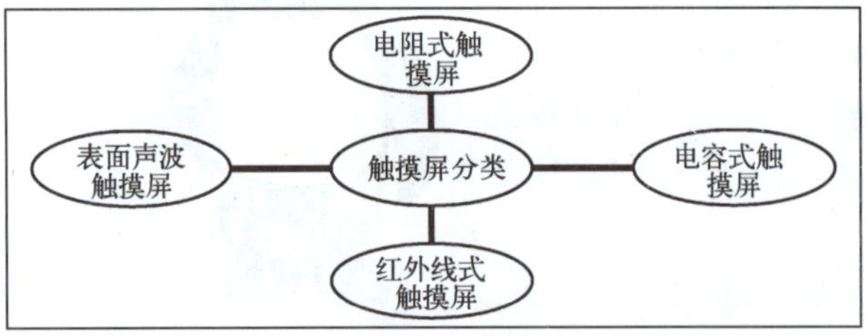

图 5–12　触摸屏分类

下面分别介绍几种常见触摸屏的结构及特点。

（1）电阻式触摸屏

电阻式触摸屏以稳定的质量、可靠的品质及对环境的高适应性占据了广大市场。

触摸屏的屏体部分是一块与显示器表面非常配合的多层复合薄膜，如图 5–13 所示，由一层玻璃或有机玻璃作为基层，表面涂有一层透明的导电层（OTI，氧化铟），上面再盖有一层外表面硬化处理、光滑防刮的塑料层，其内表面也涂有一层 OTI，在两层导电层之间有许多细小（小于 1/1 000 英寸）的透明隔离点把它们隔开绝缘。当手指接触屏幕，两层 OTI 导电层出现一个接触点，因其中一面导电层接通 Y 轴方向的 5V 均匀电压场，使得侦测层的电压由零变

为非零，控制器侦测到这个信号接通后，进行 A/D 转换，并将得到的电压值与 5V 相比，即可得触摸点的 Y 轴坐标，同理得出 X 轴的坐标，这就是电阻技术触摸屏共同的最基本原理。电阻屏根据引出线数多少，分为四线、五线等多线电阻触摸屏。五线电阻式触摸屏的 A 面是导电玻璃而不是导电涂覆层。导电玻璃的工艺使其寿命得到了极大的提高，并且可以提高透光率。

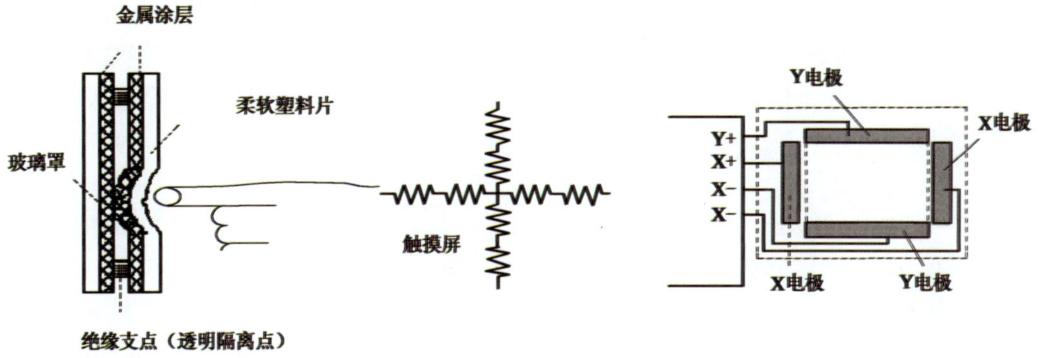

图 5–13　四线电阻式触摸屏构造原理

电阻式触摸屏不受尘埃、水、污物影响，在工业控制领域，对所处环境和条件的高要求，更显示出电阻式触摸屏的特性，使其在同类触摸屏产品中占有 90% 的市场，现已成为市场主流产品。

但电阻式触摸屏的 OTI 涂层比较薄且容易断裂，涂得太厚又会降低透光且形成内反射降低清晰度，OTI 外虽多加了一层薄塑料保护层，但依然容易被锐利物件所破坏；且由于经常被触动，表层 OTI 使用一定时间后会出现细小裂纹，甚至变形，如果其中一点的外层 OTI 受破坏而断裂，就会失去作为导体的作用，触摸屏的寿命也会不长久。

（2）电容式触摸屏

电容式触摸屏在触摸屏四边均镀上狭长的电极，在导电体内形成一个低电压交流电场。用户触摸屏幕时，由于人体电场，手指与导体层间会形成一个耦合电容，四边电极发出的电流会流向触点，而电流强弱与手指到电极的距离成正比，位于触摸屏幕后的控制器便会计算电流的比例及强弱，准确计算出触摸点的位置，如图 5–14 所示。

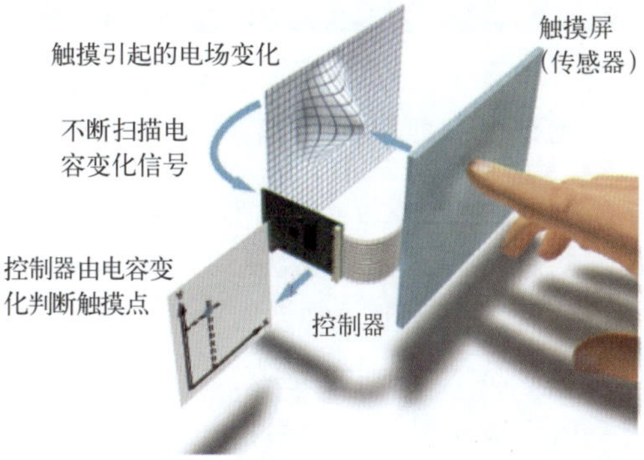

图 5–14　电容式触摸屏的构造

电容式触摸屏的构造主要是在玻璃屏幕上镀一层透明的薄膜体层，再在导体层外加上一块保护玻璃，双玻璃设计能彻底保护导体层及感应器。

电容触摸屏的双玻璃不但能保护导体及感应器，更能有效地防止外在环境因素对触摸屏造成的影响，即使屏幕上沾有污秽、尘埃或油渍，电容式触摸屏依然能准确算出触摸位置。

（3）红外线式触摸屏

红外线触摸屏原理很简单，只是在显示器上加上光点距架框，无需在屏幕表面加上涂层或接驳控制器。光点距架框的四边排列了红外线发射管及接收管，从而在屏幕表面形成了一个红外线网。用户以手指触摸屏幕上某一点，便会挡住经过该位置的横竖两条红外线，计算机便可及时算出触摸点位置，如图 5-15 所示。

红外触摸屏不受电流、电压和静电干扰，适宜某些恶劣的环境条件。其主要优点是价格低廉、安装方便、不需要卡或其他任何控制器，可以用在各档次的计算机上。不过，由于只是在普通屏幕上增加了框架，在使用过程中框架四周的红外线发射管及接收管很容易损坏，且分辨率较低。

（4）表面声波触摸屏

表面声波触摸屏的触摸屏部分可以是一块平面、球面或是柱面的玻璃平板，安装在 CRT、LED、LCD 或是等离子显示器屏幕的前面。这块玻璃平板区别于其他触摸屏技术，它只是一块纯粹的强化玻璃，他没有任何贴膜和覆盖层。玻璃屏的左上角和右下角各固定了竖直和水平方向的超声波发射换能器，右上角则固定了两个相应的超声波接收换能器。玻璃屏的 4 个边框刻有呈 45° 由疏到密且间隔非常精密的反射条纹，如图 5-16 所示。

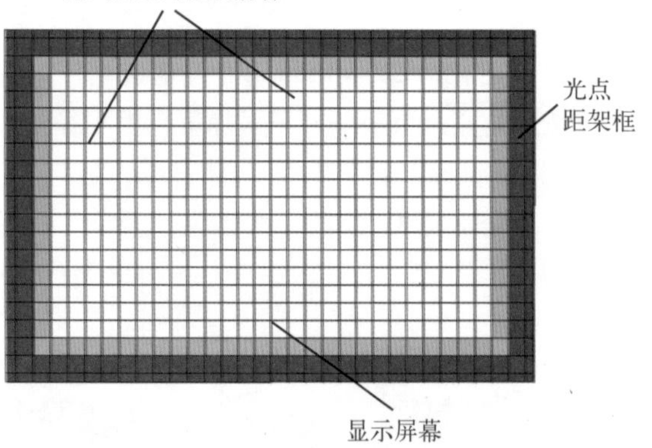

图 5-15　红外线式触摸屏构造原理

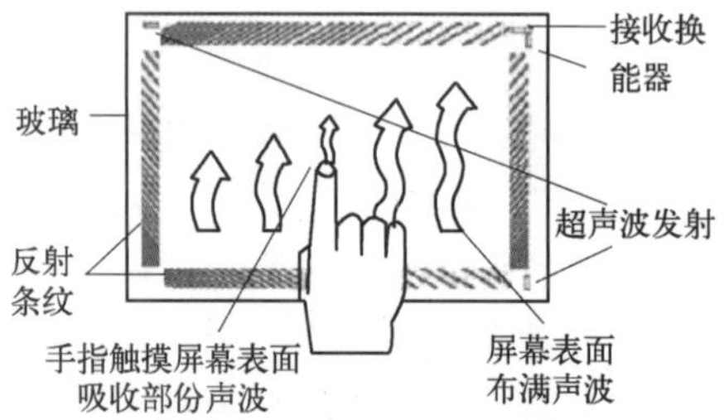

图 5-16　表面声波触摸屏构造原理

表面声波触摸屏不受温度、湿度等环境因素影响，分辨率极高，有极好的防刮性，寿命长（使用 5 000 万次无故障）；透光率高（92%），并能保证清晰的图像质量；没有漂移，最适合公共场所使用。但表面感应系统的感应转换器在长时间运作下，会因声能所产生的压力而遭受损坏。一般羊毛或皮革手套都会接收部分声波，对感应的准确度也会造成一定影响。屏幕表面或接触屏幕的手指如果沾有水渍、油渍、污物或尘埃，也会影响其性能，甚至令系统停止运作。

4. 触摸屏在工控系统中的作用

触摸屏由触摸检测部件和触摸屏控制器组成；触摸检测部件安装在显示器屏幕前面，用于检测用户触摸位置，接受后送触摸屏控制器；而触摸屏控制器的主要作用是从触摸点检测装置上接收触摸信息，并将其转换成触点坐标，再发送给 CPU。它同时能接收 CPU 发来的命令并加以执行。图 5-17 所示为触摸屏在工控系统中的作用。

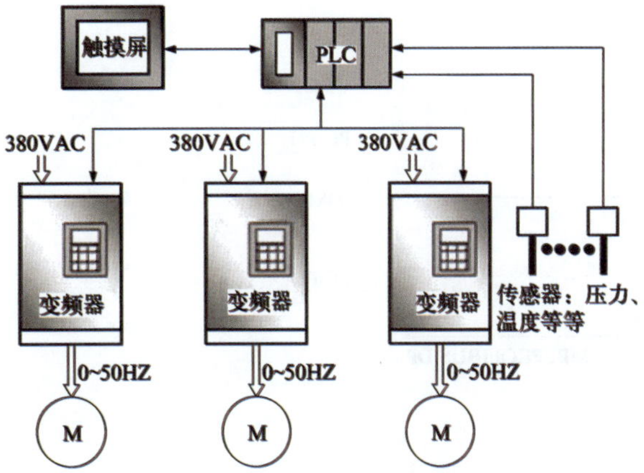

图 5–17　触摸屏在工控系统中的应用

子任务二　了解触摸屏的接口及组态

如图 5–18 所示，显示了在 HMI 设备下侧排列的接口，以 MP270B 为例。在 TP270 和 OP270 上，没有 PC 卡接口和以太网接口。要启用以太网连接，它们需要一个 CF 卡。

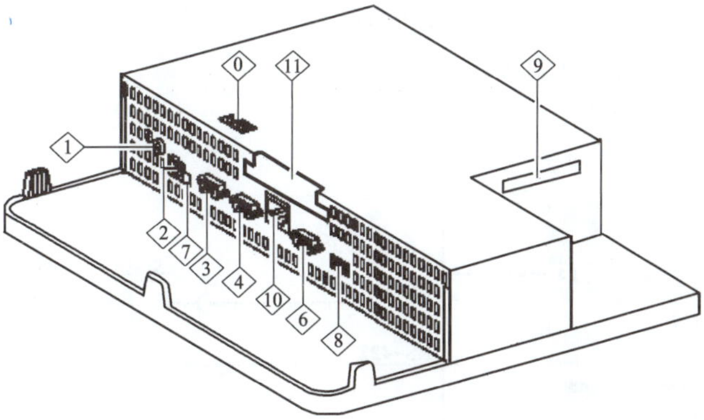

图 5–18　西门子 MP270B 接口排列图

接口功能描述见表 5–1 所示。

表 5–1　接口功能描述

编　　号	描　　述	应　　　　用
1	接地连接	用于连接到机架地线
2	电源	连接到 DC+24 V
3	接口 IF1B	RS–422/RS–485(未接地)，用于 PLC、PC、PU
4	接口 IF1A	用于 PLC 的 RS–232
5	接口 IF2	用于 PC、PU、打印机的 RS–232
6	开关	用于组态接口 IF1B
7	电池连接	连接可选备用电池
8	USB 接口	用于外部键盘、鼠标等的连接
9	插槽 B	用于 CF 卡
10	以太网接口(只用于 MP 270B)	连接 RJ45 以太网线
11	插槽 A（只用于 MP 270B)	用于 CF 卡

触摸屏的连接方式如下：

(1) 触摸屏与组态计算机的连接

其连接方式如图 5-19 所示。

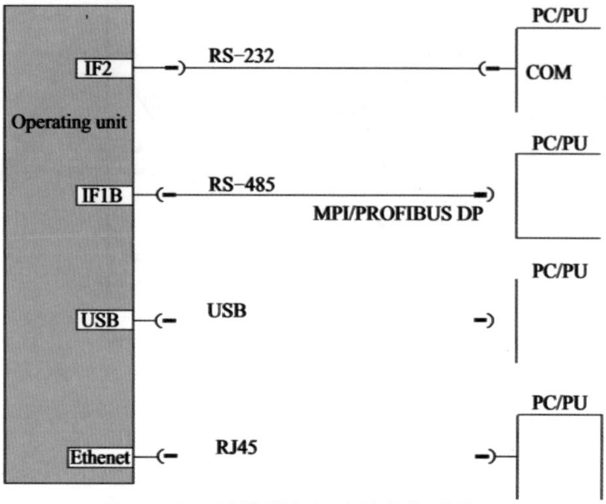

图 5-19　触摸屏与组态计算机连接图

触摸屏可以通过 IF2 接口与组态计算机的 RS-232 接口相连，也可以通过 IF1B 接口与组态计算机的 MPI/PROFIBUS DP 接口（CP 通信卡）相连，还可通过 USB 接口或者以太网接口与组态计算机相连，进行画面组态。

(2) 触摸屏与 PLC 的连接

其连接方式如图 5-20 所示。

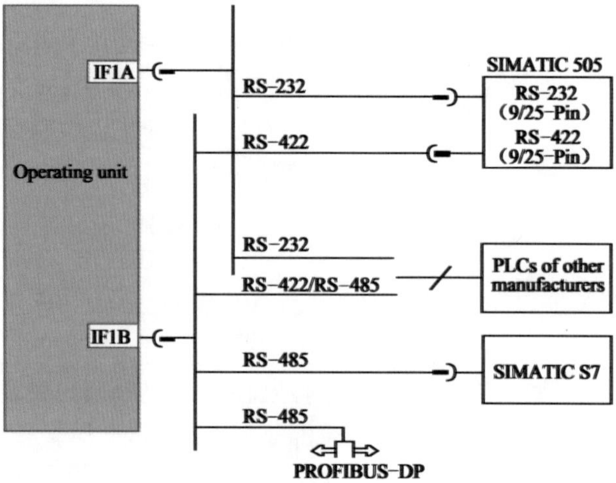

图 5-20　触摸屏与 PLC 连接图

触摸屏可以通过接口 IF1A 与 PLC 的 RS-232 接口连接通信，也可通过触摸屏的 IF1B 与 PLC 以 MPI 或者 PROFIBUS-DP 方式进行连接通信，但两种接口不可同时进行连接。

(3) 组态

为了通过触摸屏设备操作机器或系统，必须给触摸屏设备组态用户界面，该过程称为

"组态阶段"。系统组态就是通过 PLC 以"变量"方式进行操作单元与机械设备或过程之间的通信。变量值写入 PLC 上的存储区域（地址），由操作单元从该区域读取，如图 5-21 所示。

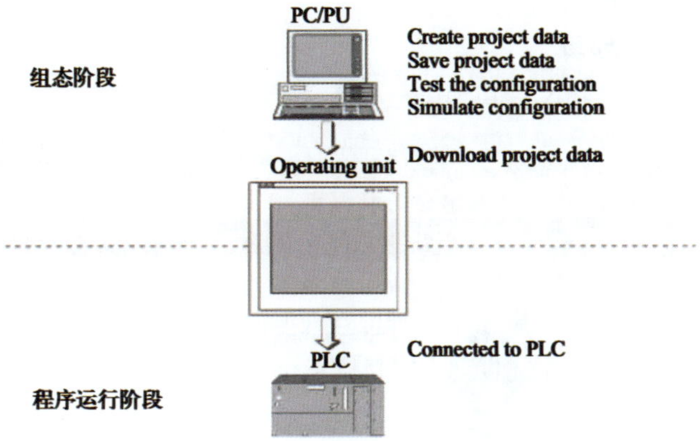

图 5-21　组态和过程运行阶段

基本的组态步骤：

① 组态用户界面的功能。使用 ProTool 组态软件进行用户界面组态，一般包括下列各项：

- 图形。
- 文本。
- 自定义功能。
- 操作和指示器对象。

② 将组态计算机连接到触摸屏设备，可以采用下列连接方式：

- 串口。
- MPI/PROFIBUS DP。
- USB 或以太网接口。

③ 组态界面传送至触摸屏设备。

④ 将触摸屏设备连接到 PLC。

触摸屏设备与 PLC 进行通信，根据组态的信息响应 PLC 中的程序进程（"过程运行阶段"）。

实例 WinCC flexible组态

西门子人机界面组态软件 WinCC flexible 是在被广泛认可的 ProTool 组态软件的基础上发展而来的，并且与 ProTool 保持一致，多种语言使其可以全球通用。WinCC flexible 还综合了 WinCC 的开放性和可扩展性及 Protool 的易用性。本任务以一个具体实例演示如何将 WinCC flexible 进行组态。

1. 任务提出

使用 WinCC flexible 软件对电机启停进行组态，组台画面具有启动、停止两个按钮，并且能显示时间。硬件使用西门子 TP 177B color PN/DP 型触摸屏与 CPU313C-2DP 扩展 CP343-1 模块通过以太网方式进行通信。

2. 任务解决方案

使用 WinCC flexible 软件进行组态需要对触摸屏型号、与触摸屏通信的 PLC 型号、触摸屏与组态计算机及 PLC 的通信参数进行设置，下面以项目设计步骤对 WinCC flexible 软件的使用进行简单介绍。

3. 组态步骤

① 打开 WinCC flexible 软件，新建一个空项目，如图 5-22 所示。

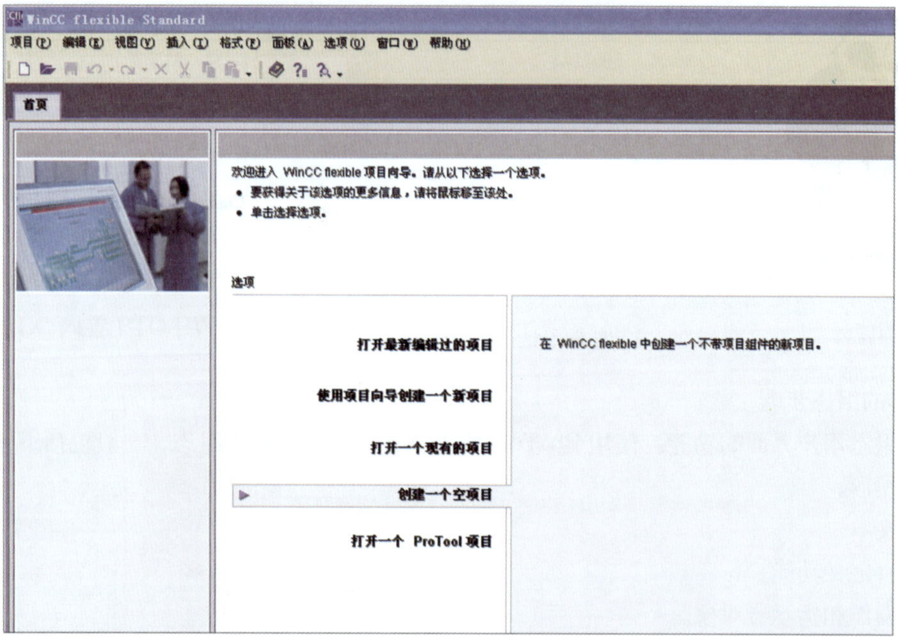

图 5-22　创建一个空项目界面

② 在“设备选择”对话框中选取所用触摸屏的型号如图 5-23 所示，本例选用西门子 TP 177B color PN/DP 型触摸屏。

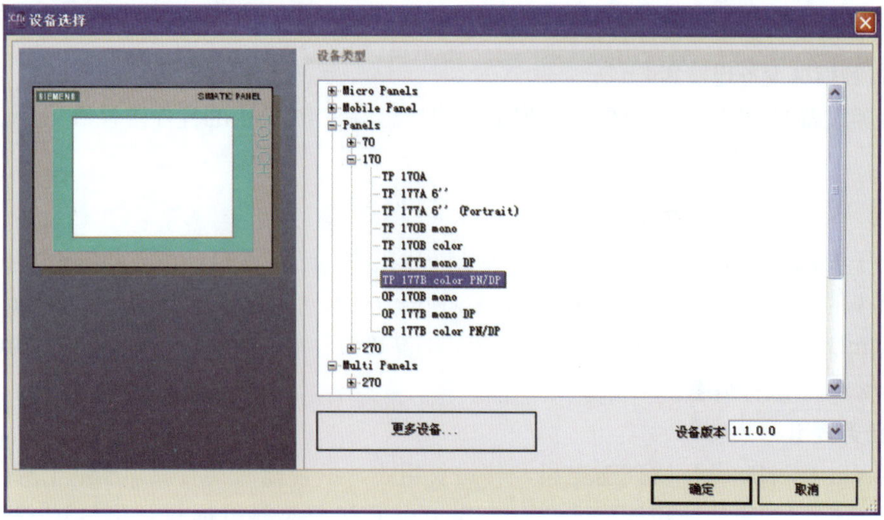

图 5-23　触摸屏型号选择界面

③ 单击“确定”按钮进入 WinCC flexible 组态界面如图 5-24 所示。

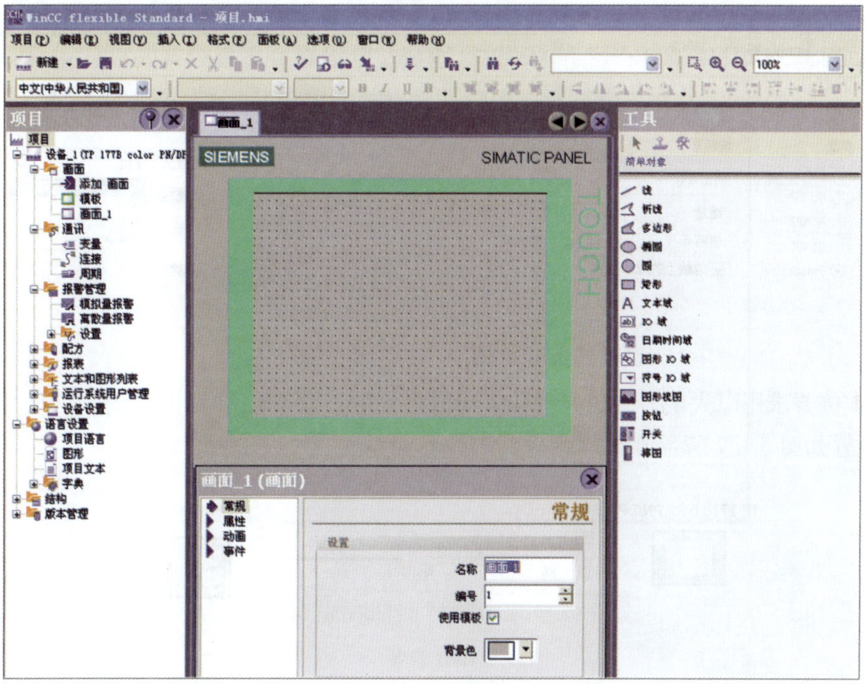

图 5-24　WinCC flexible 组态界面

④ 触摸屏与 PLC 的通信参数设置。双击图 5-24 所示的界面项目树中“通讯”下的“连接”按钮，触摸屏与 PLC 的通信的 PLC 接口、地址、通信方式等组态连接属性可通过图 5-25 所示进行设置。

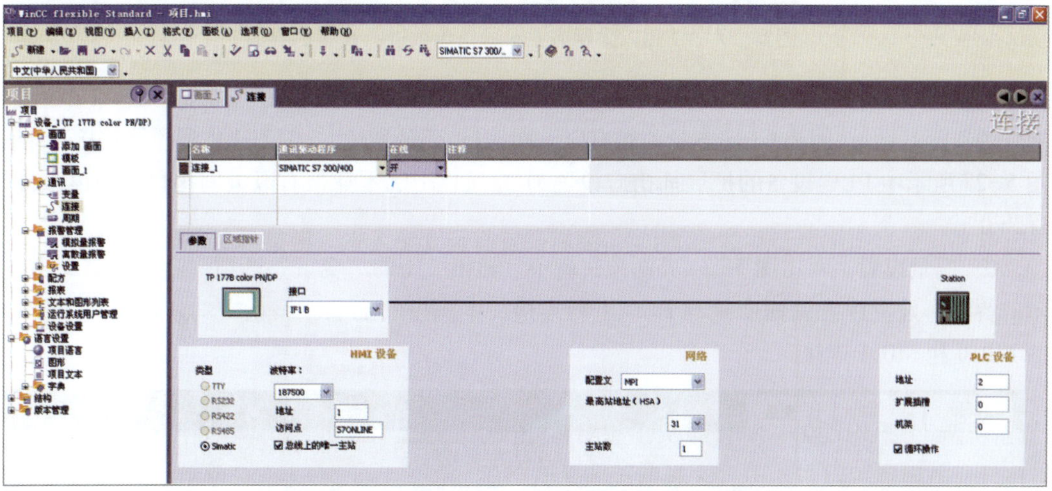

图 5-25　触摸屏与 PLC 通信参数设置界面

其具体的设置如下：

a. 在触摸屏接口参数选择中选择 IF1B，可使用 MPI 和 DP 方式与 PLC 进行通信，其通信方式的设置如图 5-26 所示。

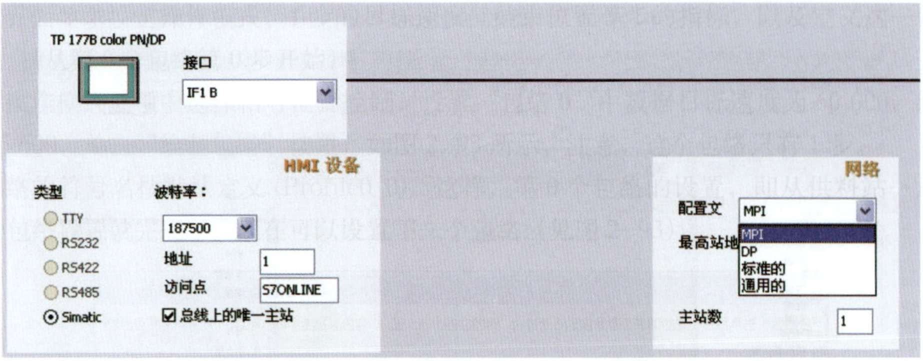

图 5-26　使用 IF1 接口通信参数设置界面

b. 本例要求用以太网方式进行通信，所以触摸屏接口参数列表中应选择“以太网”，其通信参数设置如图 5-27 所示。

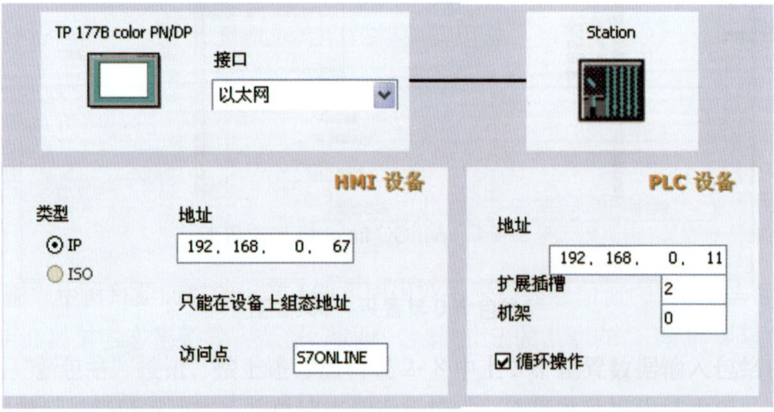

图 5-27　使用以太网方式对通信参数进行设置的界面

在图 5-27 设置的界面中，HMI 设备地址必须与触摸屏中设定的 IP 地址一致，PLC 设备地址为实际站地址，因为 CPU 本身不带有以太网接口，而是通过 CP343-1 扩展模块连接。因此，图 5-27 所示中 PLC 设备的扩展插槽应设置为 2，如 CPU 本身带有以太网接口，则该参数设置为 0。

⑤ 变量设置。双击图 5-24 界面项目树中“通讯”下的“变量”选项，会弹出图 5-28 所示的界面，建立组态画面变量与 PLC 进行连接，本例中的启动、停止变量分别与 S7300PLC 的 M0.0 和 M0.1 连接。

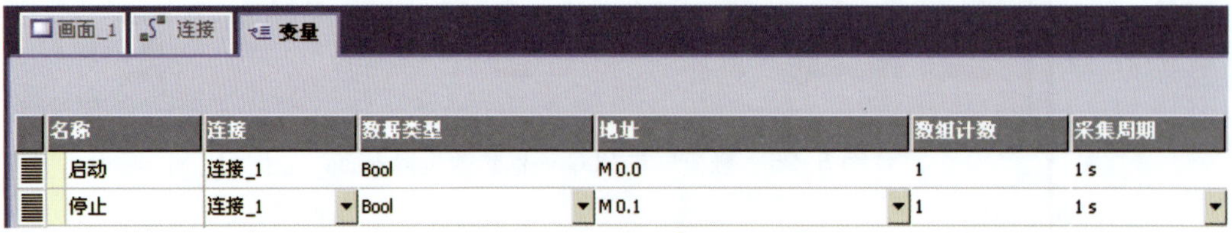

图 5-28　通信变量参数设置界面

⑥ 制作组态画面。双击图 5-24 界面项目树中“画面”下的“画面_1”选项，会弹出画面编辑界面，利用右方绘图工具箱中按钮命令在组态界面中添加按钮_1，并将其文本名称修改为“启动”，效果如图 5-29 所示。

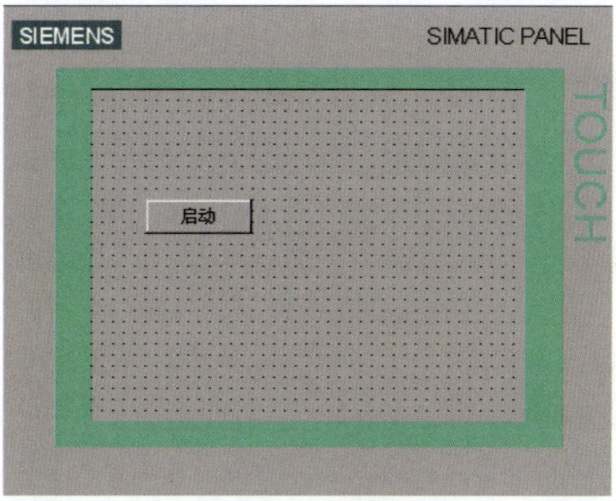

图 5-29　组态界面

在“启动”按钮属性窗口中单击“事件”子菜单，并且在“单击”事件中添加 SetBit 函数，如图 5-30 所示。

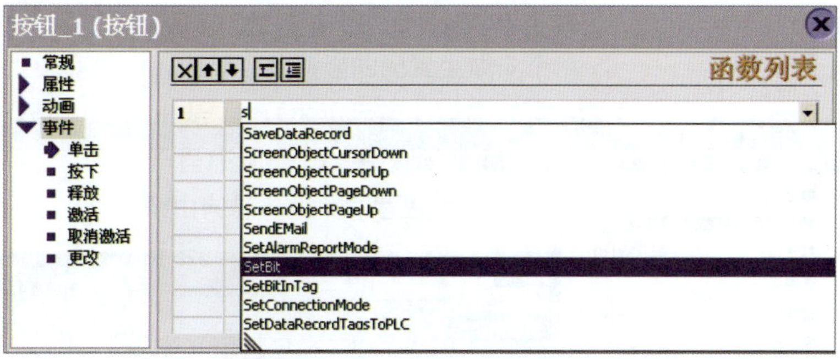

图 5-30　按钮事件设置界面

按钮事件命令设置好以后，下一步就是将该按钮与 PLC 相应位进行关联，如图 5-31 所示。本案例的启动按钮与第五步建立的启动变量相关联。

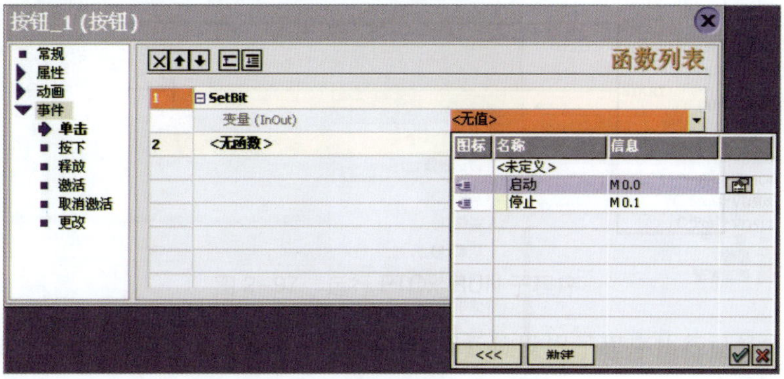

图 5-31　按钮变量设置界面

同样方法制作停止按钮，并使其与停止变量相关联。为使触摸屏在工作中能返回到触摸屏操作系统，需添加一个“退出”按钮，该按钮的“单击”事件函数应设置为 StopRuntime。最后，从工具箱中调用“日期时间域”命令创建一个时间日期显示条，最终组态界面效果如图 5–32 所示。

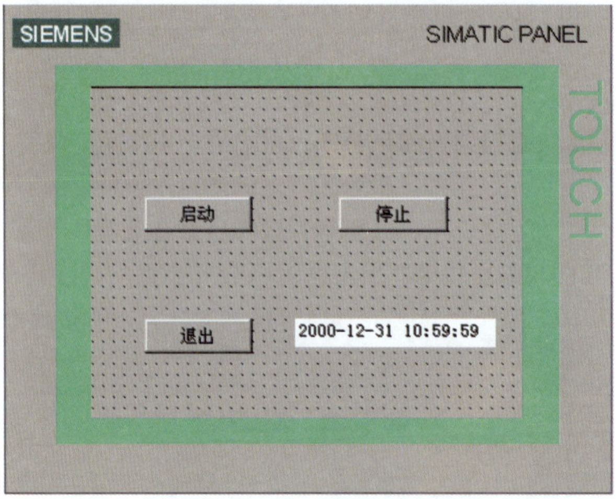

图 5–32　最终组态界面效果

⑦ 下载组态画面到触摸屏。在如图 5–33 所示的“项目”下的“传送”子菜单中选择“传送设置”命令，会弹出如图 5–34 所示的“选择设备进行传送”界面。

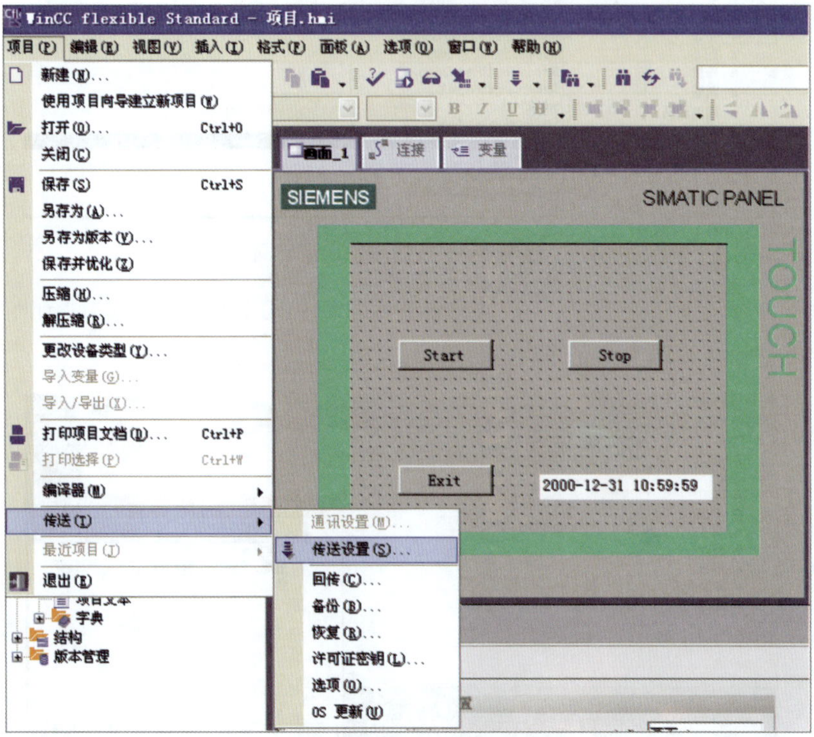

图 5–33　传送菜单选择界面

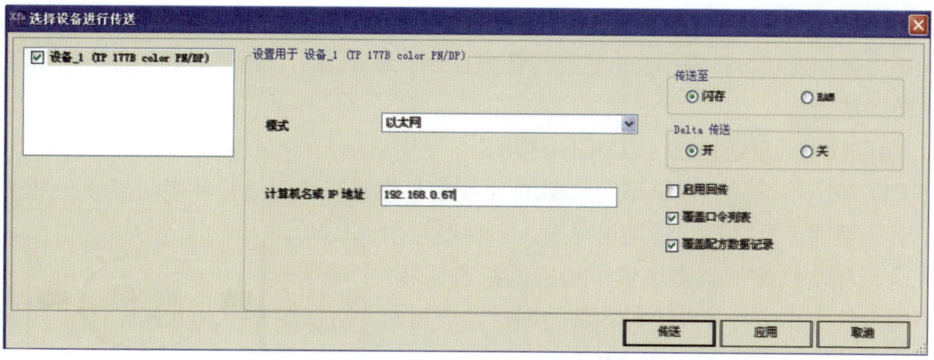

图 5-34　传送参数设置界面

注意：本任务采用以太网方式通信，所以“模式”应选择以太网，“计算机名称IP地址”为触摸屏IP地址，其他选项默认即可。最后单击“传送”按钮，出现图5-35传送状态后，图5-32所示的组态界面及变量的关联被下载到触摸屏。

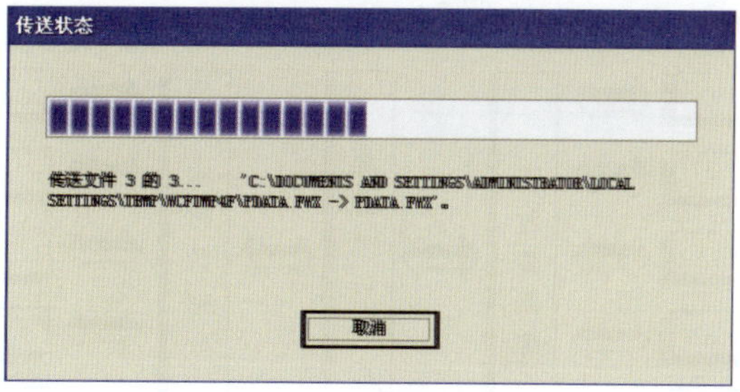

图 5-35　传送状态界面

以上是使用 WinCC flexible 软件对电动机启停界面组态的详细步骤，本任务只涉及 WinCC flexible 软件使用步骤和最基本的功能介绍，如需使用高级功能请查阅相关手册。

知识、技能归纳

人机界面（Human Machine Interface，HMI）又称人机接口。HMI 设备将允许以图形形式，显示所连接 PLC 的操作状态、当前过程数据以及故障信息。用户可使用 HMI 设备方便地操作和观测正在监控的设备或系统。从广义上说，HMI 泛指计算机与操作人员交换信息的设备。在控制领域，HMI 一般特指用于操作人员与控制系统之间进行对话和相互作用的专用设备。通过本任务，便可掌握如何实现触摸屏 TP270 和 S7-200 PLC 的连接组态方法。

工程素质培养

思考一下什么是人机界面？如何分类的？如何来组态并且使用西门子人机界面 TP270 呢？

子任务三　初步认识组态软件

人机界面技术还有一大分支，就是组态软件，利用计算机实现人机界面的设计，下面以 MCGS 组态软件为例，初步认识组态软件。

1．什么是组态软件

组态软件是一套基于 Windows 平台的并用于快速构造和生成上位机监控系统的组态软件系统。

组态软件为用户提供了解决实际工程问题的完整方案和开发平台，能够完成现场数据采集、实时和历史数据处理、报警和安全机制、流程控制、动画显示、趋势曲线和报表输出以及企业监控网络等功能。

2．组态软件的系统构成（以MCGS为例）

这里以 MCGS 为例，MCGS 5.1 软件系统包括组态环境和运行环境两部分。组态环境相当于一套完整的工具软件，帮助用户设计和构造应用系统。运行环境则按照组态环境中构造的组态工程，以用户指定的方式运行，并进行各种处理，完成用户组态设计的目标和功能，如图 5–36 所示。

图 5–36　组态环境和运行环境示意图

MCGS 组态软件（简称 MCGS）由“MCGS 组态环境”和“MCGS 运行环境”两个系统组成。两部分互相独立，又紧密相关，如图 5–37 所示。

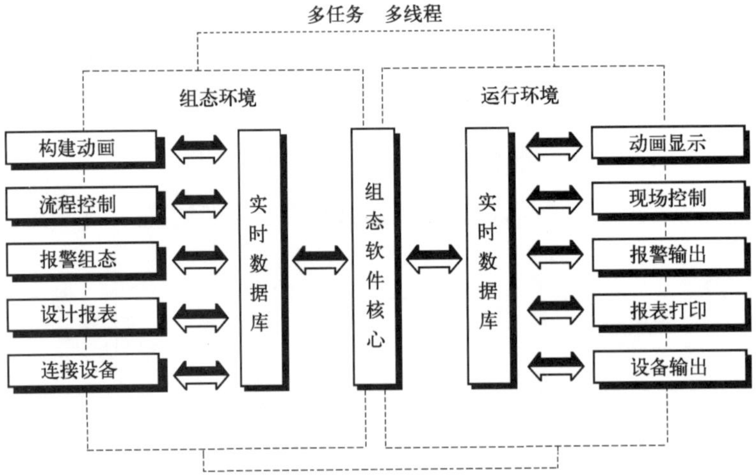

图 5–37　MCGS 组态软件系统构成

MCGS 组态软件所建立的工程由主控窗口、设备窗口、用户窗口、实时数据库和运行策略五部分构成，每一部分完成不同的工作，具有不同的特性。

3．组态软件的功能和特点

① 可视化、面向窗口的组态开发界面，真正的 32 位程序，可运行于 Microsoft Windows 95/98/Me/NT/2000 等多种操作系统。

庞大的标准图形库、完备的绘图工具集以及丰富的多媒体支持，使您能够快速地开发出集图像、声音、动画等于一体的漂亮、生动的工程画面。

② 支持目前绝大多数硬件设备，同时可以方便地定制各种设备驱动；此外，独特的组态环境调试功能与灵活的设备操作命令相结合，使硬件设备与软件系统间的配合天衣无缝。

③ 强大的数据处理功能，能够对工业现场产生的数据以各种方式进行统计处理，使您能够在第一时间获得现场情况的第一手数据。

④ 方便的报警设置、丰富的报警类型、报警存贮与应答、实时打印报警报表以及灵活的报警处理函数，使您能够方便、及时、准确地捕捉到任何报警信息。

⑤ 强大的网络功能，支持 TCP/IP、Modem、485/422/232 以及各种无线网络和无线电台等多种网络体系结构。

任务三　了解工控网络技术

如果将PLC、计算机以及其他控制设备，比做人体的各个器官，那么工控网络就类似于人的神经系统。PLC的应用由独立控制向生产全集成自动化过渡，要求各种PLC之间、PLC与计算机、PLC和其他控制设备之间能够迅速、准确、及时地进行通信，以达到准确无误和实时的控制与管理。为适应这种要求，先进工控网络技术便应运而生。

子任务一　初步认识通信与网络

数据通信就是将数据信息从一台设备通过适当的媒介传送到另外一台设备，达到数据传送、信息交换的目的。无论是计算机还是PLC，均为数字设备，其相互之间或与其他具有数据通信功能的数字设备进行交换的信息均为数字信号。如图5–38所示为工业网络拓扑图，图中可以看到中心机房、操作站、PLC、视频监控设备及其他设备之间通过光纤进行各种数据的传输和交换，从而实现对各种工业设备的控制。

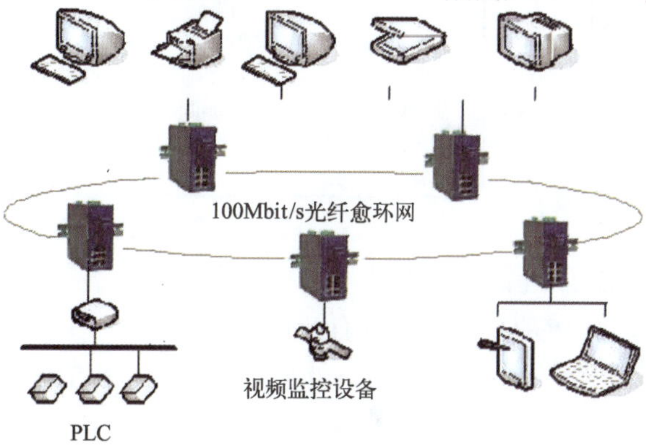

图5–38　工业网络拓扑图

1. 数据通信

(1) 数据通信的工作方式

数据在通信线路上传输有方向性，按照数据在某一时间传输的方向，可以有单工、半双工和全双工 3 种通信方式，归纳如表 5–2 所示。

表 5–2　数据通信方式

方　式	数据通信方法
单工	两地间只能在一个指定的方向上进行传输，一个数据站固定作为数据源，而另一个固定作为数据宿。在二线连接时可能出现这种工作方式
半双工	两地间可以在两个方向上进行传输，但两个方向的传输不能同时进行，要么由 A 站发送而为 B 站接收，要么由 B 站发送由 A 站接收，利用二线电路在两个方向上交替传输数据信息
全双工	两地间可以在两个方向上同时进行传输。在该方式下，A，B 两站间有两个独立的通信网络，两站都可以同时发送和接受数据。因此，在全双工方式下的 A，B 两站之间至少需要 3 条传输线，一条用于发送，一条用于接收和一条用于信号地

(2) 数据传输方式

数据传输分类、方式及特点归纳如图 5–39 所示。

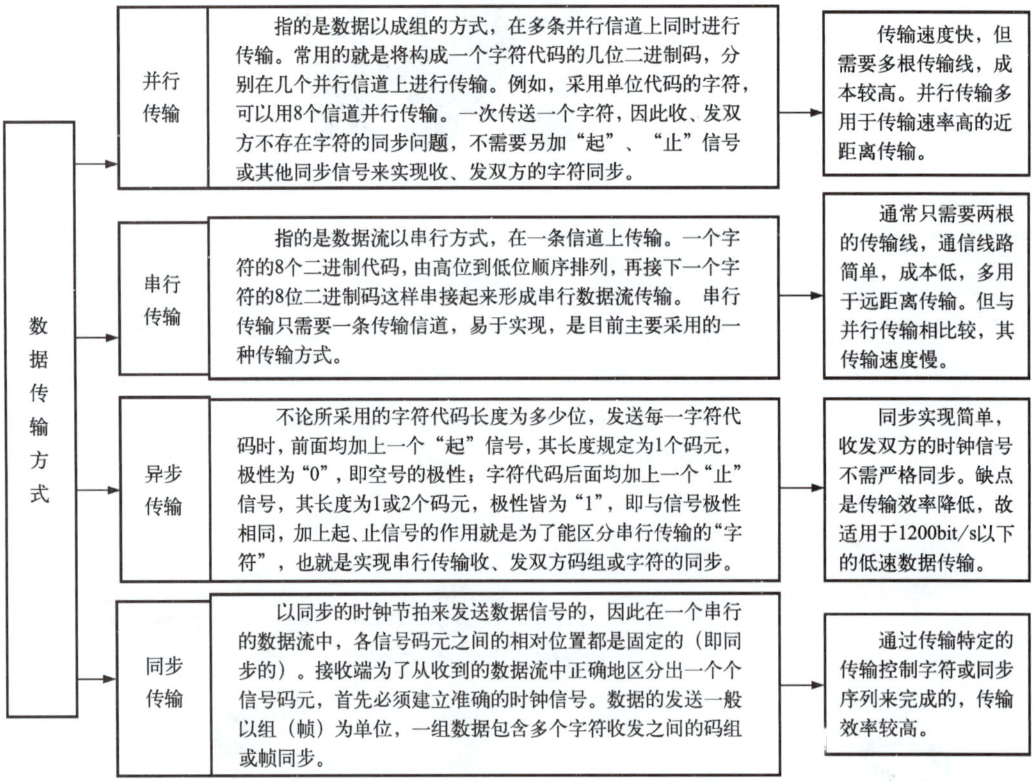

图 5–39　数据传输方式

(3) 数据传输的基本形式

数据传输的基本形式主要有基带传输和频带传输。对其分别介绍如下：

① 基带传输。所谓基带，就是指电信号所固有的基本频带，简称基带。数字信号的基本频带是从 0 至若干兆赫，由传输速率决定。数据传输系统对信号不做任何调制，直接传输的数据传输方式就是基带传输，这种数据传输系统就称之为基带传输系统。

② 频带传输。所谓频带传输就是如图 5–40 所示的转变过程。它是把数字信号经过调制后再进行传输，到接收端后又经过解调还原成原来的信号，这称为频带传输。

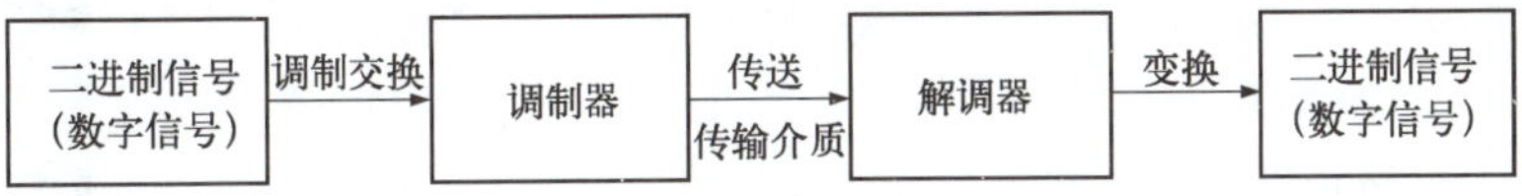

图 5–40　频带传输过程

这种频带传输不仅克服了目前许多长途电话线路不能直接传输基带信号的缺点，而且能够实现多路复用，从而提高了通信线路的利用率。但是，频带传输在发送端和接收端都要设置调制解调器，将基带信号变换为通带信号再传输。

（4）局域网的传输介质

传输介质主要是指计算机网络中发送和接收者之间的物理通路，其中有通信电缆，也有无线信道（如微波线路和卫星线路）。而局域网的典型传输介质是双绞线、同轴电缆和光缆。对其分别介绍如下：

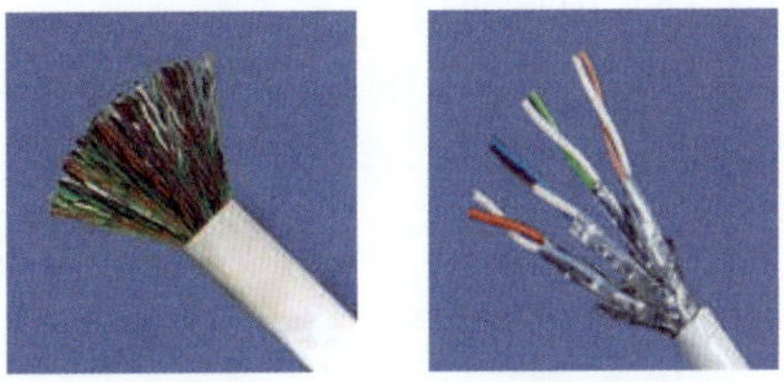

(a) 非屏蔽双绞线　　(b) 屏蔽双绞线

图 5–41　双绞线图

① 双绞线。如图 5–41 所示，双绞线分非屏蔽双绞线（Unshielded Twisted Pair，UTP）和屏蔽双绞线（Shielded Twisted Pair，STP）两种。目前，在局域网中，大多数使用的是 UTP。双绞线是两根绝缘导线相互绞结在一起的一种通用的传输介质。它可以减少线间的电磁干扰，适用于模拟、数字通信。在局域网中，UTP 已被广泛采用，其传输速率取决于芯线质量、传输距离、驱动和接收信号的技术等。如令牌环网采用第三类 UTP，传输速率最高可达 16Mbit/s，10BASE–T 采用的第三类 UTP 速率达 10Mbit/s，100BASE–T 采用的第五类 UTP 传输速率达 100Mbit/s。UTP 价格较低，传输速率满足使用要求，适用于办公大楼、学校、商厦等干扰较小的环境中使用，但并不适于噪声大、电磁干扰强的恶劣环境中使用。

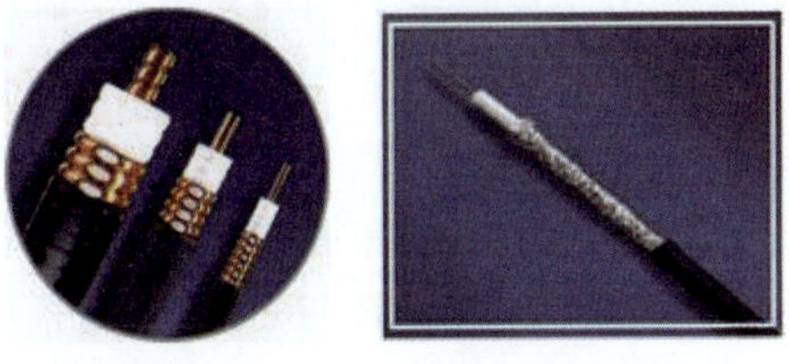

50Ω 同轴电缆线　　75Ω 同轴电缆线

图 5–42　同轴电缆

② 同轴电缆。如图 5–42 所示，同轴电缆由一空心金属圆管（外导体）和一根硬铜导线（内导体）组成。内导体位于金属圆管中心，内外导体间用聚乙烯塑料垫片绝缘。在局域网中使用的同轴电缆共有 75Ω、50Ω 和 93Ω　3 种。RG–59 型 75Ω 电缆是共用天线电视系统（CATV）采用的标准电缆。它常用于传输频分多路 FDM 方式产生的模拟信号，频率可达 300 ~ 400MHz，称作宽带传输，也可用于传输数字信号。50Ω 同轴电缆分粗缆（RG–8 型或 RG–11 型）和细缆（RG–58 型）两种。粗缆抗干扰性能好，传输距离较远；细缆价格低，传输距离较近，传输速率一般为 10Mbit/s，适用于以太网。RG–62 型 93Ω 电缆是 Arcnet 网采用的同轴电缆，通常只适用于基带传输，传输速率为 2 ~ 20Mbit/s。

③ 光缆。光缆是光纤电缆的简称，如图 5-43 所示。它是传送光信号的介质，由纤芯、包层和外部一层的增强强度的保护层构成。纤芯是采用二氧化硅掺以锗、磷等材料制成的，呈圆柱形。外面包层用纯二氧化硅制成的，它将光信号折射到纤芯中。光纤分单模和多模两种，单模只提供一条光通路，多模有多条光通路，单模光纤容量大，价格较贵。目前，单模光纤芯连包层尺寸约 8.3 μm/125 μm，多模纤芯常用的为 62.5 μm/125 μm。光纤只能作单向传输，如需双向通信，则应成对使用。

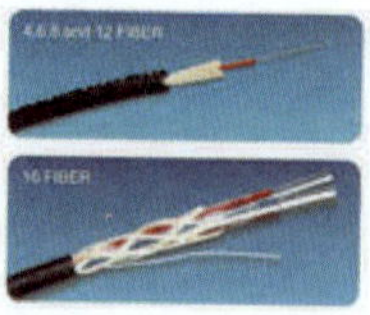

图 5-43　光缆

光缆是目前计算机网络中最有发展前途的传输介质，其传输速率可高达 1 000Mbit/s，误码率低，衰减小，传播延时很小，并有很强的抗干扰能力，适宜在泄漏信号、电气干扰信号严重的环境中使用，所以倍受青睐。光缆适用于点—点链路，所以常应用于环状结构网络。缺点是成本较高，还不能普遍使用。

（5）串行通信

串行通信是一种能把二进制数据按位传送的通信，故其所需的传输线条数极少，特别适合于分级、分层和分布式控制系统以及远程通信中。

2．RS-232C、RS-422与RS-485

RS-232、RS-422 与 RS-485 都是串行数据接口标准，最初都是由电子工业协会（Electronic Industry Association，EIA）制订并发布的。近年来，串行通信发展较快，在分布式工业控制系统中大多采用串行通信，而串行通信标准 RS-232、RS-422 和 RS-485 等都是目前应用最广泛的。

RS-232 在 1962 年发布，命名为 EIA-232C-E，作为工业标准，以保证不同厂家产品之间的兼容。RS-422 是由 RS-232 发展而来，它是为弥补 RS-232 的不足而出现的。为改进 RS-232 通信距离短、速率低的缺点，RS-422 定义了一种平衡通信接口，将传输速率提高到 10Mbit/s，传输距离延长到 4 000 英尺（速率低于 100bit/s 时），并允许在一条平衡总线上连接最多 10 个接收器。RS-422 是一种单机发送、多机接收的单向、平衡传输规范，被命名为 TIA/EIA-422-A 标准。为扩展应用范围，EIA 又于 1983 年在 RS-422 基础上制定了 RS-485 标准，增加了多点、双向通信能力，即允许多个发送器连接到同一条总线上，同时增加了发送器的驱动能力和冲突保护特性，扩展了总线共模范围，后命名为 TIA/EIA-485-A 标准。由于 EIA 提出的建议标准都是以“RS”作为前缀，所以在通信工业领域，仍然习惯将上述标准以“RS”作为前缀称谓。

3．了解RS-232C串行接口标准

RS-232C 标准（协议）的全称是 EIA-RS-232C 标准。其中，EIA 代表美国电子工业协会，RS 代表推荐标准，232 是标识号，C 代表 RS-232 的最新一次修改（1969）。在这之前，有 RS-232B、RS-232A。这里只介绍 RS-232C（简称 232，RS-232）。例如，目前在 IBM PC 上的 COM1、COM2 接口，就是 RS-232C 接口。RS-232C 是早期为促进公用电话网络进行数据通信而制定的标准。目前，RS-232C 是计算机与 PLC 中最常用的一种串行通信接口。

RS-232C 采用的是负逻辑电平，即用 +5V ~ +15V 表示逻辑“0”，用 −5V ~ −15V 表示逻辑“1”。噪声容限为 2V，即要求接收器能识别低至 +3V 的信号，并将其作为逻辑“0”，高到 −3V

的信号作为逻辑“1”。RS−232C采取不平衡传输方式，即所谓单端通信RS−232C是为点对点(即只用一对收、发设备）通信而设计的，其驱动器负载为3 ~ 7kΩ。RS−232C的最高传输速率为20kbit/s，标准中规定最大传送距离为15 ~ 30m。

4．了解RS−232引脚说明及接线方式

一个完整的RS−232接口有22根线，采用标准的25芯插头座（DB−25）。除此之处，目前广泛应用的还有一种9芯的RS−232接口（DB−9）。其外观都是一个D形。其接线编号如图5−44所示。

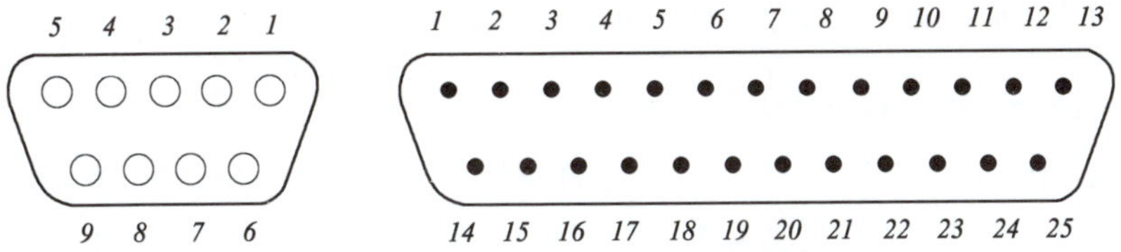

图5−44　9针和25针串口接线编号

DB9和DB25的常用信号引脚说明如表5−3所示。

表5−3　DB9和DB25串口信号说明

9针串口（DB9）			25针串口（DB25）		
针　号	功能说明	缩　写	针　号	功能说明	缩　写
1	数据载波检测	DCD	8	数据载波检测	DCD
2	接收数据	RXD	3	接收数据	RXD
3	发送数据	TXD	2	发送数据	TXD
4	数据终端准备	DTR	20	数据终端准备	DTR
5	信号地	GND	7	信号地	GND
6	数据设备准备好	DSR	6	数据准备好	DSR
7	请求发送	RTS	4	请求发送	RTS
8	清除发送	CTS	5	清除发送	CTS
9	振铃指示	DELL	22	振铃指示	DELL

RS−232C串口通信接线最为简单且常用的是三线制接法，即信号地、接收数据和发送数据图5−45所示为双机串行通信互连图。图5−45（a）是2个9针头的接线图，图5−45（b）是2个25针头的接线图，图5−45（c）是9针头和15针头的接线图。对应的管脚说明可对照表5−4所示。

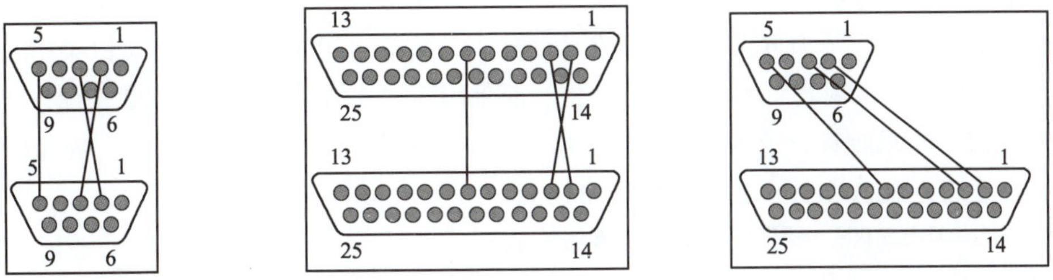

（a）两个9针头　（b）两个25针头　（c）一个9针头和一个15针头

图5−45　串行通信双机互连图

表 5-4　串口连接

9 针 - 9 针		25 针 - 25 针		9 针 - 25 针	
2	3	3	2	2	2
3	2	2	3	3	3
5	5	7	7	5	7

注意：上面表格是对微机标准串行口而言的，还有许多非标准设备，如接收GPS数据或电子罗盘数据，只要记住一个原则：接收数据针脚（或线）与发送数据针脚（或线）相连，彼此交叉，信号地对应相接。

5．RS–422与RS–485串行接口标准

RS–422、RS–485 与 RS–232C 不一样，数据信号采用差分传输方式，也称做平衡传输，它使用一对双绞线，将其中一线定义为 A，另一线定义为 B。通常情况下，发送驱动器 A、B 之间的正电平在 +2 ～ +6V 之间，是一个逻辑状态，负电平在 −6 ～ −2V 之间，是另一个逻辑状态。另有一个信号地，在 RS–485 中还有一个“使能”端，而在 RS–422 中这是可用可不用的。

“使能”端是用于控制发送驱动器与传输线的切断与连接。当“使能”端起作用时，发送驱动器处于高阻状态，称做“第三态”，即它是有别于逻辑“1”与“0”的第三态。接收器也作了与发送端相对应的规定，收、发端通过平衡双绞线将 AA 与 BB 对应相连。

当在收端 AB 之间有大于 +200mV 的电平时，输出正逻辑电平；小于 −200mV 时，输出负逻辑电平。接收器接收平衡线上的电平范围通常在 200mV ～ 6V 之间。

RS–422 标准全称是“平衡电压数字接口电路的电气特性”，由于接收器采用高输入阻抗和发送驱动器比 RS–232C 更强的驱动能力，故允许在相同传输线上连接多个接收节点，最多可接 10 个节点。即一个主设备（master），其余为从设备（slave），从设备之间不能通信，所以 RS–422 支持点对多的双向通信。接收器输入阻抗为 4k，故发端最大负载是（10×4k+100）Ω（终接电阻）。RS–422 四线接口由于采用单独的发送和接收通道，因此不必控制数据方向，各装置之间任何必须的信号交换均可以按软件方式（XON/XOFF 握手）或硬件方式（一对单独的双绞线）实现。RS–422 的最大传输距离为 4 000 英尺（约 1219m），最大传输速率为 10Mbit/s。其平衡双绞线的长度与传输速率成反比，在 100kbit/s 速率以下，才可能达到最大传输距离。只有在很短的距离下才能获得最高速率传输。一般 100m 长的双绞线上所能获得的最大传输速率仅为 1Mbit/s。RS–422 需要一终端电阻，要求其阻值约等于传输电缆的特性阻抗。在短距离传输时可不需终端电阻，即一般在 300 米以下不需终端电阻。终端电阻接在传输电缆的最远端。

由于 RS–485 是从 RS–422 基础上发展而来的，所以 RS–485 的许多电气规定与 RS–422 相仿。如都采用平衡传输方式、都需要在传输线上接终端电阻等。RS–485 可以采用二线与四线方式，二线制可实现真正的多点双向通信。而采用四线连接时，与 RS–422 一样只能实现点对多的通信，即只能有一个主设备，其余为从设备，但它比 RS–422 有改进，无论四线还是二线，在连接方式总线上可连接多达 32 个接点。

6．RS–485与RS–422引脚说明及接线方式

以 MAXIM 公司的几种芯片为例介绍 RS–485 与 RS–422 的具体的管脚定义和说明。MAX481、MAX483、MAX485、MAX487–MAX491 以及 MAX1487 是用于 RS–485 与 RS–422

通信的低功耗收发器，每个器件中都具有一个驱动器和一个接收器，如图 5–46 和图 5–47 所示分别是几种芯片分别管脚说明和接线图。

引脚					名称	功能
MAX481/MAX483/MAX485/MAX487/MAX1487		MAX488/MAX490		MAX489/MAX491		
DIP/SO	μMAX	DIP/SO	μMAX	DIP/SO		
1	3	2	4	2	RO	接收器输出：若A＞B 200mV，则RO为高电平；若A＜B 200mV，则RO为低电平
2	4	—	—	3	$\overline{RE}$	接收器输出使能。当$\overline{RE}$为低电平时，RO有效；当$\overline{RE}$为高电平时，RO为高阻状态。
3	5	—	—	4	DE	驱动器输出使能。DE变为高电平时，驱动器输出Y与Z有效；当DE为低电平时，驱动器输出为高阻状态 当驱动器输出有效时，器件被用作线驱动器。而高阻状态下，若$\overline{RE}$为低电平，则器件被用作线接收器
4	6	3	5	5	DI	驱动器输入。DI上的低电平强制输出Y为低电平，而输出Z为高电平。同理，DI上的高电平强制输出Y为高电平，而输出Z为低电平。
5	7	4	6	6.7	GND	地
—	—	5	7	9	Y	驱动器同相输出端
—	—	6	8	10	Z	驱动器反相输出端
6	8	—	—	—	A	接收器同相输入端和驱动器同相输出端
—	—	8	2	12	A	接收器同相输入端
7	1	—	—	—	B	接收器反相输入端和驱动器反相输出端
—	—	7	1	11	B	接收器反相输入端
8	2	1	3	14	V_{CC}	正电源：$4.75V \leqslant V_{CC} \leqslant 5.25V$
—	—	—	—	1.8.13	N.C.	未连接——内部未连接

图 5–46　芯片管脚说明

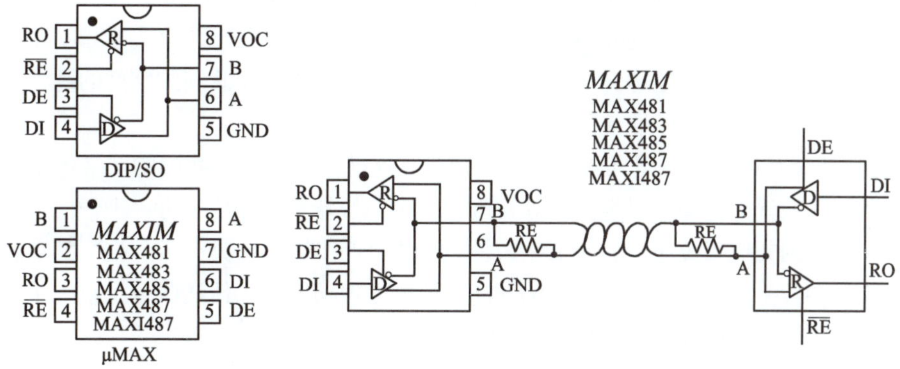

图 5–47　芯片和接线图

7. RS–232C、RS–422与RS–485的电气特性

以上 3 种通信方式的电气特性各不相同，具体比较如表 5–5 所示。

表 5–5　RS–232C、RS–422 与 RS–485 的电气特性比较

规　　定	RS–232C	RS–422	RS–485
工作方式	单端	差分	差分
节点数	1 发 1 收	1 发 10 收	1 发 32 收

续表

规　定	RS-232C	RS-422	RS-485
最大传输电缆长度	50 英尺	400 英尺	400 英尺
最大传输速率	20Kbit/s	10Mbit/s	10Mbit/s
最大驱动输出电压	+/−25V	−0.25V ~ +6V	−7V ~ +12V
驱动器输出信号电平（负载最小值）负载	+/−5V ~ +/−15V	+/−2.0V	+/−1.5V
驱动器输出信号电平（空载最大值）空载	+/−25V	+/−6V	+/−6V
驱动器负载阻抗（Ω）	3kΩ ~ 7kΩ	100	54
接收器输入电压范围	+/−15V	−10V ~ +10V	−7V ~ +12V
接收器输入门限	+/−3V	+/−200mV	+/−200mV
接收器输入电阻（Ω）	3K ~ 7K	4K（最小）	⩾ 12K
摆率（最大值）	30V/μs	N/A	N/A
驱动器共模电压		−3V ~ +3V	−1V ~ +3V
接收器共模电压		−7V ~ +7V	−7V ~ +12V

8．关于工业局域网

（1）分组交换网的通信协议

① 协议概念和层次结构。协议是指系统间互换数据的一组规则，主要是关于相互交换信息的格式、含义、节拍等。协议的制定和实现采用层次结构，即将复杂的协议分解为一些简单的分层协议、再组合成总的协议。

为了将众多不同功能、不同配置及不同使用方式的终端设备和计算机互连起来共享资源，就需要找到为解决它们之间互连而协商一致的原则。不同地理位置上两个实体相互通信，需要通过交换信息来协调其动作以达到同步，而信息交换必须按照预先共同约定好的过程进行，这种预先建立的原则、约定和标准就称为网络协议。

② 开放系统互连参考模型（RM/OSI）。为了互连就需要有一个共同的网络体系结构和技术标准，所谓开放就是背景只要遵循 OSI 标准，一个系统就可以和位于世界上任何地方的、也遵循这同一标准的其他系统通信。开放系统模型分层分两步进行。第一步，把全部功能划分为数据传输功能和数据处理功能，数据传输功能为数据处理功能提供传送服务。第二步，把上述两项功能进一步划分，设置 7 层，如图 5−48 所示。

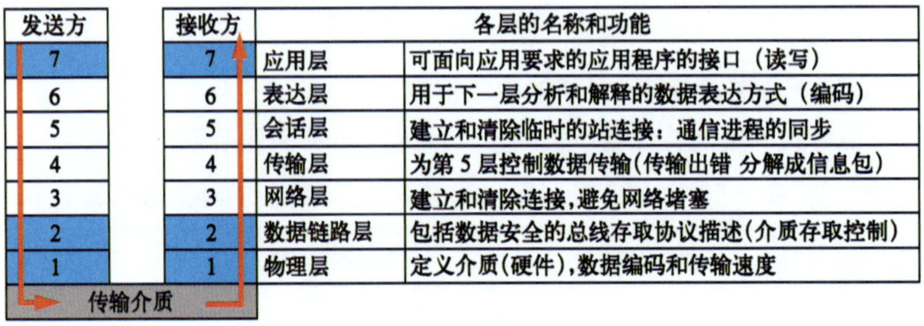

图 5−48　OSI 开放系统 7 层参考模型

参考模型中的 7 层分别为物理层、数据链路层、网络层、传输层、会话层、表示层和应用层。

（2）局域网的结构

局域网从 20 世纪 60 年代末到 70 年代初开始起步，经过近 30 年的发展，已越来越趋于成熟，其主要特点是形成了开放系统互连网络，网络走向了产品化、标准化；许多新型传输介质投入实际使用，以数据传输速率达 100Mbit/s 的以光缆为基础的 FDDI 技术和双绞线为基础的 100BASE–T 等技术已日趋成熟；局域网的互连性越来越强，各种不同介质、不同协议、不同接口的互连产品已纷纷投入市场；微计算机的处理能力增长迅速，局域网不仅能传输文本数据，而且可以传输和处理话音、图形、图像、视频等媒体数据。局域网的拓扑结构指网络中节点和通信线路的几何排序，其对整个网络的设计、功能、经济性、可靠性都有影响，对局域网一般有以下 5 种结构：星形、总线形、环形、树形、网状等，具体归纳如表 5–6 所示。

表 5–6　局域网结构

星形结构	以中央节点为中心，一个节点向另一个节点发送数据，必须向中央节点发出请求，一旦建立连接，这两个节点之间就是一条专用连接线路，信息传输通过中央节点的存储与转接来完成。这种结构要求中央节点的可靠性很高，否则出现故障就会危及整个网络。星形结构的优点是结构简单、网络控制容易、便于扩充；缺点是资源共享不便、可靠性较低。目前，100BASE–VG 采用此种结构。	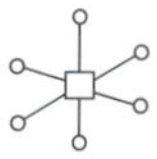
总线形结构	所有节点都通过相应硬件接口连接到一条无源公共总线上，任何一个节点发出的信息都可沿着总线传输，并被总线上其他任何一个节点接收。其传输方向是从发送点向两端扩散传送，是一种广播式结构。每个节点的网卡上有一个收发器，当发送节点发送的目的地址与某一节点的接口地址相符，该节点即接收该信息。	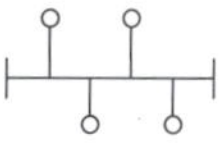
树形结构	树形结构是总线形的延伸，它是一个分层分支的结构。一个分支和节点故障不影响其他分支和节点的工作。像总线结构一样，它也是一种广播式网络。任何一个节点发送的信息，其他节点都能接收。此种结构的优点是在原网上易于扩充，但缺点是线路利用率不如总线形结构高。	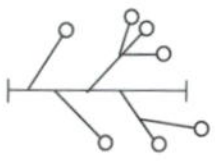
环形结构	环形结构中的各节点通过有源接口连接在一条闭合的环形通信线路中，是点—点式结构。环形网中每个节点对占用环路传送数据都有相同权力，其发送的信息流按环路设计的流向流动。为了提高可靠性，可采用双环或多环等冗余措施来解决。目前的环形结构中采用了一种多路访问部件 MAU，当某个节点发生故障时，可以自动旁路，隔离故障点，这也使可靠性得到了提高。环形结构的优点是实时性好，信息吞吐量大，网的周长可达 200km，节点可达几百个。但因环路是封闭的，所以扩充不便。这种结构在 IBM 于 1985 年推出令牌环网后，已被人们所接受，目前推出的 FDDI 网就是使用这种双环结构。	
网状结构	在一组节点中，将任意两个节点通过物理信道连接成一组不规则的形状，就构成了网状结构。其优点是最大限度地提供了专用带宽；缺点是造价高，结构较复杂，目前在 ATM 局域网中使用这种结构。	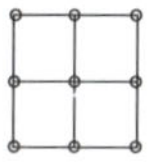

（3）现场总线概述

随着控制、计算机、通信、网络等技术的发展，信息交换沟通的领域正在迅速覆盖从工厂的现场设备层到控制、管理的各个层次，覆盖工段、车间、工厂、企业乃至世界各地的市场。信息技术的飞速发展，引起了自动化系统结构的变革，逐步形成了以网络集成自动化系统为基础的企业信息系统。现场总线就是顺应这一形式发展起来的新技术。现场总线是连接现场设备和控制系统之间的一种开放、全数字化、双向传输、多分支的通信网络，它的出现被誉为 20 世纪 90 年代工业控制领域的一场革命。

根据国际电工委员会（IEC）的定义，现场总线是“安装在生产过程区域的现场设备 / 仪表与控制室内的自动化控制装置/系统之间的一种串行、数字式、多点通信的数据总线”。或者说，现场总线是以单个分散的数字化，智能化的测量和控制设备作为网络节点，用总线相连接，实现相互交换信息，共同完成自动控制功能的网络系统与控制系统。其中，“生产过程”应包括断续生产过程和连续生产过程。现场设备/仪表指位于现场层的传感器、驱动器、执行机构等设备。因此，现场总线是面向工厂底层自动化及信息集成的数字化网络技术。

现场总线技术的主要特点：

- 现场总线使用数字化通信信号取代传统的 4 ～ 20mA 模拟信号，可用一条通信电缆将控制器与现场设备连接，使用数字化通信完成底层设备通信及控制要求。
- 现场总线要求现场设备数字化、智能化。因此，现场设备是带有串行通信接口的智能化设备。
- 现场总线系统中的控制器可从现场设备获取大量信息，可实现设备状态、故障参数的信息传送，可完成设备远程控制，参数化及故障诊断工作。
- 现场总线是计算机网络通信向现场级的延伸，采用计算机数字化通信技术，使自控系统与设备加入工厂信息网络，完成了企业信息系统的覆盖范围一直延伸到生产现场的要求。延伸到现场设备，是支撑现场级与车间级信息集成的技术基础。
- 现场总线技术是实现工厂底层信息集成的关键技术，要成功实施 CIMS，各层次的信息集成及支撑技术（计算机网络问题）就必须得到解决。现场总线是工厂计算机网络到现场设备的延伸，是支撑现场级与车间级信息集成的技术基础。

知识、技能归纳

目前，PLC 的应用正由独立控制向生产全集成自动化过渡，先进工控网络技术就是将各种 PLC 之间、PLC 与计算机、PLC 和其他控制设备之间能够迅速、准确、及时地进行通信，以达到准确无误和实时的控制与管理。

工程素质培养

思考一下如何结合实际生产，选择局域网的结构？

子任务二　了解工业网络结构

工业控制网络是自动控制领域的网络技术，是计算机网络、通信与自动控制技术结合的产物。它是在现场总线技术的基础上发展形成的，具有比现场总线更宽、更深的技术内涵。随着信息技术的不断发展，FA（工业自动化）网络在工厂控制领域得到了广泛应用，并被广泛用于集散控制系统和监视监控系统。

现代大型工业企业的控制系统多采用分级网络管理，其结构包括：工厂管理层、生产控制

层和自动化层（现场层）3 层，如图 5–49 所示。最下层负责现场的监测与控制，中间层负责生产过程的监控和优化，最上层负责生产管理。在工厂自动化系统中，不同的 PLC 厂家的网络结构的层数及各层的功能都有所不同。但各层之间均在通信的基础上，起到协调、控制生产的目的。

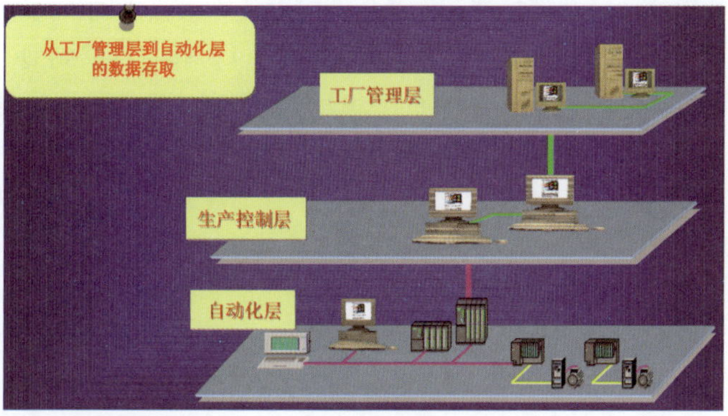

图 5–49　分级网络管理图

S7–300 PLC 具有很强的通信功能，CPU 模块本身集成了 MPI 的通信接口，还配有 PROFIBUS–DP 和工业以太网的通信模块以及点对点（PtP）通信模块。PLC 可以通过现场总线与分布式的 I/O 模块之间进行自动的交换数据。另外，还可以与计算机、人机接口（HMI）、变频器之间进行通信，从而达到理想的控制方式和目的。

S7 通信对象的服务通过集成在系统中的功能块来进行，可提供的通信服务有：

① 采用 MPI 的标准 S7 通信。

② 采用 MPI、K 总线、PROFIBUS–DP 和工业以太网的 S7 通信。

③ 与 S5 通信对象和第三方设备的通信，可以用非常驻的块来建立，包括通过 PROFIBUS–DP 和工业以太网的 S5 兼容通信和标准通信。

S7–300 PLC 的通信网络如图 5–50 所示。

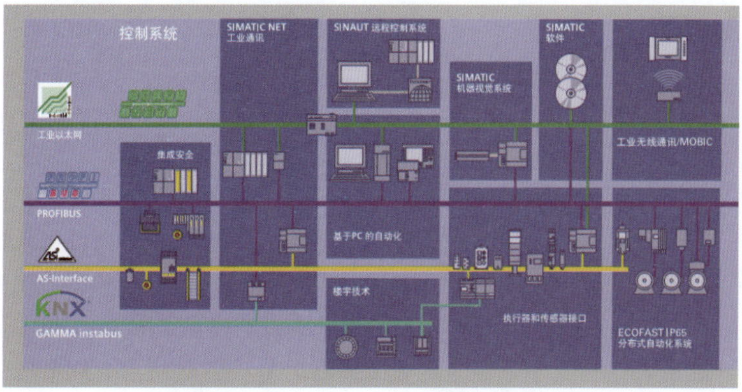

图 5–50　S7–300 PLC 通信网络

通过引入全集成自动化理念，西门子公司成为市场上首家全面实现从设备到提供集成化自动化的解决方案的公司，无论是过程工业还是综合工业，全集成自动化都是一种独特的通用解决方案平台，涵盖所有应用领域。下面以西门子工业网络为例加以说明。

① 工业以太网（industrial ethernet）。工业以太网是用于工厂管理层和车间监控层的通信系统，符合 IEEE 802.3 和 IEEE 802.11 国际标准。工业以太网可用于构建横跨很长一段距离的高性能通信网络。其传输速率为 10M/100Mbit/s，最多有 1 024 个网络节点。

② PROFIBUS。工业现场总线是用于车间级和现场层的通信系统，它符合 IEC 61158/EN 50170 标准，具有开放性，符合该标准的厂商生产的设备均可接入同一网络。S7–300 PLC 可以通过通信处理器或集成在 CPU 模块上的 PROFIBUS–DP 接口连接到 DP 网络中。通过该接口，可以实现 CPU 高速、方便地控制分布式 I/O。PROFIBUS 的物理层是 RS–485，最大传输速率为 12Mbit/s，最多可以与 127 个网络上的节点进行数据交换。

③ 执行器—传感器接口（AS–i）。AS–i 是位于自动控制系统最底层的网络，用来连接有 AS–i 接口的现场二进制设备，只能传送少量的数据，如开关量的状态等。

④ KNX。KNX 是一种国际标准，是构成楼宇自动化的基础。通过控件和网络实现网络交换。

⑤ 多点接口（MPI）。S7–300 CPU 集成了 MPI 通信协议，其物理层是 RS–485，最大的传输速率为 12Mbit/s。PLC 通过 MPI 可与计算机、人机界面、编程器等进行通信。

⑥ 点对点通信(PtP 通信)。PtP 通信可以连接两台 S7 PLC 和 S5 PLC 以及计算机、打印机、扫描仪等设备。使用 CP340、CP341 和 CP441 模块，或通过 CPU 上集成的 PtP 通信接口来实现 PtP 通信。

知识、技能归纳

数据通信就是将数据信息从一台设备通过适当的媒介传送到另外一台设备，达到数据传送、信息交换的目的。根据数据电路的传输能力，数据通信可以有单工、半双工和全双工 3 种通信方式。串行通信是一种能把二进制数据按位传送的通信，故其所需的传输线条数极少，特别适合于分级、分层和分布式控制系统以及远程通信中。近年来，串行通信发展较快，在分布式工业控制系统中大多采用串行通信。目前，应用最广泛的串行通信标准有 RS–232C、RS–422 和 RS–485 等。现场总线是连接现场设备和控制系统之间的一种开放、全数字化、双向传输、多分支的通信网络。

工程素质培养

思考一下，数据通信的工作方式是什么？数据传输的方式和基本形式有哪些？什么是局域网和现场总线技术？工业网络结构是怎样的？西门子 S7–300 PLC 通信网络有哪些？

任务四　了解柔性生产线技术

传统生产工艺的特点是，只有品种单一、批量大、设备专用、工艺稳定、效率高，才能构成规模经济效益；反之，多品种、小批量生产，设备的专用性低，在加工形式相似的情况下，频繁的调整工夹具，工艺稳定难度增大，生产效率势必受到影响。

随着人类对产品的功能与质量的要求越来越高，产品更新换代的周期越来越短，产品的复杂程度也随之增高，传统的大批量生产方式受到了挑战。为缩短产品生产周期，降低产品成本，最终使中小批量生产能与大批量生产抗衡，柔性自动化系统便应运而生。

子任务一　初步认识柔性生产线

柔性生产线将微电子学、计算机和系统工程等技术有机地结合起来，是一种技术复杂、高度自动化的系统。

柔性生产线是保证企业生产适应市场需要变化的有效手段，可根据需要调整设备组合和适应多种加工工艺，这种生产线能使多品种、小批量生产的产品的生产速度与单一品种大批量生产的产品的生产速度相似，从而使劳动生产率大幅度提高，生产成本下降，产品质量更有保证，因而能够增强企业的市场适应能力。柔性是相对刚性而言的，现在我们通过下面的案例，体会和理解柔性生产线技术的概念。

大家知道，推土机和挖掘机都是工程机械的主要机种，二者的设计要求、结构、生产工艺等都有很大区别。按传统工艺，无法使二者在同一生产线上混合生产。液压挖掘机本身也有很多规格，结构也不尽相同。过去，按大、中、小规格分别由不同工厂生产。日本小松制作所在20世纪80年代初期进行了设备更新，大量采用柔性生产线，可在一个工厂按需要灵活地组织生产，所生产的液压挖掘机容量从0.25m^{3}到10m^3，范围比较大，因此公司的利润有了较大的增长。

柔性生产线技术，是典型机电一体化技术的应用。在此，了解一下有关柔性生产线的基本知识。

1．机械制造业柔性生产线的构成

我们已经知道柔性生产线技术的概念，现在以机械制造业柔性生产线为例，如表5–7所示，说明柔性生产线的构成：

表5–7　机械制造业柔性生产线的构成

构　成	作　　用
自动加工系统	以成组技术为基础，把外形尺寸（形状不必完全一致）、重量大致相似、材料相同、工艺相似的零件集中在一台或数台数控机床或专用机床等设备上加工的系统
物流系统	指由多种运输装置构成，如传送带、轨道、转盘及机械手等，完成工件、刀具等的供给与传送的系统，它是柔性生产线主要的组成部分
信息系统	指对加工和运输过程中所需各种信息收集、处理、反馈，并通过电子计算机或其他控制装置（液压、气压装置等），对机床或运输设备实行分级控制的系统
软件系统	指保证柔性生产线用电子计算机进行有效管理的必不可少的组成部分。它包括：设计、规划、生产控制和系统监督等软件

2. 机械制造业柔性生产线的形式

如表 5-8 所示，柔性制造生产线主要有 3 种形式：柔性制造单元（FMC）、柔性制造系统（FMS）、独立制造岛（AMI），分别如图 5-51 ~ 5-53 所示。

表 5-8 机械制造业柔性生产线的形式

形 式	构 成
柔性制造单元（FMC）	FMC 形式通常由 1 ~ 2 台加工中心构成，并具有不同形式的刀具交换和工件的装卸、输送及储存功能。除了机床的数控装置外，还有一个单元计算机来进行程序的管理和外围设备的管理。FMS 适合于小批量生产、加工形状比较复杂、工序不多而加工时间较长的零件
柔性制造系统（FMS）	FMS 形式由 2 台以上的加工中心以及清洗、检测设备组成，具有较完善的刀具和工件的输送和储存系统，除调度管理计算机外，还配有过程控制计算机和分布式数控终端等，形成多级控制系统组成的局部网络
柔性制造系统（AMI）	AMI 形式独立制造岛是以成组技术为基础，由若干台数控机床和普通机床组成的制造系统，其特点是将工艺技术装备、生产组织管理和制造过程结合在一起，借助计算机进行工艺设计、数控程序管理、作业计划编制和实时生产调度等。其使用范围广，投资相对较少，柔性较高

柔性生产线适合于年产量 1 000 ~ 100 000 件的中小批量生产。

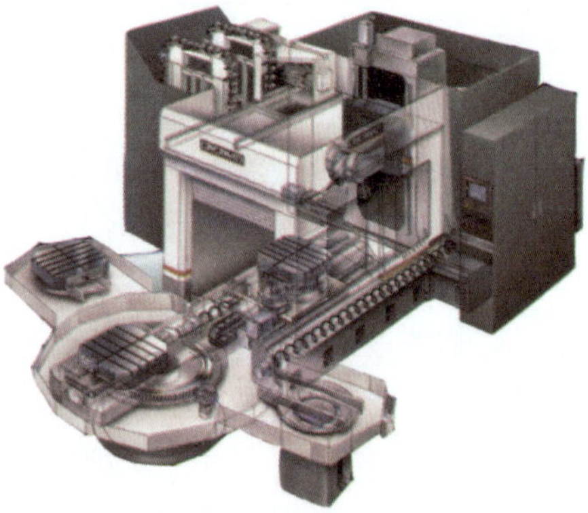

图 5-51 柔性制造单元（FMC）形式

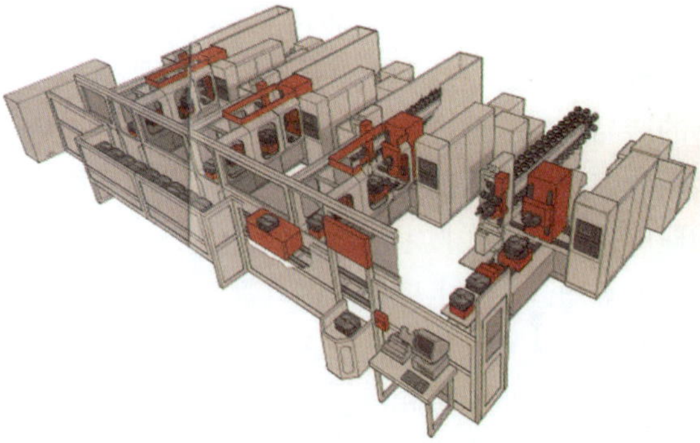

图 5-52 柔性制造系统（FMS）形式

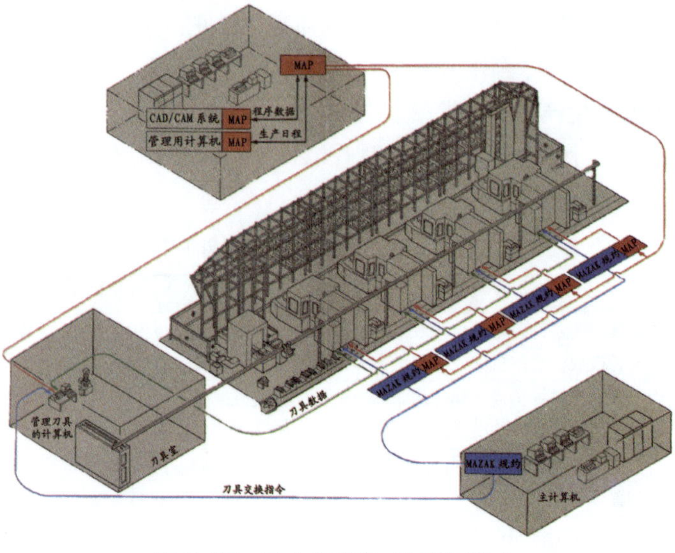

图 5-53 独立制造岛（AMI）形式

3. 柔性生产线的优点

表 5–9 对柔性生产线的主要优点进行了归纳。

表 5–9　机械制造业柔性生产线的优点

利用率高	一组机床编入柔性生产线后，产量比这组机床在分散单机作业时的产量提高数倍
产品质量高	自动加工系统由一台或多台机床组成。发生故障时，有降级运转的能力，物料传送系统也有自行绕过故障机床的能力
形式稳定	零件在加工过程中，装卸一次完成，加工精度高，加工形式稳定
运行灵活	有些柔性生产线的检验、装卡和维护工作可在第一班完成，第二、三班可在无人照看下正常生产。在理想的柔性生产线中，其监控系统还能处理诸如刀具的磨损调换、物流的堵塞疏通等运行过程中不可预料的问题
应变能力大	刀具、夹具及物料运输装置具有可调性，并且系统平面布置合理，便于增减设备，满足市场需要

子任务二　了解柔性生产线工艺设计的主要原则

柔性生产线的工艺设计要考虑诸多因素，才能达到提高效率、节省资源等目的，以下重点介绍几点：

(1) 柔性生产线的设计目标

其设计目标是用最少的加工设备、最少的人员配置，100% 地满足顾客的需求而设计的一个制造流程。设计这样一个制造流程必须能够适应需求的变化、缩短生产周期、缩减库存、实现低的结构成本、具备多型号生产能力、从停机中尽快恢复的能力。

(2) 柔性生产线的设计步骤

为了使生产线能发挥最大效率，就需对生产周期、操作工序等一系列问题进行科学设计，具体如表 5–10 所示。

表 5–10　柔性生产线的设计步骤

计算生产节拍 (take time)	生产节拍 (T.T)= 每日有效的工作时间 (s)/ 每日顾客的需求量 (件)× 每日产品模数有效的工作时间 (h)= 每天工作时间 – 工间休息时间 – 其他延误
确定每一操作工位加工元素	单个的机加工元素被逻辑地组织在一起构成一系列操作，基于机器周期时间 (包括装载、夹紧、定位、更换刀具、排出、卸载等) 不可能长于计划周期时间的事实，在这一步骤提供所需设备数目的原始指标。必要时压缩加工设备，尽可能多的将零件放于同一工位上加工，以减少不必要的浪费
操作描述	将每一个工序分步描述，并确定其是属于加工、操作、检验、耽搁还是存放，所谓加工是指零件的合成，是有价值的操作，而零件的取放、零部件检验、工序间的耽搁、零件存放都被视为无价值的操作，并对有价值和无价值的操作进行考核、记录。将分步描述的内容归类，确定成为瓶颈环节的操作工位，以作潜在的工艺改进
确定每一操作工位的人工操作时间	将每一个工序分步描述，并确定其是属于加工、操作、检验、耽搁还是存放，所谓加工是指零件的合成，是有价值的操作，而零件的取放、零部件检验、工序间的耽搁、零件存放都被视为无价值的操作，并对有价值和无价值的操作进行考核、记录。将分步描述的内容归类，确定成为瓶颈环节的操作工位，以作潜在的工艺改进
确定所需工人的大致人数	为确定计划周期时间下所需工人的大致人数
工人的大致人数 (MIN)= 总的人工操作时间 (s)/ 计划周期时间 (s)	由于在总的人工操作时间中没有考虑行走和测量时间，因此，在计算所需工人的大致人数时，一定要把所得数向上计为整数

续表

确定每个工人负责的操作数	研究设备的布局，确定机器的组合，以便使每一个工人在计划周期时间内完成分派的操作任务。这里机器的操作时间未作考虑，因为工人可以在工艺与工艺装备进行其他工作，而工人行走时间在这一步骤必须被计入。在这里也要对工作量进行重新均衡，均衡时要提高某一个工人的工作负荷，最终使所有的闲怠时间都推至最后操作工位的工人那里，使他可以再去完成一些额外的工作。如果进一步的改进工作，通过工人的重新配置提高生产能力，从而减少一个工人
为每一台机器完成一份任务组合表	机器平衡图是机器加工过程的时间序列图，以便于识别加工流程中无价值工作（浪费）。人工时间栏是用于增值的项目，诸如夹紧、卸下、自动排出和机加工。行走时间栏用于无价值的项目，诸如刀具更换、定位和快速移动等
制定以人为中心的图表（PFP）	为每一名工人安排最佳的操作方案；通过把生产过程中必须的库存量控制在最小，以实现生产与需求的匹配；测定并坚持不懈地提高劳动生产率
选择机器	机器应尽可能地简单，并具备工艺装备快速更换能力来满足产品多型号生产的要求
完成布置	将上面所述的各项细节综合起来，形成 U 形、L 形或 T 形的单元布置方案

（3）柔性生产线的设备选用原则

设备选用中应遵循三原则——好用、够用、适用，具体如图 5–54 所示。

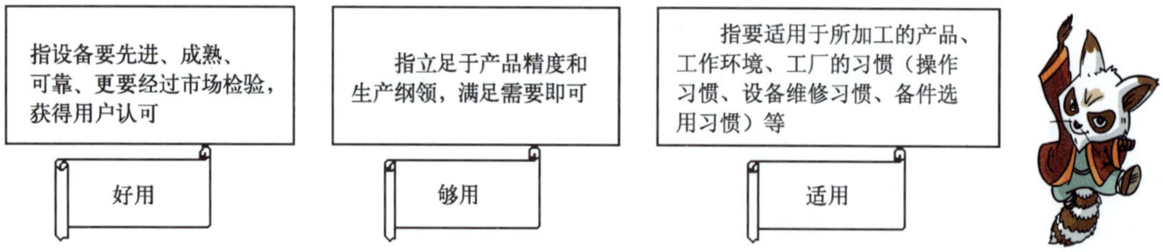

图 5–54　设备选用中应遵循三原则

配置决定精度、质量、效率和寿命，高质量的配置造就了设备的高精度、高质量、高效率、高寿命。如机床的主轴采用电主轴、高速精密轴承、高速伺服系统、优秀的 CNC 控制系统等。当确定好机床设备后，就要着手进行刀具的选择。刀具选择的一个重要原则就是要充分发挥高效机床的性能和效率，避免机床在低速、低效状态下工作。选用高速、高效、高寿命的刀具单件产品，其综合生产成本可能更低。

在选用时，应注意：

（1）物流及工位容器 .

生产线的物流应简洁、流畅，确保生产节拍，不出现物流中的产品损伤，具体配置如图 5–55 所示。

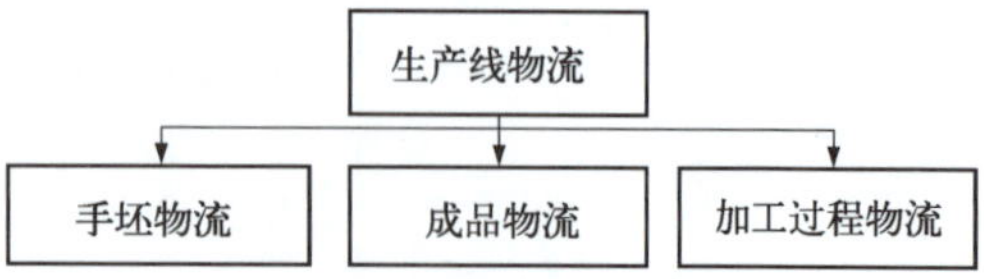

图 5–55　工位容器配置

为确保物流可靠，应配有必要的工位容量，工位容器应容量适当、结实可靠、方便装卸、利于物流，并适当地配置智能料架和料盒。

（2）全过程的质量控制

生产线的质量控制主要是在加工过程中由设备进行控制，也就是要树立好产品是加工出来的，不是检验出来的，其控制过程如图 5–56 所示。

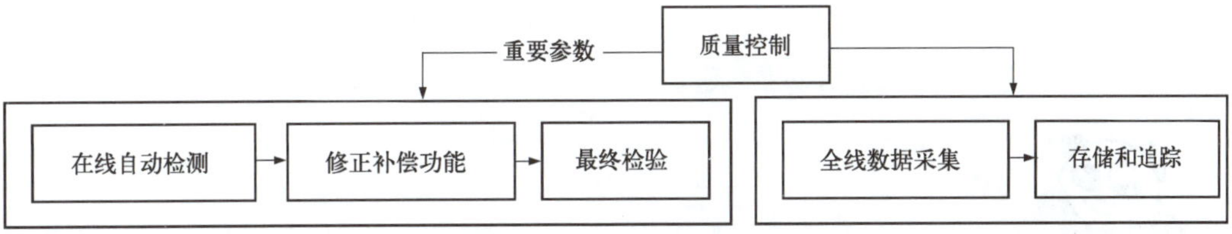

图 5–56　全过程质量控制图

(3) 生产线的平面布置

生产线在厂房内的平面布置，通常是装配线同机加线垂直布置。布局应做到间距合理、疏密得当、方便操作、利于物流、适于维修、便于管理。

装配线一般是环形或一字形布局，而机加线常按 U 形、S 形或一字形布局，还要根据生产线的大小、长短、产量、厂房的格局等具体情况而定。

柔性生产线技术将随着计算机技术、光学与传感器技术等多个学科技术的发展，在低成本、高柔性、智能化、环保化、系列化、模块化、管理现代化等方面取得突破。其发展趋势大致有两个方面。一方面是与计算机辅助设计和辅助制造系统相结合，利用原有产品系列的典型工艺资料，组合设计不同模块，构成各种不同形式的具有物料流和信息流的模块化柔性系统。另一方面是实现从产品决策、产品设计、生产到销售的整个生产过程自动化，特别是管理层次自动化的计算机集成制造系统。在这个大系统中，柔性生产线只是它的一个组成部分。

知识、技能归纳

柔性生产技术渗透在工业、农业、轻工业、第三产业等多个领域。

工程素质培养

思考一下，柔性生产线的优点是什么？其工艺设计的主要原则是什么？如何对柔性生产线的设备进行选择？

任务五　了解光机电一体化技术

光机电一体化技术是由机械技术、激光技术与微电子等技术揉合融汇在一起的新兴技术。

这些技术综合形成了一个完整的系统，对相互间配合有更严格的要求，这种多种技术的综合及多个部分的组合，使得光机电一体化技术及产品更具有系统性、完整性和科学性，如图 5–57 所示。

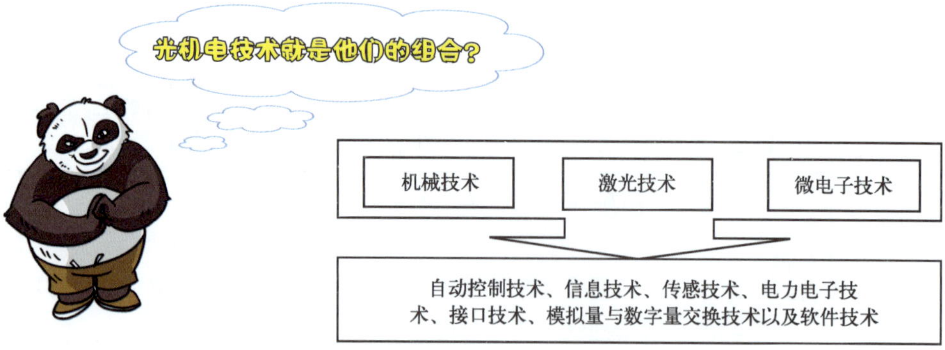

图 5–57 光机电一体化技术

子任务一 初步认识光机电一体化技术

光机电一体化技术是光学、微电子学、计算机信息、控制技术和机械制造及其他相关技术交叉与融合构成的综合性高新技术，是诸多高新技术产业和高新技术装备的基础。它从系统过程的角度出发，使产品或系统实现整体优化。因此，光机电一体化技术及其产品反映了当今机械工业技术和产品发展的主要趋势。

1. 光机电技术一体化技术应用

光机电一体化是一个总的技术指导思想，它不仅体现在一些机电一体化的单机产品之中，而且贯穿于工程系统设计之中。从简单的单台光机电一体化产品，到现代工业中的柔性加工系统；从简单的单参数显示，到复杂的多参数、多级控制；从机械零部件连续自动热处理生产线，到各种现代高速重型机械自动化生产线等，光机电一体化技术都有不同层次、覆盖面很广的应用领域。对于工程系统，需成套地进行开发和制造。对于光机电一体化单机产品（设备），应采用简繁并举、高低级并存的多层次发展途径。可发展功能附加型的低级产品；也可发展功能替代型的中级产品；还可发展机电融合型的高级产品，成为前所未有的新一代产品。具体用途概括如图 5–58 示。

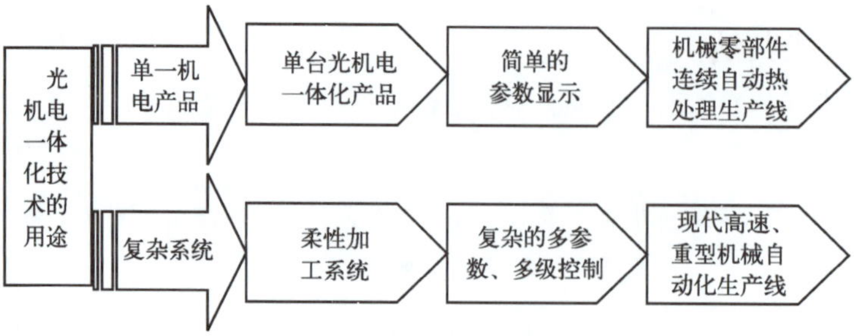

图 5–58 光机电一体化的用途

2. 光机电一体化技术特点

光机电一体化技术改变以往靠机械传动链连接的各个相关动作部分，改用几台电机分别驱动，或用电力电子器件，或用电子电控装置进行相关动作控制来实现。因此，使机械结构大大简化，如图 5–59 所示。

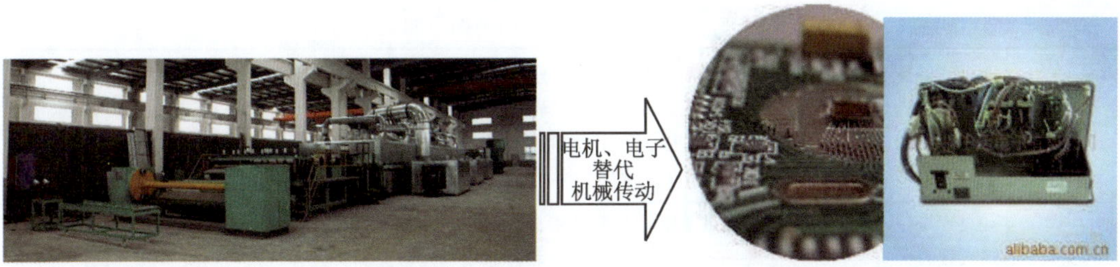

图 5–59　电机、电子替代机械传动

光机电一体化装置或系统各个相关传动机构的动作及功能协调关系，可由预设的程序由电子控制系统指挥，如数控机床、柔性加工系统（FMS）等。有些光机电一体化装置，可实现操作全自动化，如工业机器人、印制电路板数控高速钻床等。有些更高级的光机电一体化系统，还可通过被控对象的数学模型以及根据任何时刻外界各种参数的变化情况，随机自寻最佳工作程序、动作程度和快慢以及协调关系，以实现最优化工作及最佳操作，例如微机控制的热连轧机钢板测厚自控系统、电梯群控系统、智能机器人等。

采用光机电一体化技术，可以提高精度、增加功能、提高稳定性和延长使用使命，具体分析如图 5–60 所示。

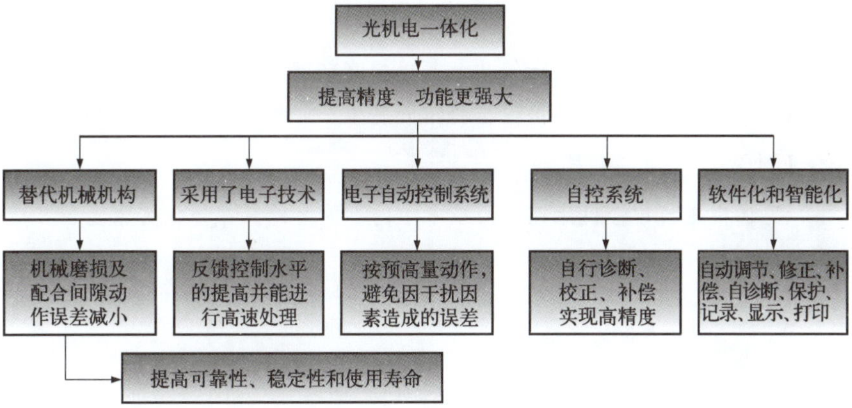

图 5–60　光机电一体化特点

在机械技术中恰当地引入电子技术，产品的面貌和行业的面貌就可以迅速发生巨大变化。产品一旦实现光机电一体化，便具有很高的功能水平和附加价值，将给开发生产者和用户带来巨大的社会经济效益，从而造福于人民，有利于国家。

子任务二　了解如何运用光机电一体化技术

光机电一体化技术使得操作人员摆脱了以往必须按规定操作程序或节拍频繁紧张地进行单调重复操作的工作方式，能以灵活方便地按需控制和改变生产操作程序。

1. 高精度、模块化的智能I/O技术运用

针对现有的各类传统控制系统，如果实施了智能 I/O 技术和现场测控网络技术将产生较大效益，具体分析如表 5–11 所示。

表 5–11　I/O 技术运用前后分析

现状	现有的各类工业生产过程控制系统中主体监控部分（为工控机），一般放在远离现场的控制室里，现场测量温度、压力、流量、速度、位置器或变送器等仪表输出的信号（为 4 ~ 20mA），需通过多根并行电缆传送到控制室，与对应的工控机相连。工控机通过模板或模块将模拟信号转变为数字信号（A/D 转换）处理；反之，又可将数字信号转变为模拟信号（D/A 变换）
I/O 技术	如果现场仪表输出的电信号能就地数字信号传输，或在上层的数字信号能传输到现场后再变换为模拟信号输入仪表装置，这样能使现场大量的仪表、装置和控制室工控机之间通过几根双绞线互连在一起即可完成传统控制系统的功能
特点	降低了成本、方便维护、提高了系统的可靠性、减少了控制室面积

2. 研发光机电一体化综合知识

研制开发光机电一体化产品往往要涉及许多学科和专业知识，如数学、物理学、化学、声学、机械工程学、电力电子学、电工学、系统工程学、光学、控制论、信息论和计算机科学等多门学科以及各门类的专业知识。例如，人们很熟悉的静电复印机、彩色印像机等，就是一种由机、电、光、磁、化学等多种学科和技术复合创新的新型产品。设计这类产品的工程技术人员对自身的知识结构提出，更新更高的要求。现代化的技术更需要现代化的人才来掌握和开发。需要发挥多种功能的先进设备、必然要赋予其多种知识和智慧。

知识、技能归纳

光机电一体化技术使机械结构大大简化，可以提高精度、增加功能、提高稳定性和延长使用使命，具有很高的功能水平和附加价值，将给开发生产者和用户带来巨大的社会经济效益。

工程素质培养

比较一下，普通机床与数控机床在使用技术上的不同之处，并分析其原因。

参 考 文 献

[1] 汤晓华 . 可编程控制器应用技术 . 湖北 : 湖北科技出版社，2008.

[2] 杜玉红 . 生产线组装单元气动搬运机械手的设计，液压与气动，2006（5）

[3] 于洋等 . 基于 PLC 的小型模拟自动生产线 . 机械设计与研究，2007（3）

[4] 王寿斌 . 基于 PLC 回转型自动化控制生产线仿真示教设备的设计与实现 . 现代制造技术与装备，2007（5）

[5] 高然生 . 进口生产线的安装与调试 . 设备管理与维修，2008（5）

[6] 陈婵娟 . 自动包装生产线控制系统设计 . 液压与气动，2007（4）

[7] 张杨 . 用于汽车装配生产线的气动机械手平衡回路研究与开发 :[学位论文]. 天津 : 天津工业大学，2005.

[8] 李绍炎 . 自动化装配生产线结构原理及节拍优化设计 . 深圳职业技术学院学报,2008(1)

[9] 成大先 . 机械设计手册单行本 – 气压传动 . 北京 : 化学工业出版社，2004.

[10] 张文明 . 组态软件控制技术 . 北京 : 清华大学出版社，北京交通大学出版社，2006.

[11] 刘增辉 . 模块化生产加工系统应用技术 . 北京 : 电子工业出版社，2005.